H_2

수소 안전개론

문 일·김은정·이광희 공저

청송미디어

수소안전개론

발행 2019년 9월 16일 1판 1쇄   2022년 12월 12일 1판 3쇄

지은이 문 일·김은정·이광희 **펴낸곳** 청송미디어 **주소** 서울시 서대문구 연세로 50 **전화** 02)2123-3380~2
팩스 02)2123-8673 **등록** 2016년 5월 9일 (제25100-2016-37호) **인쇄** (주)동국문화
ISBN 979-11-89042-06-6 (03230)

값 18,000원

http://press.yonsei.ac.kr ysup@yonsei.ac.kr

청송미디어는 연세대학교 출판문화원의 패밀리브랜드입니다.

서문

프랑스의 공상과학 소설가 쥘 베른(Jules Verne)은 1874년 그의 저서 "신비의 섬"(Mysterious Island)에서 수소에너지 체제를 예언하였다.

"여보게들, 수소와 산소로 이루어진 물은 언젠가 원료가 될 거야. 수소와 산소를 따로 쓰든 함께 쓰든, 석탄에 비할 수 없을 만큼, 강력하고 고갈되지 않는 에너지원이 될 게야. "…… "물은 미래의 석탄이란 말일세."

베른은 물의 전기분해에 필요한 전기를 어디서 얻는지 직접적으로 밝히진 않았지만, 19세기 당시 과학지식 수준으로 볼 때, 그 예지력은 매우 놀랍다고 할 수 있다.

원자번호 1번인 수소는 가장 가볍고 가장 보편적인 물질로 우주 물질의 75%를 차지한다. 이러한 수소를 에너지원으로 이용할 경우 "영구 연료"라고 표현해도 무리가 없을 것이다. 또한, 수소에는 탄소(C) 원자가 들어 있지 않기 때문에 에너지로 활용할 경우 유해가스를 방출하지 않는 친환경 연료이다.

어디서든지 구할 수 있는 수소는 적절히 잘 이용하면 고갈 되지 않기 때문에 모든 인류가 '강한 힘'을 얻게 되면서 수소는 사상 초유의 진정한 에너지 민주화를 가져올 것으로 전망하고 있다.

인류의 에너지 이용 변천사를 보면, 석탄과 석유 그리고 천연가스 순으로 단위 질량당 탄소수가 적어지는 방향으로 변화하여 왔고, 고체에서 액체, 기체로 변함에 따라 효율적인 수송도 가능해졌다.

석탄이 고갈되어 석유가 사용되고 석유가 고갈되어 천연가스로 바뀐 것이

서문

아니라 편리하면서도 보다 깨끗한 에너지를 찾아 변화되었다는 것이다. 현대의 에너지 체제는 전기와 가스를 주축으로 하는 체제이며 수소를 이용하여 동력과 열의 공급 및 발전이 가능하므로 수소에너지 경제 체제가 크게 대두되기 시작하였다.

과거를 돌이켜 보면 장작을 대신하여 도시가스가 가정 연료로 사용되기 시작할 무렵 가스의 폭발성과 죽음에 까지 이르는 중독사고 등의 위험성 때문에 국민들은 가스 사용에 대해 매우 민감하였으나 지금은 대부분의 가정에서 가스 사용에 대한 불안감이 거의 사라졌다. 이는 국민들에게 안전한 사용요령 등에 대한 교육과 위험을 예방하기 위한 시설의 안전관리가 철저히 갖추어 졌기 때문일 것이다.

현재, 수소를 이용할 때 자주 거론되는 위험성에 대한 우려는 도시가스 도입 시 경험했던 것과 동일한 것이다. 아직까지 국내에서는 수소를 에너지로 활용할 경우 필요한 안전기술을 체계적으로 기술한 자료는 찾기 어려운 실정이었다. 따라서, 본 책에서는 향후 수소가 연료로서 안전하고 다양하게 활용되기 위하여 필요한 지식인 수소에너지에 대한 기초 지식 분야, 수소에너지의 활용분야, 수소의 누출·화재·폭발 이론, 수소활용 시설의 안전기술 및 정책 분야 등 수소의 기초 지식은 물론 수소 활용 안전기술을 총 9개의 단원으로 총괄하여 구성하였다.

1장에는 수소안전의 특징과 국내외 주요 수소 사고를 자세히 다루고 이를 통하여 얻은 정책의 변화 및 교훈을 서술하였다. 2장에는 수소물성에 대한 이해를 높이기 위한 수소의 기초 물성 및 연소특성에 대하여 설명하였고, 3장에는 수소에너지를 생산하는 다양한 수소제조 기술을 정리하였다. 4장에서는 수소를 활용하는 충전소, 연료전지, 수소자동차는 물론 수소 저장설비에 대한 원리 및 기술을 서술하였고, 5장 및 6장에서는 수소누출 누출, 화재, 연소 이론과 수소의 폭발 및 폭굉에 대한 이론을 정리하였고, 제7장은 수소활용 시스템에 대한 안전성평가에 대한 이론적 체계를 정립하였다. 8장은 수소를 활용하는 설비에 사용되는 재료의 특성 및 주요 안전장치 기술에 대하여 다루었고, 마지막 9장에서는 국내외 수소에너지 정책 및 기준에 대하여 설명하였다.

에너지원으로서의 수소는 아직은 시장 도입 탐색 단계라 수소 활용 기술 개발도 시급하지만 이와 발맞추어 수소 안전기술 개발도 반드시 수반되어야 한다는 인식의 전환이 필요하다.

본 저자들은 이러한 수소안전에 대한 체계적인 전문서적이 없는 국내 현실에서 이 책이 대학에서의 전문가 양성을 위한 교육에 활용됨은 물론 산업현장 종사들의 안전에 대한 지식의 함양에 일조를 할 수 있기를 바란다.

끝으로 이 책을 출판하기까지 국내의 수소안전에 대한 이론과 지식을 체계적으로 정립하고자 정성들여 원고를 작성한 모든 집필자와 연세대학교 대학출판문화원 직원들에게 감사드린다.

저자일동

CONTENTS

Chapter 06 수소 폭발 및 폭굉

Chapter 07 수소활용 시스템 안전성 평가기술

Chapter 08 수소 재료의 특성 및 안전장치

Chapter 09 수소에너지 정책 및 기준현황

부록

Chapter

01

수소에너지란

1. 수소에너지란

2. 수소에너지 활용 동향

3. 수소안전의 특징

1) 강력한 반응성

2) 빠른 확산성

3) 가벼운 기체

4. 수소사고 사례

1) 해외 수소사고 사례

2) 국내 수소사고 사례

원자번호 1번인 수소는 가장 가볍고 가장 보편적인 물질로 우주 물질의 75%를 차지한다. 이러한 수소를 에너지원으로 이용할 경우 "영구 연료"라고 표현해도 무리가 없을 것이다. 수소는 물, 화석연료, 살아 있는 생명체 등 지구 어디에나 존재하지만, 수소는 자연 상태에서 독립적으로 존재하는 것이 아니므로 천연자원에서 추출해야 한다는 특징이 있다. 수소에는 탄소(C) 원자가 들어 있지 않기 때문에 에너지로 활용할 경우 부산물로 이산화탄소(CO_2)를 배출하지 않을 뿐만 아니라, 수소는 유해가스를 방출하지 않는 친환경 연료이다.

앞으로 수년 안에 컴퓨터, 통신 혁명이 수소 에너지 혁명과 융합되면서, 미래의 인간 관계를 근본적으로 바꿔 놓을 강력한 혼합물이 탄생하게 될 것이다.

어디서든지 구할 수 있는 수소는 적절히 이용만 하면 고갈 되지 않기 때문에 모든 인류가 '강한 힘'을 얻게 되면서 수소는 사상 초유의 진정한 에너지 민주화를 가져올 전망이다. [1]

1 수소에너지란

수소는 우주가 시작될 무렵부터 지구에 존재하였으나, 인간이 수소를 분리하고 이름을 붙이기 시작한 지는 이제 200년 정도가 지났을 뿐이다. 수소를 처음 발견한 사람은 영국의 과학자 헨리케번디시(Henry Cavendish)로 1776년 전기불꽃으로 수소와 산소를 결합하여 물을 생성하는데 성공하였다. 에너지로서의 수소의 가치는 수소가 발견된 지 200년 정도가 흐른 후인 1973년 석유고갈 및 환경오염의 문제가 크게 대두된 이후였다. 그 이후 미국은 1990년, 일본은 1993년을 기점으로 각각 대규모 수소기술 개발 프로그램을 시작하였고, 아이슬란드는 세계 최초로 수소에너지 경제 창조를 목적으로 국가프로젝트를 시작하였다.

최근 세계적으로 가장 큰 문제 중 하나가 에너지자원의 한계와 화석에너지 사용으로 인한 환경오염으로, 지구상의 화석연료는 만들어지는 속도에 비해 10만 배 이상 빠른 속도로 고갈되고 있다. 이러한 이유로 선진국들은 석유를 대체할 새로운 에너지의 개발, 특히 기존 화석연료 중심의 에너지 시스템에서 '수소에너지' 시스템으로의 전환 노력을 기울이고 있는데, 이는 수소가 지구상에 가장 많이 존재하는 물로부터 제조될 수 있어 자원의 제약이 없으며 반응 후 생성물이 물 밖에 없는 청정연료로서의 특징을 가지고 있기 때문이다. 또한, 수소는 다른 원소와 화합물 형태로 존재하기 때문에 수소를 만들기 위해서는 또 다른 에너지원을 필요로 한다. 즉, 수소는 전기에너지와 같은 2차 에너지원에 의해 물로부터 얻어질 수 있으며, 이를 연료로 사용하여 연소하게 되면 다시 물로 되돌아가는 청정자연계 순환공정의 일부가 된다.

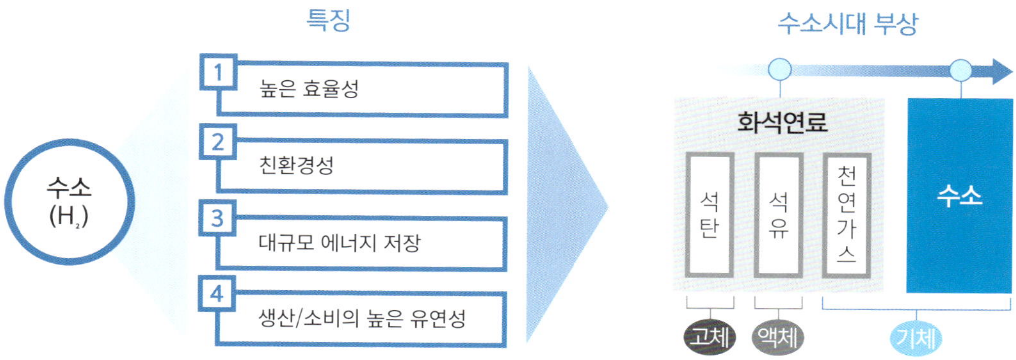

그림 1-1 수소에너지의 특징과 수소시대의 도래

이러한 특징 때문에 이상적으로 수소를 생산하는 방법은 재생에너지원을 사용하는 것이나, 재생에너지 생산에는 많은 비용이 들어가므로 화석연료로부터 수소를 생산하는 방법이 현재는 가장 경제적인 것으로 평가받고 있다.

에너지원으로서의 수소는 공해물질이 전혀 생성되지 않고, 직접 연소하거나 연료전지의 원료로 활용하면 전기에너지로 쉽게 전환하여 사용할 수 있으며, 가스나 액체 상태로 쉽게 수송할 수 있고 다양한 형태로 저장할 수 있다.

수소는 저장 시 높은 에너지밀도를 가지며, 운반 시 전기에너지 형태의 운송보다 운송 손실을 1/10정도 줄일 수 있으므로, 수소는 에너지원뿐만 아니라 저장, 수송 매체로도 활용이 가능하기 때문에 수소를 '에너지 매체(energy carrier)'라고도 부른다.

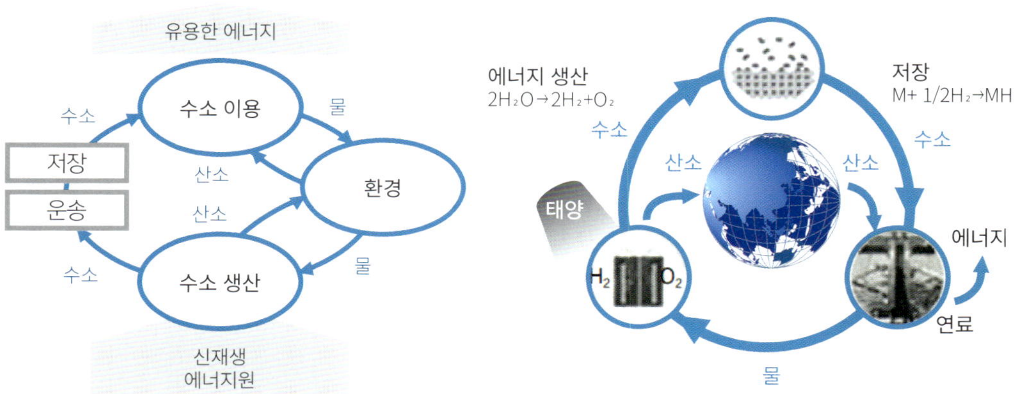

그림 1-2 에너지 변환의 변천 및 수소에너지 시스템의 순환구조[2]

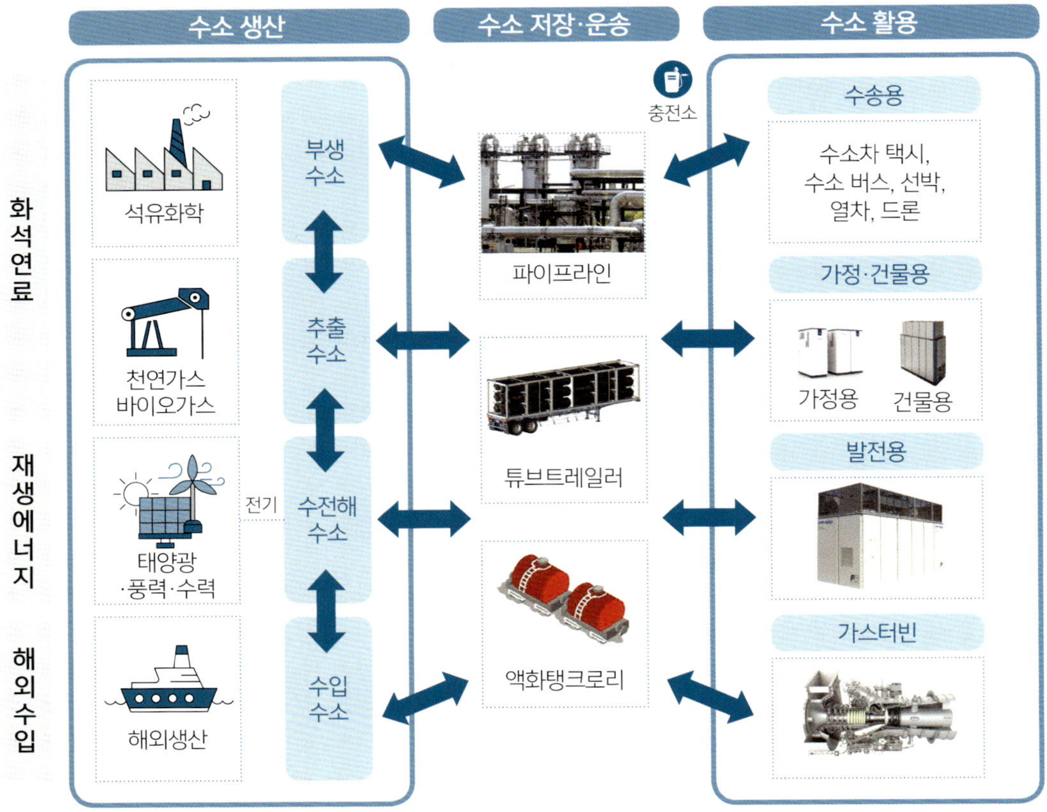

그림 1-3 에너지 매개체로서의 수소[3]

2 수소에너지 활용 동향

수소에너지 기술은 물, 유기물, 화석연료 등의 화합물의 형태로 존재하는 수소를 분리, 생산하여 수소를 활용하는 단계까지의 전반적인 기술로 [그림1-4]와 같이 수소의 생산, 저장, 운송, 활용 단계로 구분하고 있다.

수소의 생산은 물을 전기분해하는 것으로 쉽게 가능하지만, 경제성 등의 문제로 현재는 석유, 천연가스, 석탄 등과 같은 화석연료로부터 수소를 생산하는 방법이 주로 활용되고 있다. 상용화된 수소 생산기술은 수전해, 천연가스 수증기 개질, 석탄가스화 및 부생가스를 이용하는 방법이 대표적이고, 천연가스 직접분해 기술, 열화학 분해 기술 등은 개발 중이다. 일반적으로 수소는 높은 압력의 압축 기체 상태로 저장하고 있으나 단위 부피당 수소 저장밀도가 낮고, 경제성과 안전성에 대한 우려도 있어 액체 및 고체저장 기술도 연구 중이다.

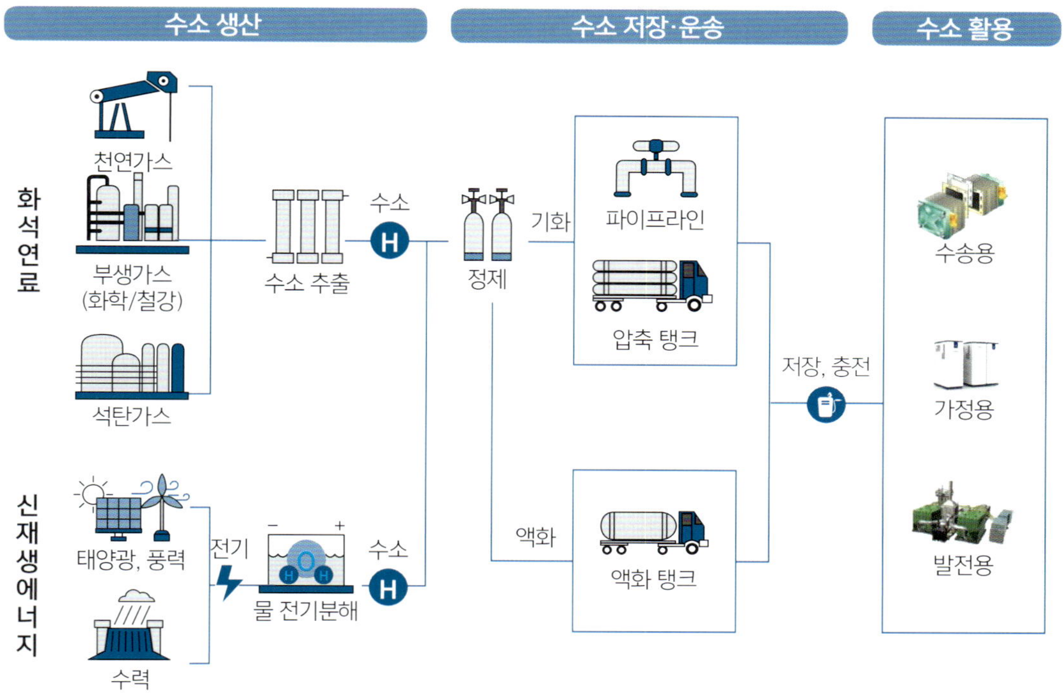

그림 1-4 수소에너지 기술[4]

수소에너지는 발전 및 수송에너지로서의 개별적인 역할뿐만 아니라 기존 에너지원 및 신재생에너지와의 융합을 통하여 산업 확산의 역할을 할 수 있는 에너지원이다. 자동차, 난방, 발전, 사용단계별로 각각 최적 에너지원이 존재하지만, 연료전지를 활용할 경우에는 모든 부문에서 수소 이용이 가능하므로 수소를 활용한 열, 가스 및 전력의 통합망(Power to Gas, P2G)을 구축할 수 있다. P2G는 전력망에 전기가 부족할 경우 풍력 및 태양광에서의 발전량을 전력망으로 투입한다. 또한, 전력망이 포화될 경우에는 생산전력을 P2G에 투입하여 물을 전기분해하는 방법으로 수소를 생산하거나 이산화탄소와 반응시켜 메탄으로 전화시켜 가스망(Grid)에 주입한다. 이러한 일련의 시스템을 열, 가스 및 전력의 통합망이라고 한다.[5]

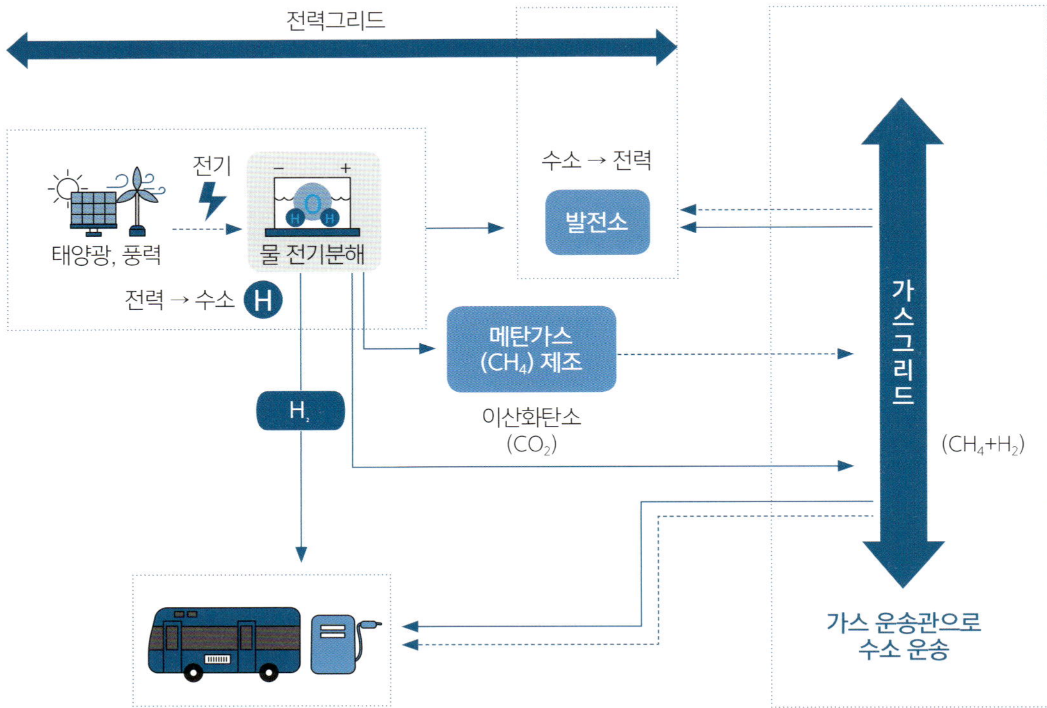

그림 1-5 P2G(Power-to-Gas) 프로세스[6]

3 수소안전의 특징

수소는 연소상한선과 하한선의 범위가 넓고 폭발 시 화염 전파 속도가 매우 빠른 가연성 가스로서 수소의 생산, 저장 단계에서 누출, 점화 및 폭발 발생의 위험성이 높아 안전을 제어하는 기술이 반드시 필요하다.

"안전(safety)"이란 단어는 안전기준이나 작업 규칙을 준수함으로써 사고가 방지된다는 개념으로 사용되었으나, 최근에는 재산(asset), 환경(environment), 건강(health) 등의 개념을 포함한 "손실방지(loss prevention)"라는 개념으로 확장되었다. 따라서 수소 안전기술에는 위험요소 확인(hazard identification), 위험요소 분석(hazard evaluation) 및 위험성 평가(risk assessment)기술이 포함된다.

안전(safety), 위험요소(hazard), 그리고 위험(risk)은 안전기술을 다룰 때 주로 사용되는 개념으로 다음과 같이 정의한다.[7]

- **안전(safety)** : 사고가 발생하기 전 단계에 적절한 기술을 활용하여 공정의 위험을 감지하고, 제거함으로써 사고를 방지하는 것
- **위험요소(hazard)** : 사고를 유발시킬 수 있는 잠재성을 가진 요소
- **위험(risk)** : 사고

지금까지 수소는 화학공업의 원료로서 오랫동안 사용되어 왔기 때문에 취급 시 안전기술이나 다양한 재해 경험이 축적되어 있으나, 연소범위가 넓고(4~75vol %), 최소점화에너지가 매우 작아 착화가 용이하며, 무색무취이기 때문에 누출 시 식별이 어렵다.

수소는 가솔린이나 천연가스 등의 다른 휘발성 연료보다 위험한 물질이라고 단언할 수는 없지만 일반적으로 다른 화석연료에 비해 연소속도가 빠르므로, 다른 가연성 물질과 마찬가지로 각각의 사용 조건에 따라 위험성을 제어해야 안전하게 사용할 수 있다. 따라서 특별한 관리와 취급을 위해 제작한 표준 가이드라인 하에서 사용자가 수소의 특성을 잘 숙지하여 사용할 수 있도록 하는 안전기술 확립 및 표준화 작업이 무엇보다 필요하다.

다음은 수소의 상용화를 위한 안전프로그램의 사례이다.

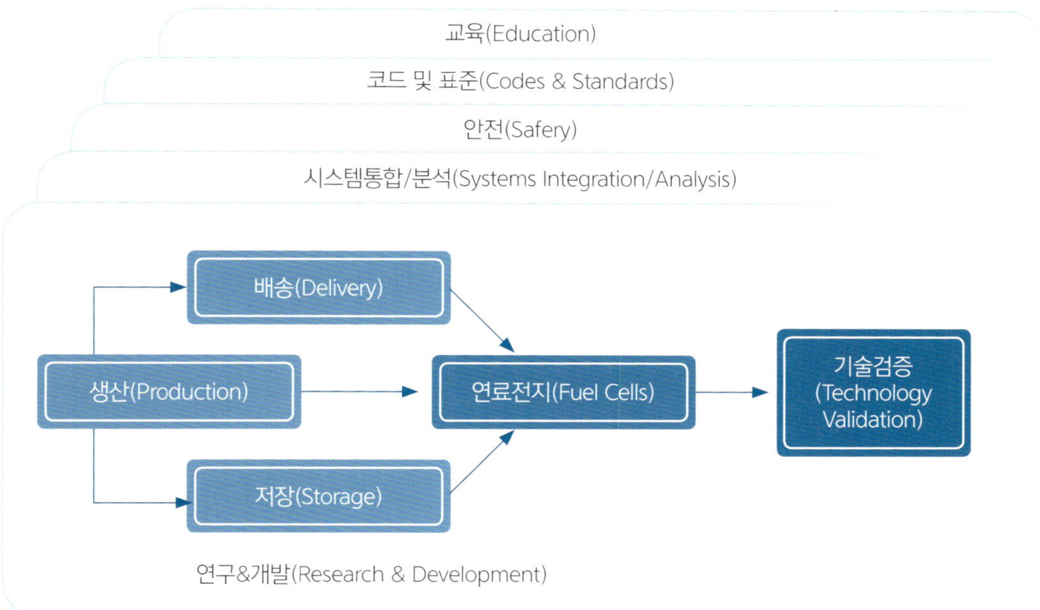

그림 1-6 성공적인 수소 안전 프로그램 사례[8]

1) 강력한 반응성

수소는 발열량이 매우 크기 때문에 화염의 온도가 높고 또한 다양한 연쇄반응 경로를 가지고 있어 화학 반응 속도가 매우 빠른 물질이지만 발광특성이 약해서 화염관측이 어렵다는 점이 사고의 위험성을 높이는 요인으로 작용한다. 수소는 메탄이나 프로판과 비교하여 중량당 발열량이 상당히 크지만 연소에 필요한 공기량은 매우 적고, 화학적 활성이 커서 연소속도가 메탄의 약 8배로 매우 빠르다.

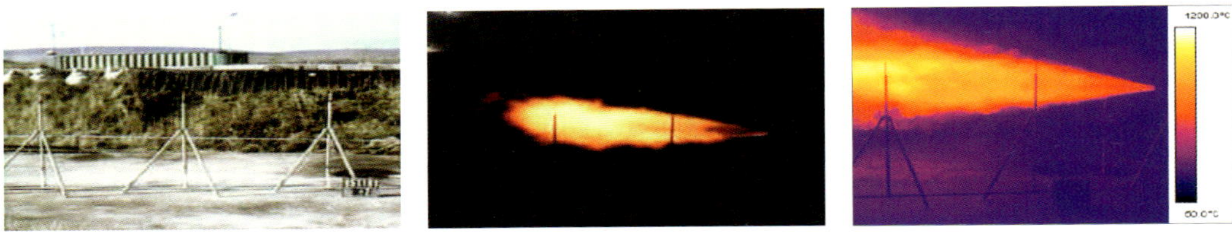

낮 : 보이지않음(수소제트화재)　　　밤 : 보임　　　적외선 열 이미지

그림 1-7　수소 화염의 특징[9]

2) 빠른 확산성

수소는 가장 가벼운 기체로 공기에서 연소될 경우 열에너지보다 물질 확산 속도가 3배 정도 빠르기 때문에 화염면으로 유입되는 화학에너지가 전도를 통해서 손실되는 열에너지보다 커서 일단 연소가 진행되면 초과 엔탈피 현상에 의해 화염을 소염시키기 매우 어렵다.

지금까지는 일반적으로 화염의 희박가연한계(Lean Flammability Limit, LFL)를 균일한

BMW LH_2 수송차 탱크 테스트

- 수소가 빠르게 증가한다.
  그러나 : 확산이 수소를 모든 방향으로 분산시킨다. 아래쪽 방향을 포함하여, 특히 윗쪽으로 막혀있을때경우도 해당함
- 수소는 가볍고 빠르게 사라진다.
  그러나 : 극저온의 수소가 빠져나올 경우에는 수소와 공기, 물로 이루어진 혼합 구름을 형성한다. 이 경우 기체수소보다 훨씬 무거움
- 위험의 과소평가가 사고의 시작!

그림 1-8　수소의 빠른 확산성

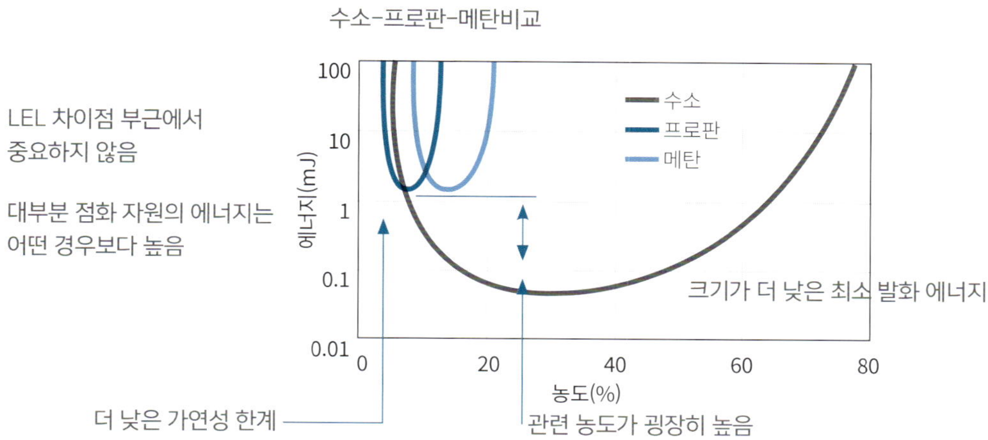

그림 1-9 수소의 가연희박한계[9]

혼합기에서 주로 측정하였으나, 수소와 같이 물질의 확산이 빠른 기체에서는 난류 또는 농도 구배가 있어서 LFL보다 훨씬 낮은 농도조건에서도 연소가 진행될 수 있다는 실험적, 이론적 연구 결과가 있다.

3) 가벼운 기체

수소는 누출 즉시 부양 확산(Buoyant Dispersion)되므로 개방공간에서는 증기운이 매우 빠르게 확산되지만, 폐쇄공간에서는 천장 쪽에 증기운이 축적될 수 있으므로, 밀폐공간에서 수소 이용 시 이러한 특성을 고려하여 안전관리 대책을 수립하여야 한다.

프로판
- 공기보다 무거움
- 지면에 깔려 축적됨
- 점화의 위험이 있음

수소
- 공기보다 가벼움
- 상승하여 점화원과 멀어짐
- 쉽게 확산함

그림 1-10 수소와 프로판의 확산특성

4 수소사고 사례

국내에서 2000년부터 2018년까지 발생한 수소가스 사고는 총 38건으로, 사고를 원인별로 분류하여 보면 시설미비가 8건으로 전체 사고의 21.1%, 공급자 취급부주의가 18.4%의 높은 점유율을 차지하고 있다.

표 1-1 국내 원인별 수소사고 현황(2000~2018년)

사고원인	시설 미비	공급자 취급 부주의	제품 불량	사용자 취급 부주의	타공사	고의	교통사고	기타	계
사고건수	8	7	6	5	1	1	2	8	38
점유율 (%)	21.1	18.4	15.7	13.1	2.7	2.7	5.2	21.1	100

연도별로는 2000년부터 2018년도까지 지속적으로 수소사고가 발생하고 있고, 특히 2017년과 2018년에 사고가 다수 발생하였다.

표 1-2 국내 연도별 수소사고 현황(2000~2018년)

연도	00	01	02	03	04	05	06	07	08	09	10	11	12	13	14	15	16	17	18	계
사고 건수	2	5	2	-	5	4	2	1	1	-	3	2	-	1	1	1	-	3	5	38
사망	-	1	-	-	6	1	-	-	-	-	2	-	-	-	-	-	-	-	-	10
부상	4	5	2	-	5	8	5	-	1	-	7	1	-	1	-	-	-	-	-	39

사고가 발생한 장소별로 분류하여 보면, 허가시설에서 20건이 발생하여 전체 사고 중 53%를 차지하고 있다. 허가시설에서 발생한 20건의 사고를 원인별로 분류하여 보면, 취급부주의 6건, 시설미비 6건, 제품노후(고장)에 의한 사고가 6건, 기타 2건으로 나타났다.

표 1-3 국내 장소별 수소사고 현황(2000~2018년)

사고장소	허가시설	공급배관	일반 공장	학교	운반 차량	기타	계
사고건수	20	2	4	1	6	5	38

특정제조시설에서 발생한 수소 사고는 설비의 보수작업 시 수소가 누출되거나 제품의 노후로 인한 시설의 결함부에서 수소가 누출되는 사례가 많았다.

일본에서 발생한 수소 사고현황을 보면, 2012년에 22건으로 증가세를 보이다 감소추세로 전환되었고, 주로 일반제조나 특정제조 사업시설에서 발생하고 있다.

표 1-4 일본 수소 사고현황(2011~2014년)[11]

분야	2011년	2012년	2013년	2014년	계
일반제조사업소	7	14	13	5	39
특정제조사업소	11	5	2	5	23
사용시설	1	3	1	1	6
운송	0	0	0	1	1
계	19	22	16	12	69

2011년에서 2015년에 일본 수소충전소에서 발생한 사고는 총 28건으로 일본에서 수소충전소가 본격적으로 상용화되기 시작한 2015년부터 증가세를 보이고 있으나, 대부분의 사고가 누출사고(98%)이고, 기타 화재는 2%를 차지하고 있다.

표 1-5 일본 수소충전소 사고현황(2011~2015)[12]

	2011년	2012년	2013년	2014년	2015년	계
사고건수	1	6	6	4	11	28
수소충전소 수	21	20	20	22	50	-

1) 해외 수소사고 사례

(1) 힌덴부르크 비행선 폭발사고

1937년 사고가 발생한 힌덴부르크 비행선은 평균 120km/h로 지상300m에서 1000m 사이를 떠다니는 245m 길이의 비행선으로 1936년 북대서양을 횡단하는 상업적인 운항을 시작하여 약 2,700명의 승객을 수송하였다.

1937년 그 해 처음 정기 대서양 횡단운항을 한 뒤 5월 6일 뉴저지 주 레이크허스트에 착륙하던 중 수소로 채워진 비행선이 화염에 휩싸인 채 완전히 파괴되어 97명의 승객 중 35명이 사망했다. 이 사고가 발생한 후 정확히 60년이 지난 1997년 미국수소협회의

그림 1-11 1937년 힌덴부르크 비행선 폭발사고

연례회의에서 케네디 우주센터의 수소프로그램 책임자인 베인은 참사의 원인이 정전기와 비행선 외피의 가연성물질 때문이었음을 발표하면서 이를 계기로 수소에 대한 좋지 않은 인식이 확산되었다.

(2) 챌린저호 폭발사고

1986년 1월 28일 전 세계의 수많은 TV 시청자들은 우주왕복선 챌린저호가 발사 후 2분도 채 못 되어 폭발하는 것을 전율 속에서 지켜보았다. 챌린저호는 완전히 파괴 되었고 일곱 명의 승무원 전원이 사망했다. 이 사고 후 우주 왕복선 계획은 안전성이 확인될 때까지 3년 가까이 유예되었다.

사고의 원인은 오른쪽 고체연료 로켓과 연료탱크 사이의 결합부에 있던 오링이 추운 날씨 때문에 얼어붙어서 제 기능을 하지 못했기 때문이다. 그로 인해 오링의 틈새로 누출된 고온 고압의 연료에 화재가 발생하고 그것이 연료탱크 아래쪽에 있는 액체 수소로 옮겨 붙으면서 연료탱크가 폭발하자 궤도선도 함께 공중분해 되어 버린 것이다.

고무패킹인 오링은 차가운 날씨에는 제 기능을 발휘할 수 없는 재질이라는 것은 관련 지식이 있는 엔지니어라면 누구나 알고 있을 정도의 사소한 문제가 폭발을 일으켰다고 하자 이해할 수 없다는 사람이 많았다.

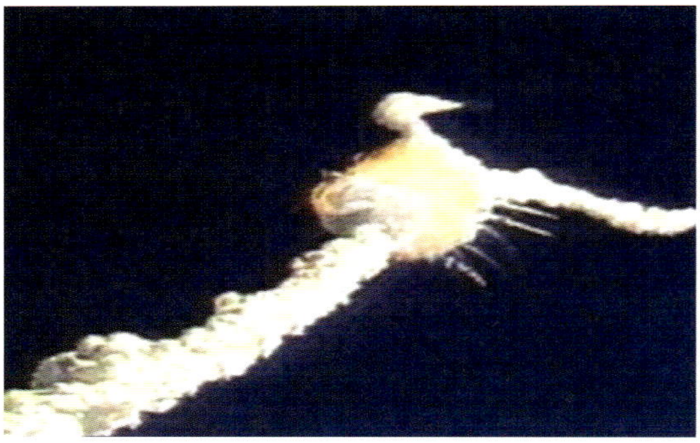

그림 1-12 챌린저 호 폭발 사고

(3) 수소충전소 사고

표 1-6 수소충전소 사고 사례[12]

일시 및 장소	사고내용	비고
2013.12.12 일본 도치키현 수소충전소	▪ 압축가스설비 사용 후 8일만에 균열이 발생하여 수소 누출 ▪ 압력용기 단조 내부에 존재하던 결함이 고압수소(94MPa)로 인해 단기간에 외면까지 균열이 진전	
2014.10.7 일본 가나가와현 요코하마시 도로상	▪ 수소 튜브트레일러(35MPa 복합용기 20개)에서 화재가 발생하여 용전식 안전밸브가 작동하면서 수소가 방출 ▪ 이동식 수소충전소에 용전식 안전밸브 설치 가능하도록 규정	

2) 국내 수소사고 사례[13]

(1) 화학공장 압축기 수소누출에 의한 폭발사고

2017년 1월 22일 울산 ○○화학 NRC(New Refomer Center)공정(납사를 이용하여 BTX(벤젠, 톨루엔, 자일렌), 부탄 및 수소 등을 생산) 정상운전 중 수소 3단 압축기가 온도 106℃, 압력 33.4kg/㎠ 고온 고압으로 압축하던 중 헤더 덮개의 볼트가 압축기의 진동과 너트의 풀림 등의 피로에 의해 약해지면서 볼트가 파단되어 누출된 수소가 폭발한 사고이다. 수소 3단 압축기 헤더 4개중 1개의 헤더 덮개 고정볼트가 파손되어 덮개가 날아가고 주위 약 10 m 이내에 피해가 발생하였다. 수소 3단 압축기는 2006년 4월 시공된 시설로 반응기에서 나온 저순도 수소를 정제하기 위하여 2.2kg/㎠에서 33kg/㎠ 고압으로 압축하는 장치이다.

표 1-7 화학공장 압축기 수소누출에 의한 폭발사고

구분	내용
사고일시 및 장소	▪ 2017.1.22(일) 05:38경 ▪ ○○화학 울산 남구
사고내용	▪ NRC공장 정상운전 중 수소압축기의 3단 압축기 인입부(인입밸브)에서 폭발이 발생한 사고임
피해현황	▪ 인명피해 : 없음, 재산피해 : 수소압축기와 10m 주위 화재
사고원인	▪ 수소 3단 압축기는 온도 106℃, 압력 33.4kg/㎠로 고온고압으로 압축하던 중 헤더 덮개의 볼트가 파단 되면서 누출된 수소가 폭발
후속조치	▪ 고온고압 압축기 설비의 안전점검 및 교체주기 규정 마련 ▪ 진동 등에 취약한 설비의 볼트 및 너트에 대한 안전점검 강화

수소가스 누출 폭발 천장 피해

3단 압축기 헤더 덮개 이탈

그림 1-13 화학공장 압축기 수소누출에 의한 폭발사고 현장

(2) 사업소외 수소배관 가스누출 사고

2014년 10월 27일 제조된 수소를 공급하는 사업소 외 배관의 가스켓이 손상되어 수소가 누출된 사고이다. 사고가 발생한 배관은 설치 장소가 자동차 도로와 인접되어 있었고, 침수 및 배관관리 소홀 등으로 인하여 배관의 가스켓이 손상된 상태에서 오링이 변형되어 배관내부에 3.0MPa의 고압으로 공급되는 수소가 플랜지 접합부의 가스켓 손상부위로 누출된 사고이다.

표 1-8 사업소 외 수소배관 가스누출 사고

구분	내용
사고일시 및 장소	▪ 2014.10.27(월) 01:04경 ▪ ○○케미컬 수소 공급배관
사고내용	▪ ○○화학에서 제조된 수소를 ○○케미컬로 공급하는 사업소외 배관 가스켓이 파손되어 수소가 누출
피해현황	▪ 인명 및 재산피해 : 없음
사고원인	▪ 배관관리 부주의로 인하여 가스켓 손상 및 오링 변형 등으로 인하여 플랜지 접합부에서 수소가 누출
후속조치	▪ 수소배관에 대한 주기적인 점검 및 관리철저

수소배관

수거된 가스켓

그림 1-14 사업소 외 수소배관 가스누출 사고 현장[11]

연습문제

Q1

기존 우리가 사용하는 화석에너지와 비교하여 수소에너지의 특징 및 장점을 서술하시오.

A1

높은 효율성, 친환경성, 대규모 에너지 저장, 생산/소비의 높은 유연성

높은 효율성, 친환경성, 대규모 에너지 저장, 생산/소비의 높은 유연성

화석연료가 연소될 때 배기가스 등 공해물질이 생성되는 것과 달리 수소에너지는 공기 중 산소와 결합하여 연소하는 경우 물로 전환되기 때문에 친환경적인 에너지다. 또한 지구상의 화석연료는 만들어지는 속도에 비해 10만 배 이상 빠른 속도로 고갈되고 있는 반면, 수소는 지구상에 가장 많이 존재하는 물로부터 제조가 가능하므로 자원의 제약이 없다. 수소는 가스나 액체 상태로 쉽게 수송할 수 있고 다양한 형태로 저장할 수 있는데, 저장 시에는 높은 에너지밀도를 가지며, 운반 시에도 전기에너지 형태의 운송보다 운송 손실을 1/10정도 줄일 수 있다.

Q2

화학공정의 안전을 고려할 때 주로 사용되는 개념으로는 안전(safety), 위험요소(hazard), 위험(risk)이 있다. 이를 각각 정의하시오.

A2

- 안전(safety): 사고가 발생하기 전 단계에 적절한 기술을 활용하여 공정의 위험을 감지하고, 제거함으로써 사고를 방지하는 것
- 위험요소(hazard): 사고를 유발시킬 수 있는 잠재성을 가진 요소
- 위험(risk): 사고

Q3

안전기술에 있어서 고려해야할 수소의 특징을 서술하시오.

A3

- 강력한 반응성 : 발열량이 매우 크기 때문에 화염의 온도가 높고 또한 다양한 연쇄반응경로를 가지고 있어서 화학 반응 속도가 매우 빠름
- 빠른 확산성 : 가장 가벼운 기체이므로 공기에서 연소될 경우 열에너지보다 물질 확산 속도가 3배 정도 빠름
- 가벼움 : 누출 즉시 부양 확산(Buoyant Dispersion)되므로 개방공간에서는 증기운이 매우 빠르게 확산됨.(폐쇄공간에서는 천장 쪽에 증기운이 축적될 수 있음)

Q4

대표적인 수소사고 사례를 서술하시오.

A4

예) 힌덴부르크 비행선 폭발사고

1937년 사고가 발생한 힌덴부르크 비행선은 평균 시속 120킬로미터로 지상300m에서 1000m 사이를 떠다니는 245m 길이의 비행선이다. 1936년 북대서양을 횡단하는 상업적인 운항을 시작하여 약 2,700명의 승객을 수송했다.

1937년 그 해 처음 정기 대서양 횡단운항을 한 뒤 5월 6일 뉴저지 주 레이크허스트에 착륙하던 중 수소로 채워진 비행선은 화염에 휩싸인 뒤 완전히 파괴되어 97명의 승객 중 35명이 사망했다. 이 사고가 있은 후 정확히 60년이 지난 1997년 미국수소협회의 연례회의에서 케네디 우주센터의 수소프로그램 책임자인 베인은 참사의 원인이 정전기와 비행선 외피에 심한 가연성물질이 있음을 지적하였다. 그러나 이를 계기로 수소에 대한 좋지 않은 인식이 확산되었다.

Chapter

02

수소의 물성

1. 원소로서의 수소

2. 수소의 기초 물성

1) 기체수소의 물성

2) 액체 및 고체 수소의 물성

3) 오토-파라수소

3. 수소의 연소특성

1) 수소의 가연성

2) 희석물질의 영향

3) Halocarbon의 영향

4) 자연발화온도

5) 최소점화에너지

6) 소염거리

1 원소로서의 수소

수소는 무색·무취·무미의 가연성 기체로 화학원소 중 가장 간단한 원소이다. 수소원자는 단위 양전하를 띤 양성자로 이루어진 핵과, 음전하를 띠며 핵과 연관되어 있는 전자로 구성되어 있다.

수소는 원자번호 1인 원소이고, 동위체로는 질량수 1인 수소(H: protium : 경수소, 원자량 1.007825), 질량수 2인 중수소(D: deuterium, 원자량 2.014102), 질량수 3인 삼중수소(Titritium: 원자량 3.01605)가 있다. 모두 원자핵에 포함된 양자는 1개이며 중성자수가 수소는 0, 중수소는 1, 삼중수소는 2이다. 이들 동위체는 다른 원소에 비해 H, D, T 간의 상대질량비가 크기 때문에 동위체 효과가 가장 큰 원소이다.

수소, 중수소는 안정하게 존재하지만 삼중수소는 방사성 동위체 원소(반감기 12.33년)이고, 자연계에 수소가 99.985%로 대부분을 차지하고 있으나, 중수소는 0.015%로 아주 작으며, 삼중 수소는 천연상태로 10~16% 정도의 극히 소량만이 존재하고 있으나 핵반응을 통해 인공적으로 생성되어 트레이서(tracer)로 이용되고 있다. [1]

수소는 지구상에서 9번째로 풍부하며, 지구 전체질량의 0.9%를 차지하고, 우주 전체에 존재하는 모든 물질 질량의 약 75.6%, 헬륨이 23.8%로 우주는 대부분이 수소와 헬륨으로 이루어져 있다고 할 수 있다.

대기에는 수소가 포함되어 있으나, 수소는 홑원소물질로 안정하게 존재할 수 없어 산소와 결합하여 물이 되거나 수산화물로 존재 또는 항성(恒星)의 중력에 의해 모아지며, 태양을 비롯한 별의 에너지를 공급하는 핵융합에 의해 헬륨으로 전환된다.

또한, 동식물을 구성하는 모든 물질은 수소가 탄소 및 다른 원소와 결합하여 형성된 화합물로 석유와 석탄에는 탄화수소 형태 이며 대기 중 수소 기체는 계속해서 우주로 빠져나가므로 함량이 낮다.

2 수소의 기초 물성

1) 기체 수소의 물성

수소 기체의 밀도는 0℃, 1atm에서 83.764g/m³이고, 공기에 대한 비중은 0.0695이며, 수소는 기체 중에서 최소의 가스밀도와 최대의 확산 속도를 갖는다. 수소 기체의 밀도는 절대온도에

표 2-1 수소, 메탄 및 프로판의 물성 값 비교[2]

물성	단위	수소	메탄	프로판
화학식		H_2	CH_4	C_3H_8
분자량		2.0158	16.043	44.096
비중	공기=1	0.0695	0.55	1.52
가스밀도(상압, 20°C)	kg/㎥	0.0838	0.651	1.87
액체밀도(상압, 끓는점)	kg/㎥	70.8	422.4	582
임계온도	K	32.97	190.53	369.82
임계압력	MPa	1.293	4.604	4.250
임계밀도	kg/㎥	30.1	162.8	217.0
끓는점	K	20.28	111.67	231.0
녹는점	K	13.81	90.69	85.46
삼중점 온도	K	13.8	90.694	85.5
증발잠열(끓는점)	J/g	445	510.83	426
융해잠열(삼중점)	J/g	58.2	58.5	95.0
정압비열(Cp)(상압, 25°C)	kJ/(kg·K)	14.4	2.31	1.67
정용비열(Cv)(상압, 25°C)	kJ/(kg·K)	10.2	1.72	1.46
점도(상압, 20°C)	Pa·s	8.8×10^{-6}	10.8×10^{-6}	8.1×10^{-6}
열전도율(상압, 20°C)	W/(m·K)	0.182	0.034	0.021(50°C)
총발열량/고발열량 GCV/HHV	MJ/㎥ MJ/kg	12.8 142	40.0 55.9	101.9 51.8
진발열량/저발열량 NCV/LHV	MJ/㎥ MJ/kg	10.8 120.0	35.9	93.6 47.6
발화온도	°C	공기중 : 572 산소중 : 450	50.1	공기중:460
가연한계	vol%	공기중:4.0~75.0 산소중:4.5~94.0	공기중:5~15 산소중:5~60	공기중:2~10 산소중:2~53
폭굉한계	vol%	공기중:18.3~59 산소중:15.0~90	공기중:6.5~12	공기중:2.6~7.4
질소와의 상호확산계수(상압, 20°C)	㎠/s	0.666	0.214	
음속(0.101MPa, 25°C)	m/s	1,308	449	724(1.01MPa)
최소착화에너지	mJ	0.02	0.28	0.25
소염거리	cm	0.064	0.22	
폭발 에너지	MJ/㎥	9.3	32.3	94.3
이론혼합비(공기중)	vol%	29.53	9.48	4.03
화염온도	°C	공기중:2,045 산소중:2,660	공기중:1,875	공기중:2,112
연소속도(화학양론농도) (0.1MPa)	m/s	공기중:2.65 산소중:14.36	공기중:0.4 산소중:3.9	공기중:0.43 산소중:3.9
용해도(상압, 20°C)	㎖(g)/ℓ	18.2	33	35.6

거의 반비례하여 변하지만, 압력에 반드시 비례하지는 않으며, 1MPa 이상의 고압에서는 압력에 의한 변화율은 비교적 작다.

압축계수는 이상기체와의 차이를 나타내는 계수이지만, 상압에서는 거의 1.0에 가까운 값을 나타내어 이 조건 하에서의 수소는 이상기체에 가까운 성질을 갖고, 1atm에서 수소의 Z=1이 되는 Boyle 온도는 110.4K이다. 일반적으로 고압으로 갈수록 수소의 압축계수는 점점 커지게 된다.

수소 기체는 1atm, 20°C에서 정압 비열은 14.89kJ/kg·K로서 공기의 약 14배, 메탄의 6.7배로 상당히 크고, 같은 조건에서의 비열비 (C_p/C_v)는 이상기체와 거의 같다. 또한, 수소 기체의 열전도도는 0.182W/m·K로서 공기에 비해 약 7배 정도로 모든 기체 중에서 가장 크고, 온도 및 압력에 따른 수소 기체 열전도도의 변화를 보면, 약 100K 이하의 저온에서는 압력의 의존성이 큰 것으로 나타나고 있다.

(1) 열용량

기체 수소의 정압몰열용량의 온도의존성은 [그림 2-1]과 같이 나타나고, 이상기체인 경우 정압열용량은 다음 식으로 나타낸다.

$$C_p = \frac{7}{2nR} + \left(\frac{\partial U_{ab}}{\partial T}\right)_v$$

보통 $\left(\frac{\partial U_{ab}}{\partial T}\right)_v$ 항은 작기 때문에 무시할 경우 직선상에서 분자의 정압 몰 $C_{p,m}$ 열용량 은 $7R/2 = 29.10\,JK^{-1}mol^{-1}$로 수소가스 298.15K, 101.3kPa에서의 $28.83\,JK^{-1}mol^{-1}$로 비슷하고, 고온에서는 열용량 값이 증가한다.

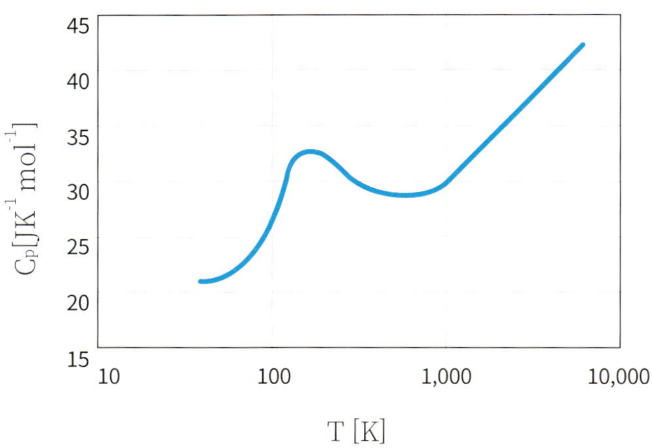

그림 2-1 수소의 가연희박한계[9]

(2) 발열량

가스의 단위체적당 발열량이 메탄의 약 1/3이므로 한정된 용기체적에 필요한 발열량을 저장하기 위해서는 고압으로 저장하여야 하므로, 사용하는 저장탱크, 배관, 설비 등은 높은 압력에 견디도록 설계하여야 한다. 만일 설비 등의 파손으로 인하여 고압가스가 누출될 경우 압력이 높고, 가스밀도가 높기 때문에 체적방출 속도가 커진다.

(3) 음속

음속은 기체밀도의 제곱근에 반비례하므로 순수한 수소 내에서의 음속은 공기 중에서보다 커지고, 압력이 높은 가스가 개구부에서 분출할 때 출구에서의 가스 선속도는 초크(choke)가 발생하여 음속과 같으므로 같은 압력에서 비교할 때 체적 방출 속도는 수소가 크다.

(4) 확산계수

같은 온도와 압력에서 수소분자의 평행이동 속도는 메탄보다 크기 때문에 질소에 대한 수소의 상호 확산계수는 메탄보다 크다. 개방공간에서 수소가 누출되어도 누출이 정지된 후에는 빠르게 희석되고, 압력이 다른 가스를 다공성막 또는 고분자 막으로 막아 놓으면 가스의 일부가 막을 통과하는데 투과 속도는 성분 가스의 확산계수에 의존하여 확산계수가 큰 수소는 메탄 등 보다 투과가 더 빠르다.

(5) 연소속도

미연기체에 대한 화염면의 상대 이동속도를 연소속도라고 하고, 정지된 예혼합 기체에서 화염 전파속도를 층류연소 속도라고 하는데, 층류연소 속도는 가연성 가스의 종류와 농도에 의존하며 일반적으로 화학양론농도 부근에서 최대가 되지만, 수소의 경우는 약 1.8의 당량비(수소 43vol%)에서 최대가 된다.

2) 액체 및 고체수소의 물성

포화증기압에 있는 고체수소 및 액체수소의 정압 몰열량의 온도의존성은 [그림 2-2]와 같다.[3]

고체수소는 수백만~수천만 기압에서 금속수소가 되며 상온에 가까운 온도에서 초전도성을 보인다는 이론이 있다.

수소저장 및 이송에 사용하는 물질중 수소흡장 합금이 있는데, 이 수소 흡장합금은 수소가

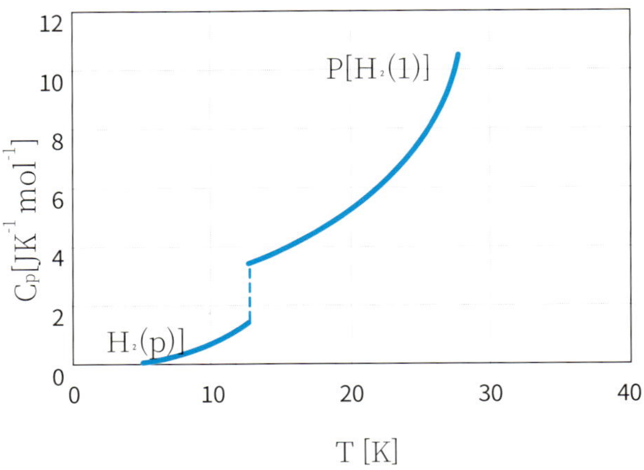

그림 2-2 수소의 가연희박한계[9]

결정 격자 사이에 원자상태로 침입하여 금속수소화물을 생성하므로, 상온·상압의 수소는 1/1000 이하의 체적으로 압축된다.

수소를 액화하기 위해서는 임계온도 32.976K까지 냉각하고 12.795atm까지 가압하여야 하고, 일반적으로 열평형 상태에 있는 수소 기체는 오토 수소를 많이 포함하고 있는데, 분자내의 에너지 상태가 높은 오토 수소가 보다 낮은 에너지 준위의 파라수소로 전환될 때에는 많은 열을 발생한다.

이 전환열은 온도에 의존하여 50K 이하에서는 1.062kJ/mol에 이르는데 반해 액체 수소의 기화열은 0.898kJ/mol이므로 저장 중에 전환열에 해당하는 만큼의 열량이 소비되므로, 수소 기체를 90% 파라 액체수소로 전환시킬 때 열량은 액체수소의 64%를 증발, 기화 시키는데 충분하다.

이와 같은 증발 손실을 피하고 전환속도를 빠르게 하기 위해서 실제로는 여러 가지 촉매를 이용하여 오토 수소에서 파라수소로의 전환을 실시하면서 냉각, 액화하는 방법이 시행되고 있고, 주요 촉매로는 수산화철, 활성탄, 우라늄화합물, 알루미나 등을 담체로 한 산화크롬 등이 사용되며, 강한 자장도 전환 속도를 높이는 것으로 알려져 있다.

또한 수소의 임계온도는 32.976K로 헬륨 다음으로 액화하기 어려운 기체이고, 액체수소는 무색투명하며, 파라수소의 증기압은 수소보다 약간 커서 20.39K에서 파라수소는 1.03553atm, 수소는 0.99987atm이다.

3) 오토-파라(Ortho-, Para-) 수소

수소는 두 핵의 스핀함수가 대칭 또는 반대칭이 되는 2종류의 수소분자가 존재하는데, 대칭인 스핀함수를 가진 수소분자를 오토(Ortho) 수소, 비대칭인 스핀함수를 가진 수소분자를 파라(para) 수소라고 한다. H_2의 경우 파라수소 쪽이 회전에너지가 낮기 때문에 저온에서는 파라수소의 존재비가 증가하고 고온에서는 볼츠만 분포에 의해 오토, 파라 존재비가 3:1이 되는데 이것을 노르말(normal) 수소라고 한다.

이들 수소는 핵회전 방위에 따라 많은 물리적, 열화학적 성질의 차이는 있으나, 화학적 성질은 거의 같다. [그림 2-3]에 보는 것과 같이 상온, 상압에서는 오토 수소가 75%, 파라수소가 25%인 혼합물로 존재하는데 평형조성은 절대온도에 따라 변화하여 20K 이하에서는 파라수소 형태로만 존재하지만 온도가 올라갈수록 오토 수소로 변화되어 200K에서는 3:1의 비율로 전환된다.

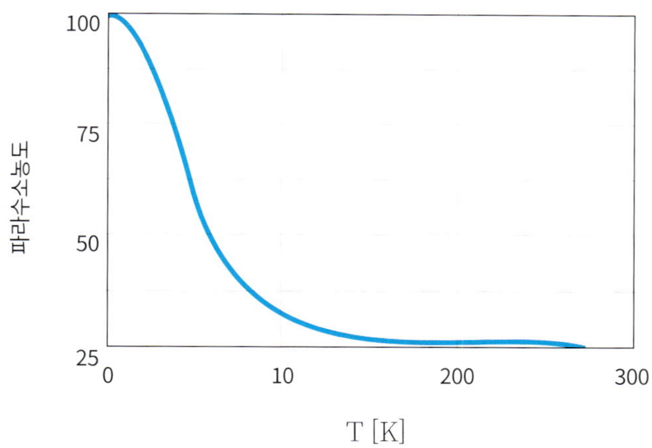

그림 2-3 평형상태에서 파라수소 비율의 온도 의존성[4]

H_2의 경우 액체수소의 온도에서 열평형상태에 있으면 90%가 파라수소로 존재하지만, 오토, 파라의 변환 속도는 느리기 때문에 일반적으로 냉각시키면 노말 수소 상태로 액화되어 점차 발열하면서 파라수소로 변환된다. 오토수소에서 파라수소로 변환됨에 따라 발생되는 엔탈피 변화량(발열량)은 $1.406kJmol^{-1}$이다. 노말 수소의 증발엔탈피는 $0.904kJmol^{-1}$이므로 액체수소는 저장하기 전에 산화철이나 산화크롬 등의 촉매를 사용하여 파라수소로 변환시켜 두어야 한다.

3 수소의 연소특성

수소의 안전성을 높이기 위해 가장 중요한 것은 누출 관리, 검지, 환기 시스템의 구성인데, 이는 공기 중에 기체 수소의 최소 점화에너지(0.02mJ)가 매우 낮아 쉽게 점화되기 때문이다.

수소는 연소하기 쉬운 기체이며, 공기 또는 산소와 넓은 농도범위에서 가연성 혼합물을 형성하고, 산소 이외의 염소나 질소 산화물 같은 물질과도 가연성 혼합물을 만들며, 수소는 탄화수소에 비해서 발화점은 비교적 높은 반면 발화에너지는 매우 작아 정전기 등에 의해서도 발화할 수 있다.

1) 수소의 가연성

수소와 공기, 또는 산소, 산화물과의 혼합물은 넓은 조성 범위에서 가연성 가스를 형성한다. 수소의 volume %로 나타내는 가연한계(flammability limit)는 가연성 가스가 공기 또는 산소와 혼합하였을 때 불꽃이나 화염과 같은 작은 발화원(ignition source)에 의해 발화, 연소하는 가연성 가스의 농도로 정의한다. 폭발 한계는 발화 에너지, 온도, 압력, 농도 희석제 존재 여부, 시스템의 구성과 크기에 따라 달라진다. 가연성 가스는 농도에 따라 최저농도에 해당하는 하한계(lower limit), 최고농도에 해당하는 상한계(upper limit) 두 가지의 연소한계가 있고, 이 농도범위를 연소 범위(flammable range)라고 한다. 수소-공기, 수소-산소 혼합물은 위쪽으로는 광범위하게 전파되고, 아래쪽으로는 좁은 영역으로 전파되는 특징을 가지고 있다.

연료로서 액체, 고체 수소는 모두 자연 발화물질은 아니지만, 이러한 물질의 혼합물은 발화에너지가 작으므로 혼합되는 과정 중에 발화 가능성이 높고, 액체 수소와 고체 수소는 외부 충격파장에 의한 폭발 가능성도 있다.

101.3kPa(14.7psia) 건조공기에서 수소의 폭발 한계는 하한계(LFL) 4.1%, 상한계(UFL) 74.8%이며, 101.3kPa(14.7psia) 산소에서는 하한계 4.1%, 상한계 94%이다.

[표 2-2]는 방향에 따른 전파의 영향을 나타내고, 101.3kPa(14.7psia)이하에서는 하한계, 상한계가 줄어드는 경향을 보인다.

표 2-2 가연한계[5]

	상향전이		하향전이		수평전이	
	하한계	상한계	하한계	상한계	하한계	상향계
	수소농도(vol%)					
공기 및 산소중 수소 : 101.3kPa(14.7psia)						
H_2+air						
파이프	4.1	74.8	8.9	74.5	6.2	71.3
원형저장탱크	4.6	75.5	-	-	-	-
H_2+산소	4.1	94.0	4.1	92.0	-	-
수소에 희석가스 혼합 : 101.3kPa(14.7psia)						
H_2+He+21 vol% O_2	7.7	75.7	8.7	75.7	-	-
H_2+CO_2+21 vol% O_2	5.3	69.8	13.1	69.8	-	-
H_2+N_2+21 vol% O_2	4.2	74.6	9.0	74.6		
압력변화에 따른 농도(점화원 45mJ) 공기중 수소						
압력(kPa)	25cm 배관		2L 구형			
	하한계	상한계	하한계	상한계		
20	~4	~56	~5	~52		
10	~10	~42	~11	~35		
7	~15	~33	~16	~27		
6	20~30		20~25(6.5kPa)			

수소의 연소 속도는 측정하는 방법에 따라 다소의 차이를 보이고 있는데 [표 2-2]에는 Andrews와 Bradley가 측정한 결과의 값을 나타내었다. [그림 2-4]에서는 수소-공기 혼합 기체에 대한 연소속도의 변화를 보여주고 있는데 연소 속도는 혼합기체의 초기 온도에 대한 의존성이 높아 온도의 상승에 따라서 현저하게 커진다. (10^{-5} Joule)

표 2-3 수소, 아세틸렌, 에틸렌의 연소 특성치

<table>
<tr><th colspan="2"></th><th>수소</th><th>아세틸렌</th><th>에틸렌</th></tr>
<tr><td colspan="2">발화점(°C)</td><td>571</td><td>305</td><td>490</td></tr>
<tr><td colspan="2">연소열(kcal/g)</td><td>28.62</td><td>11.5</td><td>11.25</td></tr>
<tr><td colspan="2">이론혼합비(vol. %)</td><td>29.5</td><td>7.72</td><td>6.52</td></tr>
<tr><td rowspan="2">연소한계
(vol. %)</td><td>하한계</td><td>4.0</td><td>2.5</td><td>2.7</td></tr>
<tr><td>상한계</td><td>75</td><td>100</td><td>36</td></tr>
<tr><td rowspan="2">연소속도
(cm/sec)</td><td>최대치</td><td>350</td><td>155</td><td>75</td></tr>
<tr><td>농도(ρ)</td><td>1.45</td><td>1.33</td><td>1.15</td></tr>
<tr><td rowspan="2">발화에너지
(10^{-5} Joule)</td><td>최소치</td><td>1.8</td><td></td><td></td></tr>
<tr><td>ρ=1</td><td>2.0</td><td>3</td><td>9.6</td></tr>
<tr><td rowspan="2">소화거리
(cm)</td><td>최소치</td><td></td><td></td><td></td></tr>
<tr><td>ρ=1</td><td>0.06</td><td>0.07</td><td>0.12</td></tr>
</table>

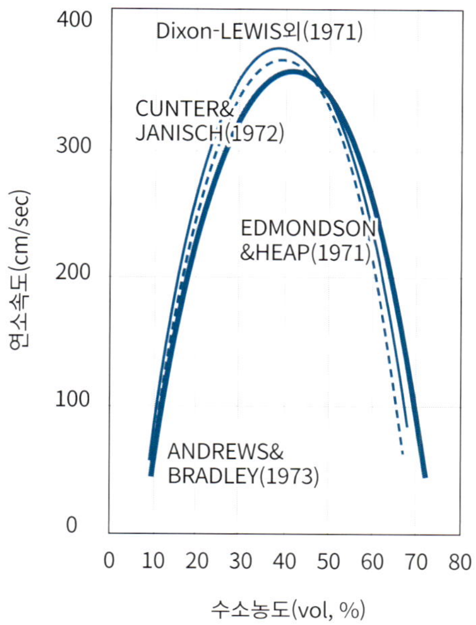

그림 2-4 수소-공기 혼합기체의 연소속도 변화[6]

수소의 연소 속도는 여러 가지 방법으로 측정되어 다소의 차이를 보이고 있어 [표 2-2]에는 Andrews와 Bradley가 측정한 결과의 값을 나타내었다. [그림 2-4]에서는 수소-공기 혼합기체에 대한 연소속도의 변화를 보여주고 있는데 연소 속도는 혼합기체의 초기 온도에 대한 의존성이 높아 온도의 상승에 따라서 현저하게 커진다.

앞에서 언급한 바와 같이 수소는 공기 이외에도 산소, 염소 및 질소산화물과도 적당한 온도, 압력하에서 가연성 혼합물을 형성한다. [표 2-3]에서 보는 바와 같이 수소 기체의 폭발 범위는 다른 휘발성 기체에 비해서 매우 크기 때문에 폭발 범위를 줄이기 위한 노력이 필요하다.

폭발 방지 대책으로는 질소나 탄화가스 등의 불활성 기체를 첨가하는 방법이 있는데 [그림 2-5]는 수소-공기-이산화탄소 및 수소-공기-질소의 폭발 한계를 보여주고 있다.

그림에서 Min. O_2는 각각의 계에 대한 한계 산소값을 보여주고 있는데, 수소-공기-질소의 폭발 한계 곡선에서는 한계 산소 값이 선단 근처에 있으나, 수소-공기-이산화탄소 곡선에서는 상한계 부근에 있다. 여기서 한계 산소값의 의미는 수소-공기-질소의 경우 산소 농도가 5.0vol.% 이하인 경우에는 어떤 수소 농도에도 연소하지 않는다는 것을 의미한다. 메탄과 가솔린의 경우에는 이 값이 10% 이상이므로 수소의 연소 방지를 위해서는 불활성 기체의 첨가가 효과적임을 알 수 있다.

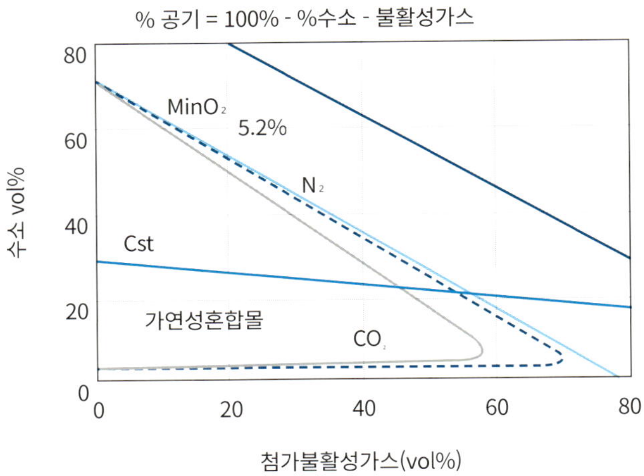

그림 2-5 대기압, 25°C에서 수소-공기-이산화탄소 및 수소-질소-공기 혼합물의 폭발한계[6]

2) 희석물질의 영향

[그림 2-6]은 수소와 산소가스(GOX)에 불활성기체(inert gases)(He, CO_2, N_2)가 첨가 되었을 때의 수소-산소-질소의 폭발 한계이다. [표 2-4]는 다양한 튜브 사이즈에 He, CO_2, N_2, Ar 등의 첨가제를 넣었을 때의 질적인 변화 및 그 효과에 대해 설명해주고 있으며 Ar이 공기 중 수소와 섞였을 때 폭발 한계를 낮추는데 가장 비효과적임을 보여준다.

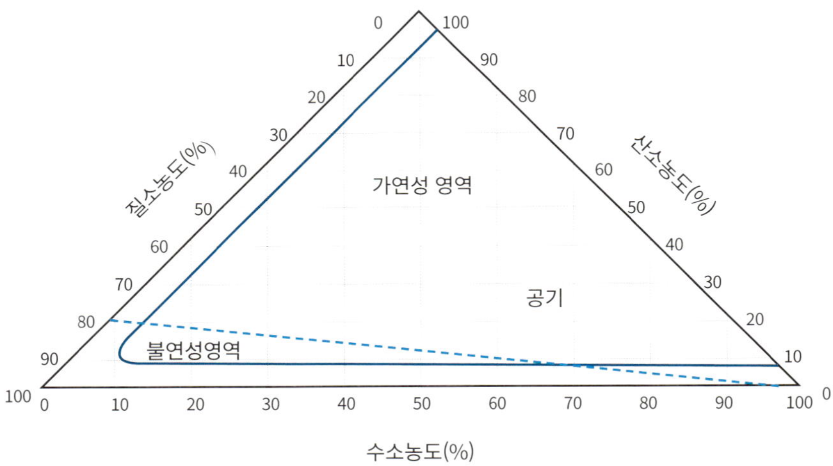

그림 2-6 101.3kPa 298K에서 수소 폭발 한계[7][8]

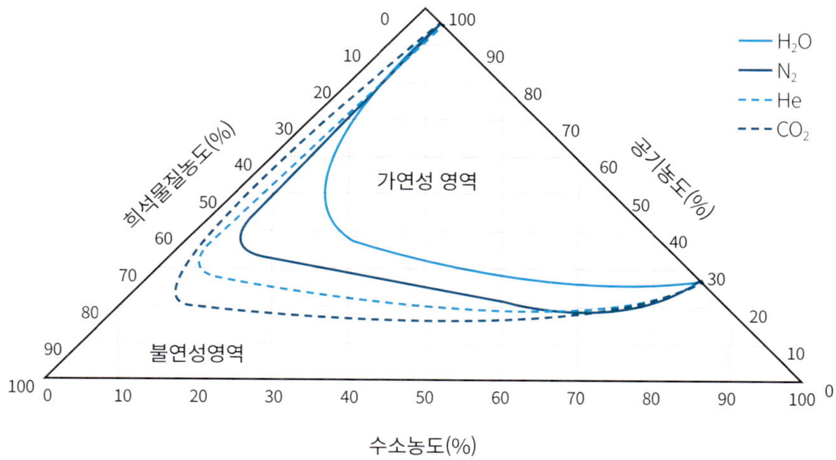

그림 2-7 희석물질의 수소 폭발 한계에 미치는 영향[7][9][10]

그리고 [그림2-7]은 공기 중 수소의 폭발 한계에 He, CO_2, N_2 그리고 수증기가 어떠한 영향을 미치는지 보여주고 있는데, 수증기가 폭발 한계를 줄이는데 가장 효과적이며, 헬륨이 가장 비효율적이다.

표 2-4 공기 중 수소의 가연범위에서 희석물질의 영향[5]

튜브 직경(cm)	가연범위가 감소하는 희석물질 순서
대형 튜브	$CO_2 < N_2 < He < Ar$
2.2	$CO_2 < He < N_2 < Ar$
1.6	$He < CO_2 < N_2 < Ar$

3) Halocarbon의 영향

[그림2-8]은 Halocarbon이 수소-산소 혼합물의 폭발 한계에 어떠한 영향을 미치는지 보여주고 있다. 공기 중 수소의 확산 억제제로서의 N_2, CH_3Br, $CBrF_3$의 효과를 비교하였는데, Halocarbon은 공기가 유입되는 시스템에 효과적이며, 질소는 연료가 주입되는 시스템에 더욱 효과적인 억제제이다.

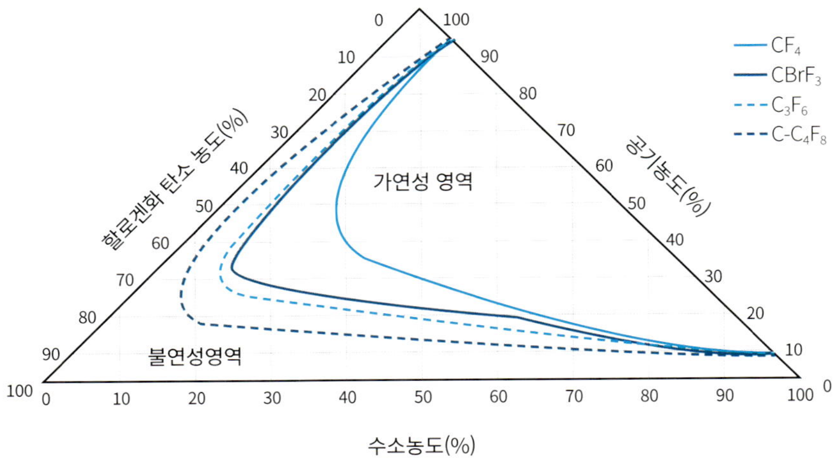

그림 2-8 Halocarbon의 수소 폭발 한계에 영향

4) 자연발화온도

공기 중에서 수소의 자연발화 온도는 산소에서와 거의 유사하다. 자연발화 온도는 기체 수소의 농도와 주변 압력, 용기의 표면 상태 등에 따라 달라지고, 특히, 시스템에 따라 많은 차이가 있으므로 다른 시스템에 적용할 경우는 유사한 조건에서 실험하여 검증된 데이터를 사용해야 한다. 일반적으로 101.3kPa(14.7psia)의 압력하에서 수소의 자동점화온도는 공기 중 773~850K, 산소 중 773~833K이다. 또한, 20~50 kPa(0.20~0.49atm)의 압력 하에서 H_2-공기의 점화는 약 620K에서 일어난다.

5) 최소점화에너지

발화원이란 물질이 연소하는데 필요한 에너지원으로 화재 및 폭발을 예방하는 데 있어서는 위험성 물질의 조성 관리와 함께 중요한 요소이다. 일정한 폭발 범위에 해당되는 가연성 혼합기체가 생성되더라도 점화원이 없으면 화재와 폭발은 발생하지 않는다.

자연발화는 외부로부터의 발화원 없이 물질이 상온의 공기 중에서 스스로 발열하고 그 열이 장기적으로 축적되어 발화점에 도달하여 연소를 일으키는 현상이다. 점화원에는 전기 불꽃인 정전기에 의한 스파크(spark)가 가장 많은데 이 현상은 전극 사이에 있는 혼합기체에 방전에너지가 주어지면 화학반응에 의한 화염이 발생하는 것이다. 이 경우 발화에 필요한 한계 에너지가 존재하고 이 에너지를 최소발화에너지라고 부르며 혼합기체의 종류, 조성, 압력, 온도 등에 따라 변화한다.

공기 중에서 수소의 최소발화에너지는 101.3kPa에서 0.017mJ, 5.1kPa에서 0.09mJ, 2.03kPa에서 0.56mJ으로 압력이 작아질수록 최소에너지 값은 커지는 경향을 보인다. 이 값은 메탄(0.29mJ), 가솔린(0.24mJ)에 비해 굉장히 작은 값으로, 사람의 정전기와 같은 작은 에너지에도 발화할 가능성이 높다.

6) 소염거리

연소가 계속되기 위해서는 화염에서 미연소 부분에의 열 이동이 중요하다. 저온의 고체표면 부근에서는 열 손실이 크고, 활성기(radical)를 잃기 쉬우므로 고체의 간극이 충분히 좁으면 연소가 계속되기 어려워 화염이 전파할 수 없다. 이 현상은 플레임 어레스터(flame arrestor)에 이용된다. 소염거리란 일반적으로 화염이 통과할 수 없는 최대 평판극간거리를 말한다. 관내의 경우는 평판간극 대신 소염직경이라고 한다. 농도에 따른 소염거리는 [그림 2-9]와 같고, 소염거리는 최소 점화에너지의 제곱근에 비례한다.

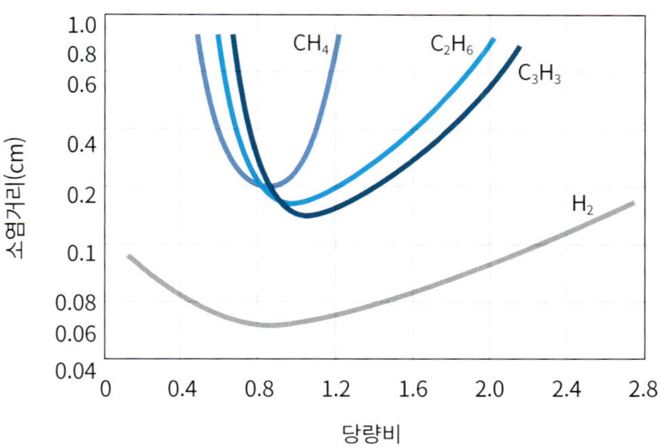

그림 2-9 가연성 기체-공기 혼합기체의 소염거리[12]

Q1

기체수소의 물성으로 옳지 않은 것을 고르시오.

① 수소는 기체 중에서 최소의 가스밀도와 최대의 확산 속도를 갖는다.

② 수소 기체의 밀도는 절대온도에 거의 반비례하여 변화한다.

③ 일반적으로 고압으로 될수록 수소의 압축계수는 점점 작아지게 된다.

④ 수소 기체의 열전도도는 0.182W/m·K로서 모든 기체 중에서 가장 크다.

A1

③

Q2

원자핵의 상대적 회전위치에 따른 수소분자의 형태에 대해 서술하시오.

A2

핵회전이 평행인 수소분자를 오토(Ortho-)수소라 하고, 반대방향인 것을 파라(Para-)수소라 부른다. 이들 수소는 핵회전 방위에 따라 많은 물리적, 열화학적 성질의 차이가 있지만, 화학적 성질은 거의 같다. 상온, 상압에서는 오토 수소가 75%, 파라수소가 25%인 혼합물로 존재한다. 이 평형조성은 절대온도에 따라서 변화하며, 20K 이하에서는 파라수소 형태로만 존재하지만 온도가 올라갈수록 오토 수소로 변화되어 200K에서는 3:1의 비율로 전환된다.

Q3

수소는 연소하기 쉬운 기체이다. 수소의 연소특성을 서술하시오.

A3

수소의 최소 점화에너지(0.02mJ)가 매우 낮아 쉽게 점화된다. 공기 또는 산소와 넓은 농도범위에서 가연성 혼합물을 형성하고, 산소 이외의 염소나 질소 산화물 같은 물질과도 가연성 혼합물을 만든다. 또한 수소는 탄화수소에 비해서 발화점은 비교적 높지만 발화에너지는 매우 작아 정전기 등에 의해서도 발화하기 쉽다. 또한, 101.3kPa(14.7psia) 건조공기에서 수소의 폭발 한계는 하한계(LFL) 4.1%, 상한계(UFL) 74.8%이며, 101.3kPa(14.7psia) 산소에서는 하한계 4.1%, 상한계 94%로 매우 넓다.

Q4

희석물질이 수소의 폭발한계에 미치는 영향을 서술하시오.

A4

수소와 산소가스에 희석물질(He, CO_2, N_2, Ar)을 첨가할 경우 가연범위 및 폭발한계가 낮아진다.

Q5

공기 중 수소의 최소발화 에너지에 대하여 서술하시오.

A5

101.3kPa에서 0.017mJ, 5.1kPa에서 0.09mJ, 2.03kPa에서 0.56mJ으로 압력이 작아질수록 최소에너지 값은 커지는 경향을 보인다. 이 값은 메탄(0.29mJ), 가솔린(0.24mJ)에 비해 굉장히 작은 값으로, 사람의 정전기와 같은 작은 에너지에도 발화할 가능성이 높다.

Q6

다음 그림은 가연성 기체-공기 혼합기체의 소염거리를 나타낸다. 수소기체의 소염거리 특징을 서술하시오.

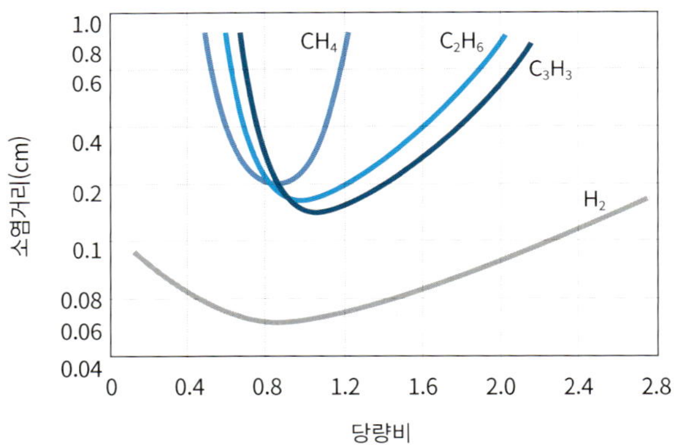

A6

연소가 계속되기 위해서는 화염에서 미연소 부분에의 열 이동이 중요하다. 저온의 고체표면 부근에서는 열 손실이 크고, 활성기(radical)를 잃기 쉬우므로 고체의 간극이 충분히 좁으면 연소가 계속되기 어려워 화염이 전파할 수 없다. 소염거리란 일반적으로 화염이 통과할 수 없는 최대 평판극간거리를 말한다. 관내의 경우는 평판간극 대신 소염직경이라고 한다. 농도에 따른 소염거리는 최소 점화에너지의 제곱근에 비례한다. 수소는 최소점화에너지의 크기가 작으므로 당량비에 따른 소염거리의 범위가 다른 기체에 비해 매우 좁다.

Chapter

03

수소에너지 생산

1. 연료 개질을 통한 수소제조기술

1) 수증기 개질반응

2) 부분산화반응

3) 자열 개질반응

2. 물 분해를 이용한 수소제조기술

1) 물 열화학 분해법

2) 광촉매를 이용한 물 광분해법

3) 생물학적 기술을 이용한 물 분해법

3. 부생 수소를 이용한 수소제조기술

1) 활용1 : 제철소 부생가스

2) 활용2 : 식염전해기술

3) 활용3 : 나프타분해공정

4) 활용4 : 프로판 탈수소 공정

5) 활용5 : 초산 공정

4. 바이오매스를 이용한 수소제조기술

1) 열화학적 가스화법

2) 생물적 가스화법

수소는 우주에서 가장 풍부한 원소이지만 그 자체로는 자연계에 존재하지 않는다. 따라서 수소는 화석연료 및 바이오매스로부터 메탄가스 등을 개질하여 얻거나 정유 및 제철 공장 등의 부생수소활용, 신재생에너지를 활용한 물의 전기 분해 등 다양한 방식을 통해 얻는다.[1] 대표적인 수소에너지 생산기술로는 천연가스, 액화석유가스(LPG), 납사, 석탄 등 화석연료의 수증기 개질, 부분 산화, 자열 반응, 열분해, 플라즈마 개질 등의 기술에 의한 수소생산기술과 풍력, 태양광 등의 재생에너지를 이용한 물의 전기분해, 광전기 화학적 또는 광생물학적 수소제조 방법, 차세대 원자로를 이용한 원자력 에너지를 활용하여 물의 열 화학적 또는 전기 분해 방법에 의해 수소를 생산하는 방법 등이 있다.

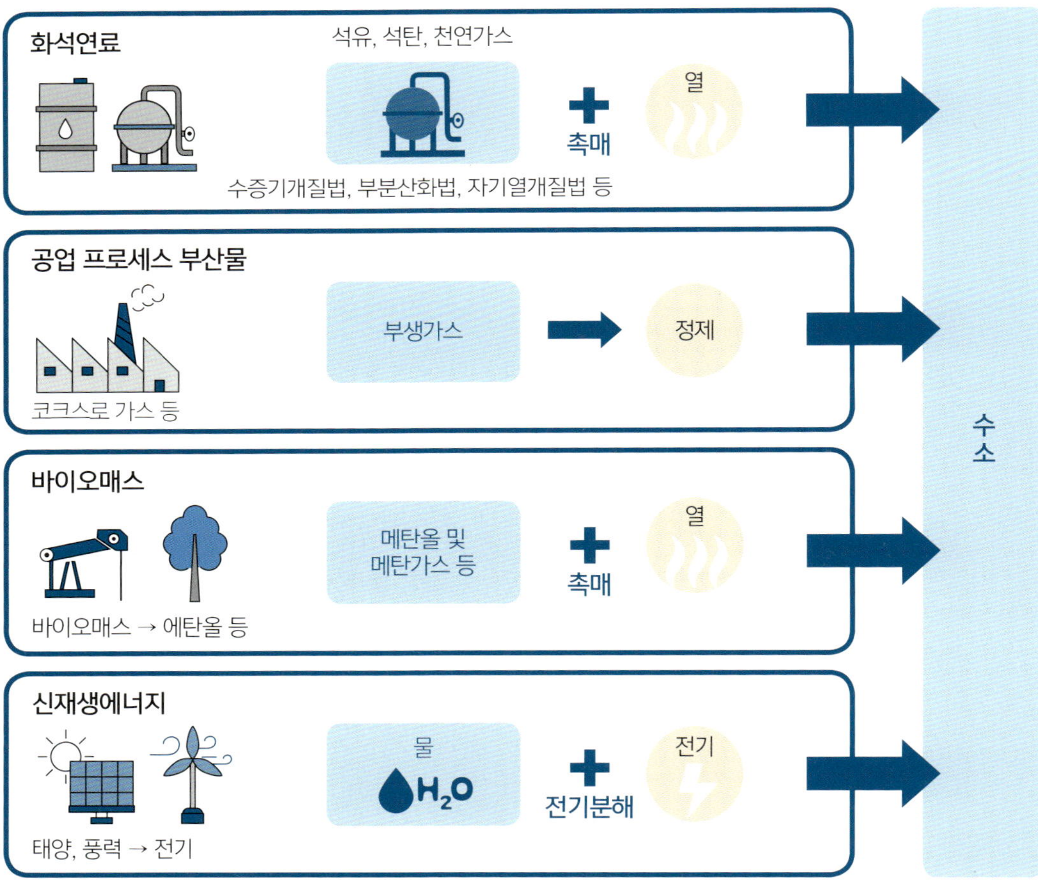

그림 3-1 수소 생산 방식

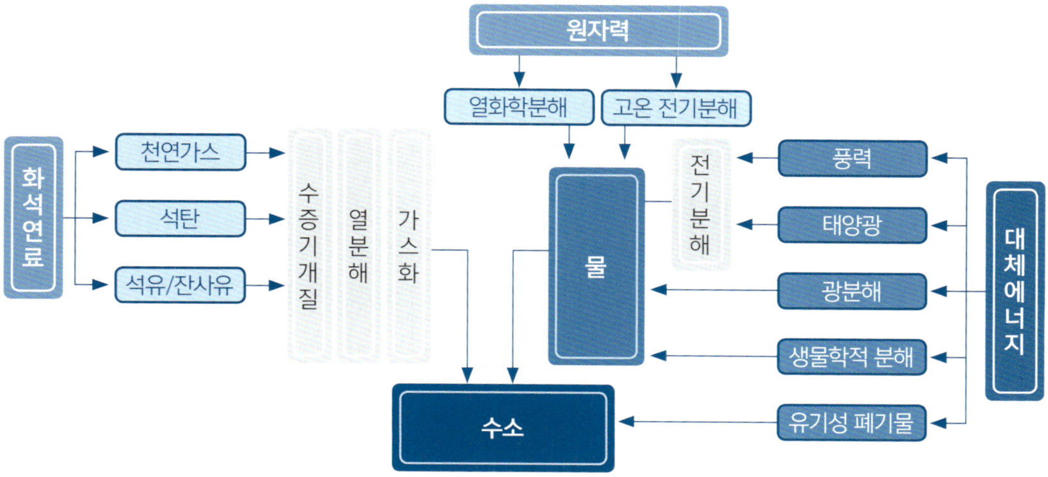

그림 3-2 수소에너지 제조 및 이용 체계도[2]

표 3-1 수소생산 기술 분류[3]

구분	방법	원료	에너지원
화석연료 이용	수증기 개질	천연가스, LPG, 나프타	열
	이산화탄소 개질	천연가스	열
	부분산화	중질류, 석탄	열
	자열개질	천연가스, LPG, 나프타	열
	직접개질	천연가스	열
비 화석연료 이용	전기 분해	물	전기
	열화학 분해	물	고온열(원자력, 태양열)
	생물학적 분해	물 또는 바이오매스	열, 미생물
	광화학적 분해	물	태양광

1 연료 개질을 통한 수소제조기술

화석연료를 개질하여 수소를 제조하는 기술은 수증기나 산소를 첨가하여 촉매 상에서 접촉 분해하는 방법이 일반적이다. 화석연료 가운데 천연가스는 수소 함유량이 높고 대량생산에 유리하여 수증기개질, 직접분해 등 다양한 방법으로 수소를 제조한다. 천연가스의 직접 분해기술은 열분해법과 플라즈마 이용법으로 크게 나누어지며 이 중 열분해 기술은 이산화탄소의 발생 없이 수소를 제조하고 부산물로 카본블랙(carbon black)을 고순도로 얻을 수 있어서 공정의 경제성을 높일 수 있다.

화석연료의 개질에 의한 수소제조기술은 경제성이 우수하여 오래전부터 석유정제나 석유화학 프로세스 등 대규모 수소제조에 이용되고 있다. 화석연료를 개질하여 수소를 제조할 때 일반적으로 수증기나 산소를 첨가하고 촉매로 접촉 분해하여 H_2, CO, CO_2, CH_4 로 이루어진 수소 함유가스를 제조하는 방법이 사용된다.[4]

본 장에서는 대표적인 개질방식인 수증기 개질방식, 부분산화방식, 자열 개질방식에 대해 다룬다. [2]

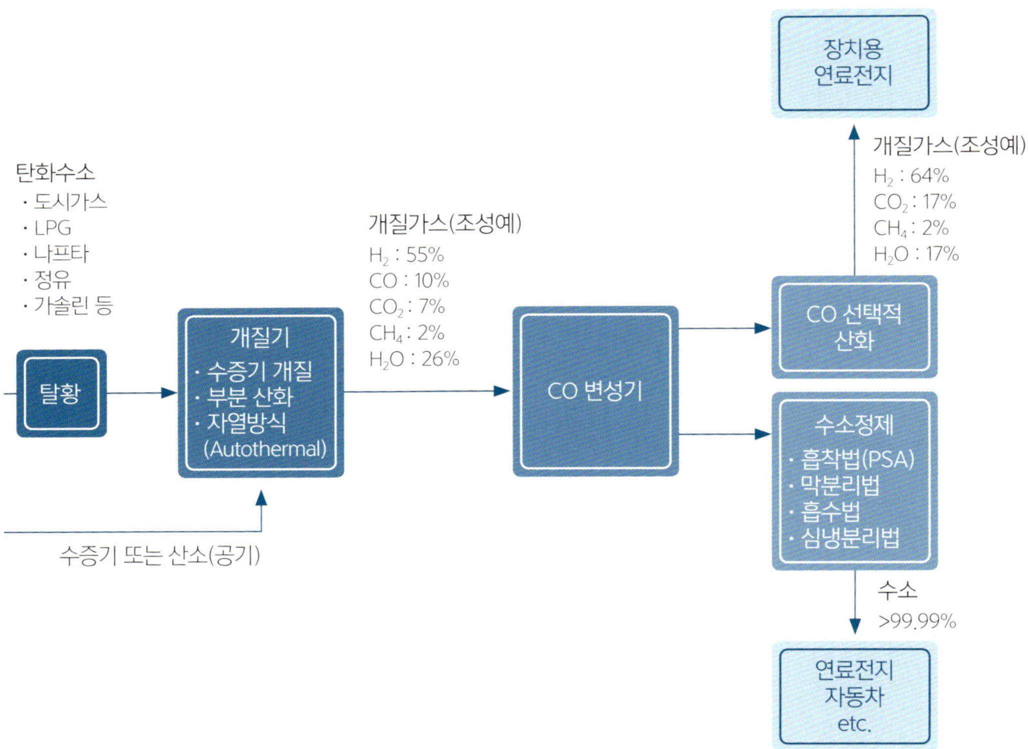

그림 3-3 탄화수소 개질에 의한 수소제조 공정[4]

1) 수증기 개질반응

수증기 개질방식은 탄화수소를 수증기와 반응 시켜 물에 함유된 수소를 추출하는 방식이다. 수증기 개질 기술 중 촉매를 이용한 개질 공정으로 황 성분이 제거된 천연가스를 개질시켜 고농도의 수소를 생성하게 된다.

부분산화와 자열개질 공정에 비해 메탄 1몰 당 CO_2의 생성비가 낮고 수소 생산 수율이 높아 경제적인 수소 생산방법이기는 하지만, 평형 반응에 의한 반응속도가 느려 공정 규모가 커져야 하고, 공정온도가 750℃ 정도 이므로 에너지 소비가가 높다는 단점이 있다.
탄화수소를 수증기와 반응시키는 수증기 개질 반응식은 다음과 같다.

$$C_m H_m + \ n H_2 O \rightarrow m CO + \ (m + \frac{n}{2}) H_2 \ (- \triangle H^o_{298} < 0)$$

수증기 개질반응은 흡열반응이므로 반응기의 가열기가 필요하고, 열의 밸런스를 적절히 제어함으로써 생성가스 내의 수소 농도를 조절할 수 있다는 특징이 있다.

메탄이 원료인 경우 수증기 개질반응식은 아래와 같이 표시되며 수증기개질 반응 후 최종 가스조성은 CO변성반응과 조합하여 아래와 같이 화학평형에 의해 정해진다.

$$CH_4 + \ H_2 O \leftrightarrow CO + \ 3H_2 \ (\triangle H^o_{298} = -206.2 kJmol^{-1})$$
$$CO + \ H_2 O \leftrightarrow CO_2 + \ H_2 \ (\triangle H^o_{298} = 41.2 kJmol^{-1})$$

수증기 개질반응의 조작 인자에는 촉매, 반응온도, 압력, 스팀비(원료 내 탄소의 몰수에 대한 첨가수증기의 몰수 비)가 있다.

공업적으로 수증기 개질반응에는 저렴하고 고활성인 Ni계 촉매가 사용되는데 Ni촉매는 스팀비가 낮으면 탄소석출을 일으키기 쉽고 사용 전에는 환원처리가 필요하다.

높은 고효율비가 요구되는 연료전지 시스템에서는 Ni보다 고활성이고 낮은 스팀비로 이용할 수 있는 Ru촉매를 사용한다. 수증기 개질반응은 흡열반응이므로 반응온도를 높이면 반응이 우측으로 진행되어 H_2가 많은 가스가 생성되므로 700~800℃에서 운전한다.

2) 부분산화반응

부분산화방식은 발열반응으로 외부가열이 불필요하며, 일정 온도에 도달할 때까지

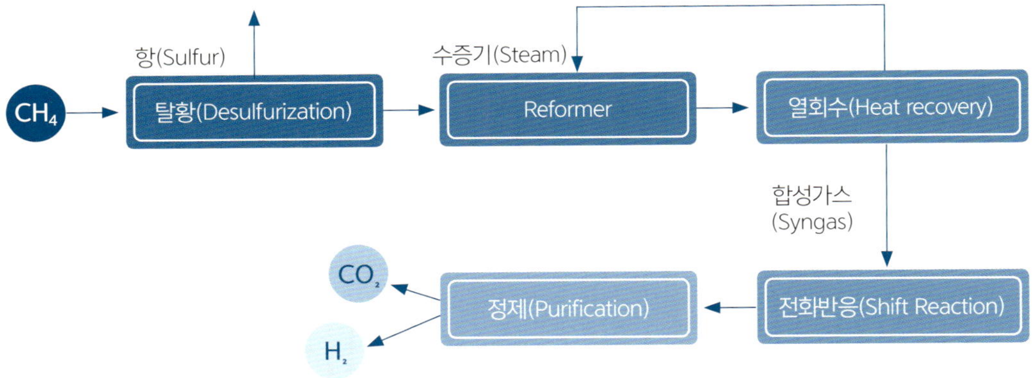

그림 3-4 부분산화에 의한 수소생산 공정 구성도[9]

가동시간을 단축시킬 수 있으나 공기를 산소원으로 할 경우에는 질소 혼입에 따라 수소농도가 저하 될 수 있다는 단점이 있다.

탄화수소의 부분산화반응식은 다음과 같다.

$$C_mH_n + \frac{m}{2}O_2 \rightarrow mCO + \frac{n}{2}H_2 \; (-\Delta H^o_{298} > 0)$$

원료가 메탄인 경우의 반응식은 아래와 같으며 이때 일부 연료는 완전 산화 된다.

$$CH_4 + \frac{1}{2}O_2 \rightarrow CO + 2H_2 \; (-\Delta H^o_{298} = 35.7\,kJmol^{-1})$$

$$CH_4 + 2O_2 \rightarrow CO_2 + 2H_2O \; (-\Delta H^o_{298} = 802.3\,kJmol^{-1})$$

3) 자열 개질반응 (Auto thermal reforming)

자열 개질반응 방식은 부분산화반응과 수증기 개질반응에 의해 모두 수소를 생성시키는 방식이므로 부분산화방식의 고 기동성과 고 효율성을 병합하는 방식이다. 가스제로 산소를 사용하여 부분산화반응을 하면서 일부는 완전산화반응으로 생성된 수증기와 반응시킨다.

표 3-2 탄화수소(메탄) 개질 방식 비교[5]

구분	반응식	장단점	
수증기 개질반응	$CH_4 + H_2O \rightarrow CO + 3H_2$ (흡열반응)	장점	▪ 고농도 수소제조 : 75%이상 (Dry gas 기준) ▪ 효율이 높음. 여러 운전조건에 대해 안정적 운영가능
		단점	▪ 정상상태 도달시간이 오래 걸림 ▪ 에너지 사용량 많음
부분산화반응	$CH_4 + \frac{1}{2}O_2 \rightarrow CO + 2H_2$ (발열반응)	장점	▪ 정상상태 도달시간 짧음 ▪ 낮은 반응온도, 에너지사용량 적음
		단점	▪ 수소농도가 낮음 : 35%이하 (Dry gas 기준) 효율이 낮음 ▪ 운전제어 어려움 ▪ Hot spot 발생빈도 높음
자열개질반응	$CH_4 + H_2O \rightarrow CO + 3H_2$ $CH_4 + \frac{1}{2}O_2 \rightarrow CO + 2H_2$	장점	▪ 정상상태 조달시간 짧음 ▪ 흡열/발열반응이 동시에 일어나므로 열관리에 유리함
		단점	▪ 수소농도가 낮음 : 55%이하 (Dry gas 기준) 효율이 낮음 ▪ 운전제어 어려움

2 물 분해를 이용한 수소제조기술

물의 전기분해는 가장 간단하면서도 신뢰성이 높고 대량생산이 용이한 방법이지만, 물의 전기분해시 사용되는 전기에너지의 비용이 높다는 단점이 있다. 따라서 필요한 전기에너지를 얻기 위하여 태양에너지 또는 풍력에너지 등의 대체에너지를 사용함으로써 온실가스의 발생이나 환경부하를 없애고, 기술의 경제성을 확보할 수 있다. 물의 전기분해를 간단히 살펴보면, 물에 접촉하는 두 전극에 직류전류를 흘려 전기분해를 일으켜 음극(cathode)에는 수소를 발생시키고, 양극(anode)에서는 산소를 발생시킨다. 물에 전기가 통할 수 있게 일반적으로 1기압, 80°C에서 알칼리 수용액 (25-30 wt% KOH)을 전해질로 사용한다. 현재

물의 전기분해를 위한 대체에너지로 풍력, 지열, 태양열, 수력 등이 고려되고 있으며, 최근에는 연료전지의 기술 발전과 함께 전기분해 효율이 매우 높은 고분자전해질막을 이용한 물의 전기 분해 방법이 각광 받고 있다.

표 3-3 물 전기분해 기술별 효율 및 특성 비교[6]

구분		알칼리 수용액	고분자 전해질	고온 수증기
작동 온도		≤ 80°C	≤ 80°C	700°C ≤
전류 밀도		≤ 0.3A/cm^2	1A/cm^2 ≤	1A/cm^2 ≤
소요 에너지	전기	대	중	소
	열	소	소	대
가격		소	대	중
신뢰성		대	중	소

1) 물 열화학 분해법

열화학적 물 분해 수소제조 방법은 3,027°C (3,300K) 이상의 온도에서 진행되는 직접열분해 과정을 산화환원이 용이한 매개체 물질을 사용하는 화학반응을 활용하여 1,027°C (1300K) 이하의 온도에서 단계적으로 물 분해 폐사이클을 구성하는 기술이다. 따라서 물, 산소, 수소만 발생하는 환경 친화적인 기술로서 고온에서 산소를 발생시키는 반응과 저온에서 수소를 발생시키는 폐사이클로 추가적인 수소분리는 필요 없다. 특히 이론적으로 80%이상의 열효율이 가능하며, 태양에너지로부터 폐열에 이르기까지 다양한 에너지원을 이용할 수 있다.[7]

초기 열화학 공정의 예는 아래와 같다.[8]

(1) tantalum-chloride 공정

$$H_2O(g) + Cl_2(g) \rightarrow 2HCl(g) + 1/2\,O_2(g),\ 1000K$$

$$2\,TaCl_2(s) + 2HCl(g) \rightarrow 2\,TaCl_2(s) + H_2(g),\ 298K$$

$$2\,TaCl_2(s) \rightarrow 2\,TaCl_2(s) + Cl_2(g),\ 1366K$$

(2) vanadium-chloride 공정

$$H_2O(g) + Cl_2(g) \rightarrow 2HCl(g) + 1/2O_2(g), 1000K$$
$$2VCl_2(s) + 2HCl(g) \rightarrow 2VCl_3(s) + H_2(g), 298K$$
$$4VCl_3(s) \rightarrow 2VCl_4(g) + 2VCl_3(s), 1000K$$
$$2VCl_4(l) \rightarrow 2VCl_3(s) + Cl_2(g), 298K$$

(3) Mark-1 공정

$$CaBr_2 + 2H_2O \rightarrow Ca(OH)_2 + 2HBr, 1050K$$
$$2HBr + Hg \rightarrow HgBr_2 + H_2, 450K$$
$$HgBr_2 + Ca(OH)_2 \rightarrow CaBr_2 + HgO + H_2O, 450K$$
$$HgO \rightarrow Hg + 1/2O_2, 900K$$

위의 반응식의 총합은 아래의 물 분해 반응이 된다.

$$H_2O \rightarrow H_2 + 1/2O_2$$

2) 광촉매를 이용한 물 광분해법

빛에너지를 이용하여 물을 분해하는 광촉매의 반응 메커니즘은 촉매의 물성, 반응물 및 생성물의 흡탈착량 등이 중요한 인자로 작용한다. 또한 광촉매에 의한 물분해 과정은 비자발적인 반응으로서 약 1.23eV의 에너지가 필요하므로, 광촉매의 띠간격은 1.23eV보다 커야 하지만 실제 광촉매가 물분해 반응에 사용되기 위해서는 광촉매 시스템에 포함되어 있는 각 전극에서의 전자나 홀의 전달과 수소나 산소의 과전압 등에 필요한 에너지를 고려하여 적어도 2.43eV 이상의 띠간격을 가져야한다.

이와 같은 광촉매 조건에 적합한 것으로 판단되어 이용되고 있는 촉매들로는 TiO_2(3.2eV), WO_3(2.8eV), $SrTiO_3$(3.2eV), $\alpha-Fe_2O_3$(2.2eV), SnO_2(3.5eV), ZnO(3.2eV) 등이 있고, 금속이 담지된 Pt/TiO_2, NiO-$SrTiO_3$, $SrTiO_3/Pt/KOH$등이 물의 전기분해에 사용된다. 이외에도 층간을 이용하여 물을 산소와 수소로 분해하며 메탄올과 같은 정공 소비제를 첨가할 경우 수소 발생속도가 매우 높아지는 층상구조 화합물인 $K_4Nb_6O_{17}$도 주목을 받고 있으며, 전하를 띠고 있는 물질이나 중성 화학종을 선택적으로 제올라이트의 빈 공간에 넣을 수 있는 장점이 있는 제올라이트 광촉매도 주목을 받고 있다. 광촉매의 효율을 증가시키는 연구가 진행되고 있으나,

광흡수영역이 가시광선 영역에 미치지 못하는 단점이 있어, 광촉매소재 개발과 광촉매 구조 개선에 대한 연구가 이루어지고 있다.

미국과 스페인의 여러 연구소에서 태양광을 이용한 반응기 개발에 대한 연구가 활발히 진행되고 있다. 수소 발생에 유리한 광촉매와 산소발생에 유리한 광촉매 반응기의 두 가지 평판형태로 구성된 이중(dual type) 반응기가 있으며, 이외에도 두개의 공촉매층을 형성하여 수소와 산소를 분리시켜 생산하는 적층식 평판형 반응기, 그리고 광촉매를 광섬유의 외곽에 코팅, 고정화한 광섬유를 활용하여 자외선광과 태양광을 모두 이용할 수 있는 광섬유 광화학 반응기 등이 있다.

3) 생물학적 물분해법

생물학적 물 분해에 의한 수소제조 기술은 광합성 작용과 유사한 것으로, 태양에너지 중 일정한 파장의 빛을 흡수하여 물과 유기물로부터 수소를 발생시킬 수 있는 미생물을 이용하는 기술이다. 원료에 따라 물을 사용하는 광합성 직접 물 분해, 광합성 간접 물분해, 바이오매스를 이용하는 혐기발효, 광합성 발효, 가스를 이용하는 전환반응 등으로 나눌 수 있다. 태양광 발전에 의한 전기분해시 수소제조 단가가 18$/MBTU (170$/m^2으로 가정)로 알려져 있는데, 생물학적 수소제조기술의 태양에너지 변화 효율을 10%로 가정할 때 약 7~10$/MBTU 정도의 비용이 소요되는 것으로 평가되고 있어 경제성이 높다. 또한, 미생물 중에서도 남세균(Cyanobacteria)은 이산화탄소를 흡수하여 산소로 전환시키고 성장비용이 최소로 소요되며, 배양이 단순하고 경제적이어서 이상적인 미생물로 알려져 있다.

3 부생 수소를 이용한 수소제조기술

미래의 수소 에너지 사회를 논하지 않더라도 수소는 이미 산업 현장에서 대규모 생산과 소비가 이뤄지고 있다. 현재 공정에서 남는 수소를 부생 수소라고 통칭하고 있으며 이는 성격에 따라 두 종류로 구분되어야 한다.

첫째는 잉여 수소로 수소를 사용하는 공정에서 필요한 양을 모두 사용하고 남는 수소를 뜻한다. 또 하나는 부생 수소다. 이는 공정에서의 수소 사용여부와 상관없이 공정의 특성상 발생하는 수소를 뜻한다.

부생 수소는 석유화학 산업과 제철 산업에서 주로 발생한다. 석유화학 공정 중 부생 수소가 발생하는 대표적인 공정은 납사로부터 에틸렌과 프로필렌을 생산하는 납사분해공정과 염소와 가성소다를 생산하는 클로르-알칼리 공정이 있다. 제철 산업에서는 철광석을 환원하기 위해 코크스를 사용하는데, 석탄을 고온의 가열로에서 건류하여 코크스를 생산하는 과정에서 다량의 수소를 포함하고 있는 COG(Coke oven gas)가 생산된다.

잉여 수소는 주로 정유 산업에서 발생하는데, 정유 공장에서는 납사를 방향족 화합물로 전환하는 납사개질공정에서 다량의 수소가 생산되지만 대부분의 수소가 수소첨가 탈황공정과 수소첨가 분해공정에서 사용되고 있어 남은 수소를 외부에 공급하기에는 부족하여 경우에 따라서는 부족한 수소를 공급하기 위해 별도로 납사 수증기 개질공정을 가동하거나 외부에서 수소를 공급받기도 한다. [10]

1) 활용1 : 제철소 부생가스

제철소 부생가스는 코크스로에서 발생하는 COG(Coke oven gas), 제선과정에서 발생하는 BFG(Blast furnace gas), 제강공정에서 발생하는 LDG(Lintz donawhitz gas)가 있다. COG는 코크스로에서 석탄을 건류하여 코크스를 제조할 때 발생하는 가스로 수소와 메탄이 주성분을 이룬다. BFG는 고로에서 코크스를 환원제로 하여 철광석을 환원할 때 부생되는 가스로 가스에 포함된 CO와 물의 시프트 반응으로 수소를 회수할 수 있다. LDG는 고로에서 제조된 선철을 전기로에서 강으로 제련할 때 선철 내 탄소가 틀어온 순산소와 반응하여 생성되는 가스로 주성분은 CO로 물과의 시프트 반응을 통해 수소를 회수 할 수 있다. [1]

2) 활용2 : 식염전해기술

식염전해기술은 가성소다 제조 반응에서 양극에서 염소가스, 음극에서 가성소다가 생성됨과 동시에 수소가 발생한다. 식염전해 반응식은 아래와 같다.

$$2NaCl + 2H_2O \rightarrow 2NaOH + Cl_2 + H_2$$

식염전해 기술에 의해 발생되는 수소가스의 농도는 원리적으로 부산물이나 불순물을 함유하지 않기 때문에 순도가 높고, 다른 부생수소 가스와 같은 분리·농축 등의 과정이 필요가 없다. [1]

3) 활용3 : 나프타분해공정

탄소의 수가 4~9개로 구성된 나프타의 탄화수소 성분을 고온에서 분해하여 주 제품인 에틸렌, 프로필렌, 수소를 생산하고, 부산물로 메탄, 아세틸렌 등이 생산된다. 순도가 90~96% 수소는 PSA(Pressure swing adsorption)공정을 통과해 99.99%의 수소로 생산된다. [1]

4) 활용4 : 프로판 탈수소 공정

프로판 탈수소공정은 프로필렌 생산이 주목적이며, 프로필렌을 생산함과 동시에 수소가 부생적으로 생산되는 공정이다. 프로판 탈수소 공정은 아래와 같다. [1]

$$C_3H_8(\text{프로판}) \leftrightarrow C_3H_6(\text{프로필렌}) + H_2(\text{수소})$$

5) 활용5 : 초산 공정

초산은 메탄올과 CO를 촉매와 함께 카르보닐화 반응을 하면 생성되는 물질로서, 초산공정의 원료인 CO를 생산하기 위해 납사를 개질할 때 수소가 생성된다. [1]

4 바이오매스를 이용한 수소제조기술

바이오매스는 재생가능 한 에너지원으로 근본적으로 CO_2에 의한 환경영향이 없기 때문에 화석연료에 비해 매력적인 수소자원으로 고려되고 있다. 하지만 천연가스의 경우 25%의 수소가 포함된 반면 바이오매스에 포함된 수소는 6~6.5%에 불과하므로 바이오매스의 가스화/수성가스전환 공정은 천연가스를 이용한 수증기 개질 시스템과는 경쟁이 될 수 없다. 그러나 바이오매스의 가스화에 의한 수소생산과 함께 고부가가치의 물질이나 화학물질의 생산이 가능하다면 바이오매스 가스화에 의한 수소생산도 하나의 대안이 될 수 있다. 바이오매스는 열분해와 가스화에 의해 수소생산이 가능하다. [10]

1) 열화학적 가스화법

열분해반응으로는 코크와 메탄올 및 다른 가스들이 얻어지며, 여기에 공기를 첨가한 가스화 반응으로 H_2(20%), CO(20%), CO_2(10%), CH_4(5%), N_2(45%) 의 가스 조성을 얻게 된다. 더 나아가 다음의 수성가스전환반응을 통하여 생성된 일산화탄소를 수소로 전환시키게 된다.

$$CO + H_2O \rightarrow CO_2 + H_2$$

바이오매스가 고온의 가스화를 통해 증기상의 가스로 먼저 전환되고, 수소가 풍부한 증기상이 열분해 오일로 응축되어 수증기와 함께 개질반응을 통해 수소로 전환될 수 있다. 이러한 공정은 건조한 바이오매스 무게의 12~17%의 수소가 생산되는데, 여기에 사용되는 원료들은 나무조각, 식물체, 곡물, 도시 폐기물 등이 있다. 나무연료는 48%의 탄소와 45%의 산소, 6% 수소로 분해되며 나머지는 소량의 N, S, 무기물질 등이 될 것이고, 주 원소들만을 고려하면, 연료는 $CH_{1.5}O_{0.7}$ 로 나타낼 수 있으며, 반응은 다음과 같다.

$$CH_{1.5}O_{0.7} + 0.3H_2O(g) \rightarrow CO + 1.05H_2$$
$$CO + H_2O \rightarrow CO_2 + H_2$$

2) 생물적 가스화법

생물학적 수소 생산 기술은 다양하여 기질로 사용되는 원료물질은 물, 유기물, 가스로 크게 구분된다. 또한 미생물의 다양한 메커니즘에 따라서도 여러 가지 기술이 알려져 있다.

미생물을 이용한 수소 생산 방법 중 또 다른 하나는 광합성 메커니즘을 이용하는 것이 아닌, 빛이 없는 곳에서 혐기성 세균의 발효 과정을 이용해 유기물로부터 수소를 생산해 내는 방법이다. 이 방법은 최근 우리나라와 일본을 비롯한 유기성 폐자원이 풍부한 나라에서 집중적으로 연구되는 기술이다. 혐기 발효 세균의 일부 종은 공기가 없는 조건에서 발효 과정을 거친 후 다음 식에서와 같이 이산화탄소와 유기물, 수소를 발생시킨다.

$$C_6H_{12}O_6(\text{포도당}) + 6H_2O \rightarrow 2CH_3COOH(\text{초산}) + 4H_2 + 2CO_2$$
$$C_6H_{12}O_6(\text{포도당}) \rightarrow 2CH_3(CH)_2COOH(\text{뷰티릭산}) + 2H_2 + 2CO_2$$

상기의 포도당 1분자는 혐기 미생물 자체 발효 메커니즘에 의해 2분자의 초산과 4분자의 수소를 생산한다. 생성되는 수소량은 어떠한 유기산이 생성되는가에 따라 차이가 있지만, 뷰티릭산이 생성될 경우 2분자의 수소가 발생한다. 이와 같은 수소 생성량은 포도당 1분자를 분해할 때, 이론적으로 발생하는 수소가 최대 12분자임을 감안하면 실질적으로 4분자만이 생성되므로 전환율이 약 33%에 불과하지만, 동시에 발생하는 유기산, 즉 초산이나 뷰티릭산 등은 광합성 세균에 의한 발효로 다시 수소 생산을 유도할 수 있다.

$$2CH_3COOH(\text{초산}) + 4H_2O \rightarrow 4CO_2 + 8H_2$$

대표적인 예가 클로로스트리디움(Clostridium)이라는 미생물인데, 현재 이들을 이용한 수소 생산에 관한 연구가 활발히 진행되고 있다. 비교해 보면 광합성 미생물은 태양광을 에너지원으로 하여 물이나 유기물을 분해하여 수소를 발생시키는 반면, 혐기 발효에 의한 수소 생산은 미생물 내부에 있는 자가 증식형 수소 생산 메커니즘을 이용하기 때문에 별도의 태양광 전환 이용 장치 등이 불필요하다. 더구나 이 같은 형태의 분해 공정에 투입되는 바이오매스 원료는 세계 도처에 무진장으로 존재하며 자연계에서도 계속 합성된다. 따라서 미생물에 의한 수소 생산은 화석 연료의 대체 효과뿐만 아니라 폐기물과 폐수의 처리, 이산화탄소 배출 감소에 따른 지구 온실효과 방지 등도 가능하여 지구 환경 보호에 크게 기여할 것으로 예상된다.

연습문제

Q1

**아래의 표는 수소에너지 생산기술의 분류를 요약한 것이다.
다음 표를 완성하여라.**

구분	방법	원료	에너지원
a 이용	수증기 개질	천연가스, LPG, 나프타	열
	이산화탄소 개질	천연가스	열
	c	중질류, 석탄	열
	자열개질	천연가스, LPG, 나프타	열
	직접개질	천연가스	열
b 이용	전기 분해	물	전기
	열화학 분해	물	고온열 (원자력, 태양열)
	d	물 또는 바이오매스	열, 미생물
	e	물	태양광

A1

a : 화석연료

b : 비화석연료

c : 부분산화

d : 생물학적 분해

e : 광학적 분해

Q2

**탄화수소 개질에 의한
수소제조 공정을 그리시오.**

A2

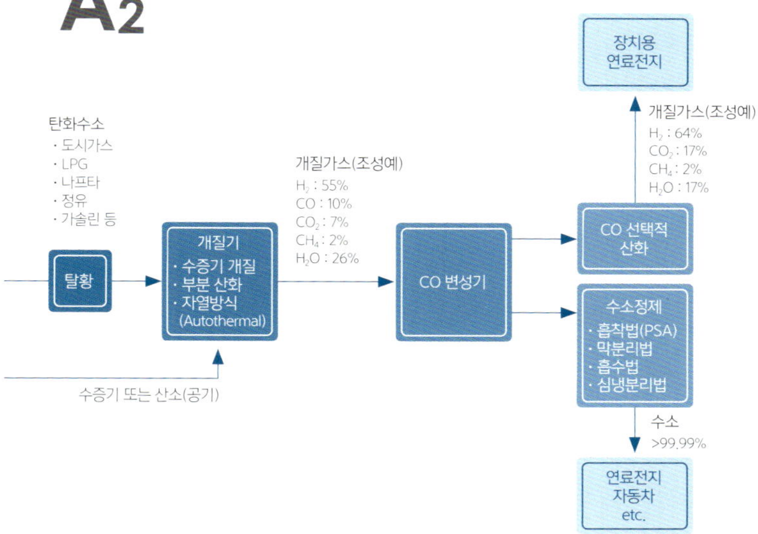

연습문제

Q3

연료개질을 이용한 수소생산 방법 중 부분산화방식에 대하여 서술하시오.

A3

부분산화방식은 발열반응으로 외부가열이 불필요하며, 소정 온도에 도달할 때까지 가동시간을 단축시킬 수 있으나 공기를 산소원으로 할 경우에는 질소 혼입에 따라 수소농도가 저하 될 수 있다는 단점이 있다.

Q4

탄화수소 개질 방식에는 수증기개질방식, 부분산화방식, 자열개질방식이 있다. 각각의 개질 방식의 장단점을 비교하시오.

A4

구분	장단점	
수증기 개질 반응	장점	▪ 고농도 수소제조 : 75%이상 (Dry gas 기준) ▪ 효율이 높음, 여러 운전조건에 대해 안정적 운영가능
	단점	▪ 정상상태 도달시간이 오래 걸림 ▪ 에너지 사용량 많음
부분산화 반응	장점	▪ 정상상태 도달시간 짧음 ▪ 낮은 반응온도, 에너지사용량 적음
	단점	▪ 수소농도가 낮음 : 35%이하 (Dry gas 기준) 효율이 낮음 ▪ 운전제어 어려움 ▪ Hot spot 발생빈도 높음
자열개질 반응	장점	▪ 정상상태 조달시간 짧음 ▪ 흡열/발열반응이 동시에 일어나므로 열관리에 유리함
	단점	▪ 수소농도가 낮음 : 55%이하 (Dry gas 기준) 효율이 낮음 ▪ 운전제어 어려움

Q5

물분해를 이용한 수소제조기술 중 물 열화학 분해방식에 대하여 서술하시오.

A5

열화학적 물 분해 수소제조 방법은 3300K 이상의 온도에서 수행되는 직접열분해 과정을 산화환원이 용이한 매개체 물질을 사용한 화학반응을 이용하여 단계적 반응으로 나누어 1300K 이하의 온도에서 물을 분해하는 폐사이클을 구성하는 기술이다. 따라서 물, 산소, 수소만 발생하는 환경 친화적인 기술로서 고온에서 산소를 발생시키는 반응과 저온에서 수소를 발생시키는 폐사이클로 추가적인 수소분리가 필요치 않다. 특히 이론적으로 80%이상의 열효율이 가능하며, 태양에너지로부터 폐열에 이르기까지 다양한 에너지원을 이용할 수 있다.

Q6

대표적인 부생 수소를 이용한 수소제조 기술의 예를 선택하여 서술하시오.

A7

예) 제철소 부생가스를 이용한 수소제조

제철소 부생가스는 코크스로에서 발생하는 COG(Coke oven gas), 제선과정에서 발생하는 BFG(Blast furnace gas), 제강공정에서 발생하는 LDG(Lintz donawhitz gas)가 있다. COG는 코크스로에서 석탄을 건류하여 코크스를 제조할 때 발생하는 가스로 수소와 메탄이 주성분을 이룬다. BFG는 고로에서 코크스를 환원제로 하여 철광석의 환원을 할 때 부생되는 가스로 가스에 포함된 CO와 물의 시프트 반응으로 수소를 회수할 수 있다. LDG는 고로에서 제조된 선철을 전기로에서 강으로 제련할 때 선철 내 탄소가 틀어온 순산소와 반응하여 생성되는 가스로 주성분은 CO로 물과의 시프트 반응을 통해 수소를 회수 할 수 있다

연습문제

Q7

바이오매스를 이용한 수소제조기술에 대하여 서술하시오.

A7

바이오매스는 재생가능 한 에너지원이며, 근본적으로 CO_2에 의한 환경 영향이 제로이기 때문에 화석연료에 비해 매력적인 수소자원으로 고려되고 있다. 하지만 천연가스의 경우 25%의 수소가 포함된 반면 바이오매스에 포함된 수소는 6~6.5%에 불과하므로 바이오매스의 가스화/수성가스전환 공정은 천연가스를 이용한 수증기 개질 시스템과는 경쟁이 될 수 없다. 그러나 바이오매스의 가스화에 의한 수소생산과 함께 고부가가치의 물질이나 화학물질의 생산이 가능하다면 바이오매스 가스화에 의한 수소생산도 하나의 대안이 될 수 있다. 바이오매스는 열분해와 가스화에 의해 수소생산이 가능하다.

Chapter

04

수소 활용 및 저장

수소는 원료인 물이 어디서든 쉽게 구할 수 있음과 동시에 무한정 존재한다는 이점을 가지고 있으며 연료로 사용될 시 유해물질이 발생하지 않는 무공해 에너지이다. 따라서 화석연료를 대체할 수 있는 대체연료로 가장 주목받고 있으며, 수소 에너지를 활용하기 위한 기술 개발 연구가 진행 중이다. 본 장에서는 수소에너지활용 기술 중 수소충전소, 연료전지, 수소저장설비를 설명한다.

1 수소충전소

수소충전소(Hydrogen Refueling Station, HRS)는 우리가 흔히 볼 수 있는 자동차 주유소나, 액체석유가스(Liquified Petroleum Gas, LPG) 충전소와 유사한 구조로 수소자동차에 수소를 공급하는 설비이다. 수소충전소는 압축천연가스(Compressed Nature Gas, CNG)충전소와 매우 유사하다. 35MPa 또는 70MPa로 수소를 공급하며 수소자동차 시장이 형성되기 위해서는 원활한 수소공급을 위해 수소충전소 구축이 필수적이다.

수소충전소는 일반 가정의 간단한 충전장치 설비로도 충전이 가능한 전기차충전소와는 달리 설비에 많은 비용이 필요하며, 큰 규모로 설치가 되므로 안전에 더 많은 주의가 필요하다. [1]

수소충전소는 수소를 이송하여 저장·충전하는 저장식수소충전소(Off-site 방식의

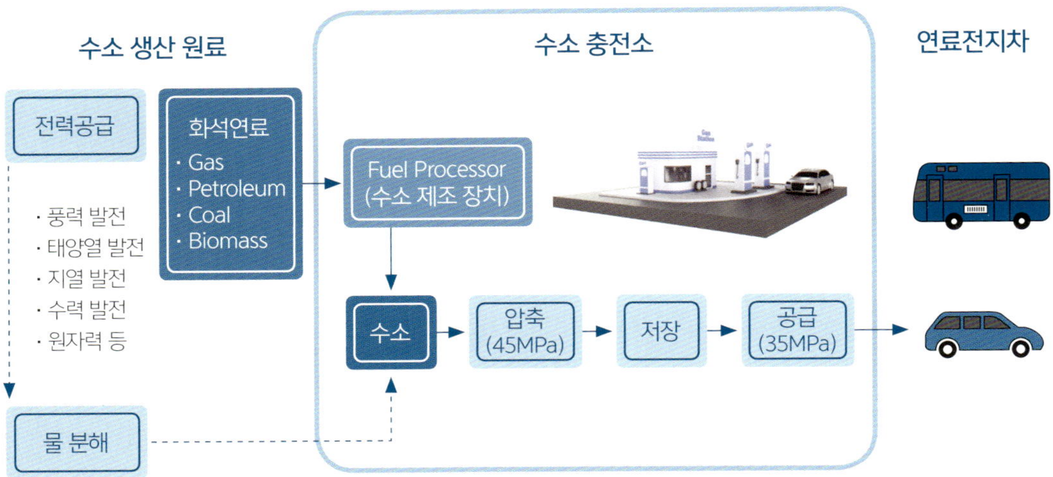

그림 4-1 수소충전소의 개략적인 과정 [2]

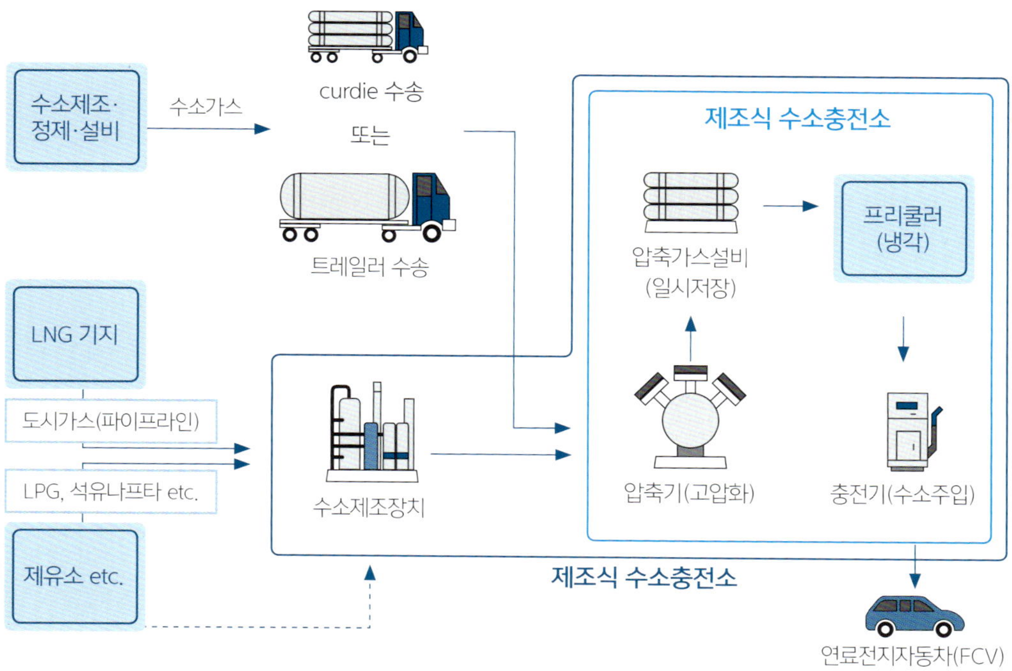

그림 4-2 수소충전소의 구성

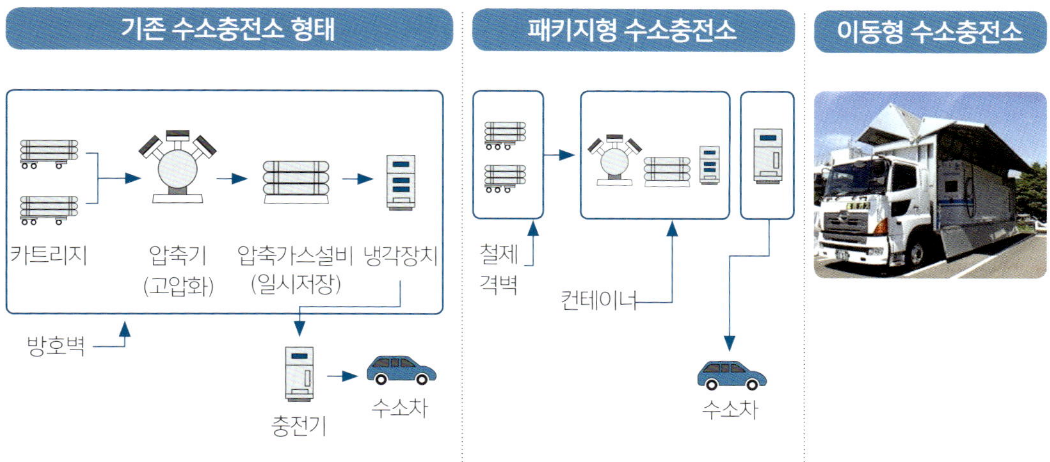

그림 4-3 구성방식에 따른 수소 충전소의 종류

수소충전소), 충전소 내에 수소를 제조하는 시설을 갖춘 제조식수소충전소(On-site 방식의 수소충전소)로 구분된다. [1]

수소충전소는 구성방식에 따라서도 구분이 가능하다. 모든 장치가 방호된 건물이나 캐노피 아래 설비가 되어있는 일반 수소충전소, 수소 카트리지를 제외한 모든 장치가 컨테이너 안에 수납되어 있는 패키지형 수소충전소, 대형트럭 등에 모든 장치가 설치되어 있는 이동형 수소충전소로 구분가능하다. [3]

수소충전소의 시스템은 매우 다양하나, 크게 네 가지의 기본시스템으로 분류된다. 충전소에서 연료개질에 의해 수소를 제조하는 현장 연료개질형, 충전소에서 수전해에 의해 수소를 제조하는 수전해형, 충전소에서 압축수소로 운반하여 충전소에 저장하는 압축 수소 저장형, 액체수소로 운반하여 저장하는 액체 수소 저장형이 있다.

수소충전소에서 제조·저장된 수소는 후속 공정의 압축기에서 40MPa로 승압하여 압축가스설비에 일시 저장하고, 충전기로 정량하면서 유량을 제어하여 차압을 이용해 자동차 용기에 35MPa로 충전한다. 액체수소저장의 경우 펌프로 가압하여 기화시킨 후 직접 또는 압축가스설비에 저장하여 충전한다.

액체수소용기를 탑재한 자동차는 액체수소를 펌프나 탱크내압을 이용하여 충전하는데,

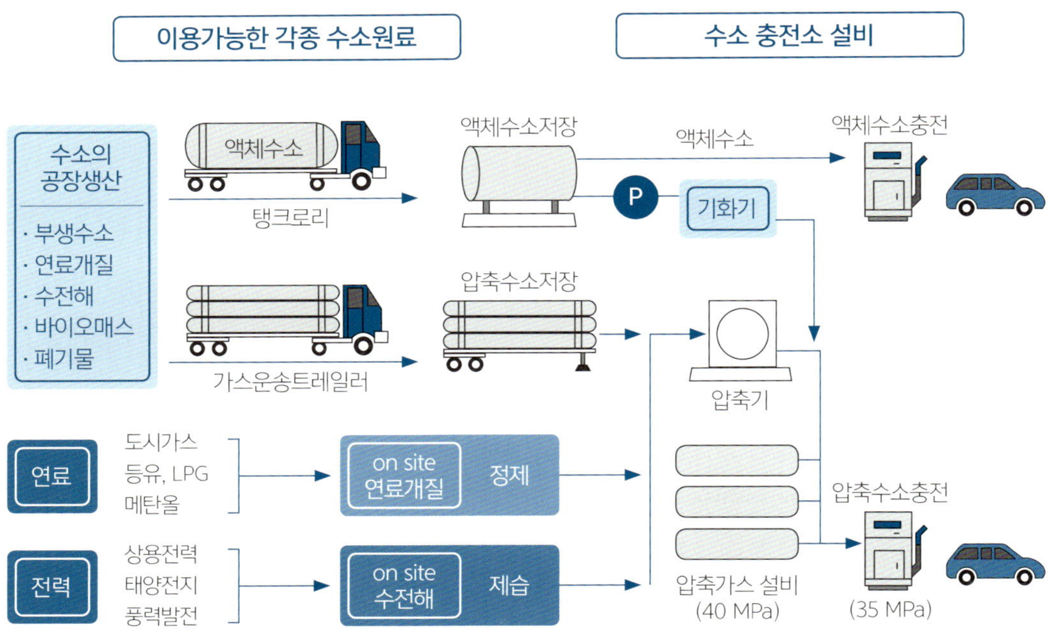

그림 4-4 수소충전소의 기본 시스템

압축가스 설비의 용량은 연속 충전하는 차의 수로 결정하는데 2,000~3000㎥ 정도가 필요하다.

표 4-1 수소충전소의 특징

형식	제조 원료와 방법	특징
연료 개질형	▪ 천연가스, LPG, 메탄올, 석유계 연료의 수증기 개질과 PSA정제	▪ 도시가스, LPG, 등유 등 인프라를 이용 ▪ 수소 제조비용이 비교적 저렴 ▪ 고온에서의 작동으로 가동에 긴 시간 필요 ▪ 빈번한 가동정지 없이 연속작동을 하며 공정 정지 시 보온필요 ▪ CO_2 발생을 동반
수전해형	▪ 물의 전기분해 ▪ 알칼리 수전해법 ▪ 고체고분자 전해질 수전해법	▪ 재생가능에너지 이용이 가능하여 탈 CO_2의 수소제조 가능 ▪ 야간 전력을 이용할 수 있어 전력부하 평준화에 공헌 ▪ 단시간 기동으로 조작성 양호 ▪ 가압형을 용이하게 제작가능 ▪ 소규모 충전소에도 적합 ▪ 전기요금이 높은 곳에서는 불리
액체수소 저장형	▪ 부생수소 등을 정제, 액화하여 탱크로리로 수송 ▪ 충전소에서 저장, 기화	▪ 압축수소와 액체수소 양쪽 모두 공급가능 ▪ 대량저장 가능 ▪ 기화가스(boil off gas) 발생, 회수 필요
압축수소 저장형	▪ 부생수소 등을 정제, 압축하여 트레일러로 수송 ▪ 충전소에서 저장	▪ 설비가 저렴하여 시스템이 단순, 운전관리 용이 ▪ 자동차 수가 적은 경우에 적합 ▪ 수송거리가 긴 경우는 수소의 비용이 비싸짐

1) 저장식 수소충전소(Off-site 방식 수소충전소)

저장식(Off-site 방식) 수소충전소는 수소를 생산지역에서 수소충전소까지 파이프라인 또는 트레일러로 이송하는 형태로 대량으로 수소를 생산할 수 있어 비용이 저렴하다는 장점이 있으나, 수소이송에 따른 추가적인 운송비용이 발생하므로 이송거리가 짧을 경우가 적합하다. 저장식 수소충전소는 현재 국내에 가장 많이 구축되어 있는 형태이다.

(1) 수소 파이프라인 이송 방식

산업용 장거리 수소 파이프라인을 이용할 경우 가압을 위한 압축기와 압축가스설비, 충전기가

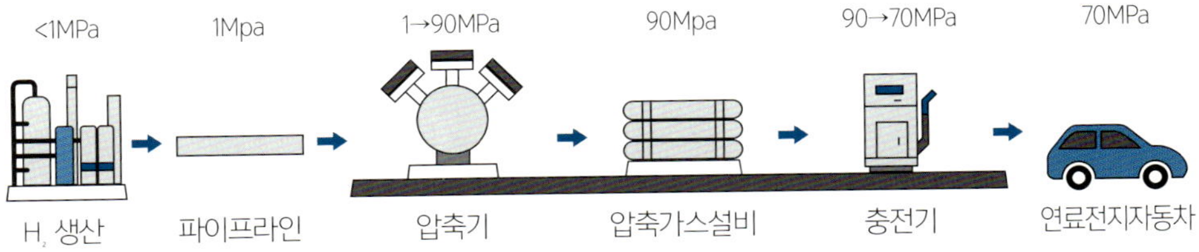

그림 4-5 수소 파이프로 이송하는 방식의 저장식수소충전소[1]

필요하다. 다른 유형의 충전소보다 설비비가 저렴하므로 해외에서는 미국과 유럽을 합해 약 3,000km정도의 산업용 수소 파이프라인 망이 이미 건설되어 있고 향후 수소 충전소 건설에도 활용 될 것으로 기대된다.

(2) 수소 튜브트레일러 이용 방식(압축수소 저장형)

식염전해공장이나 제철소에서 발생하는 부생수소와 제유소에서 발생하는 수소를 19.6MPa로 가압하여 대용량 튜브트레일러로 수송하는 방식의 수소충전소이다. 수소충전소에서는 수소용기 탑재 대차를 견인차에서 분리하여 압축기 접속시켜 40MPa로 가압한 뒤 압축가스설비에 저장한다. 이러한 방식은 취급이 간단하고 보수가 용이하여 설비투자가 최소라는 이점이 있으나, 공장에서의 수송거리가 수백 km가 되면 비용이 높아지고, 1일 충전대수가 수 백대가 되는 대규모 충전소에서는 운송 횟수가 증가하므로 경제성이 떨어지는 문제가 있어 수소충전소 도입 초기나 자동차 수가 적은 충전소에 적합하다.

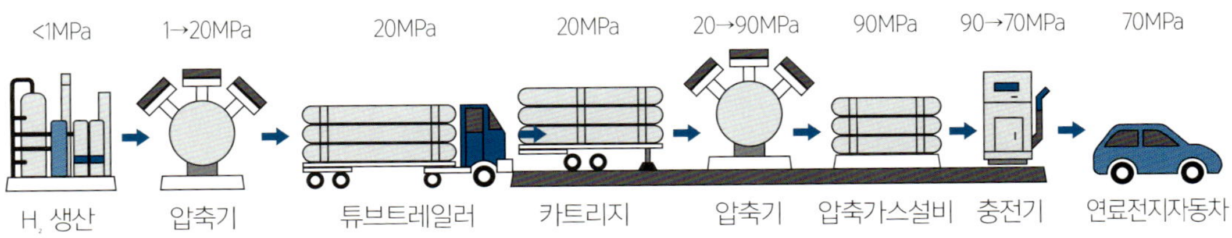

그림 4-6 수소 튜브트레일러로 이송하는 방식의 저장식수소충전소[2]

(3) 액체수소 저장 방식

부생수소를 액화하여 탱크로리(11,000~12,400ℓ)로 운송할 경우 수소 충전소의 저장탱크에 옮

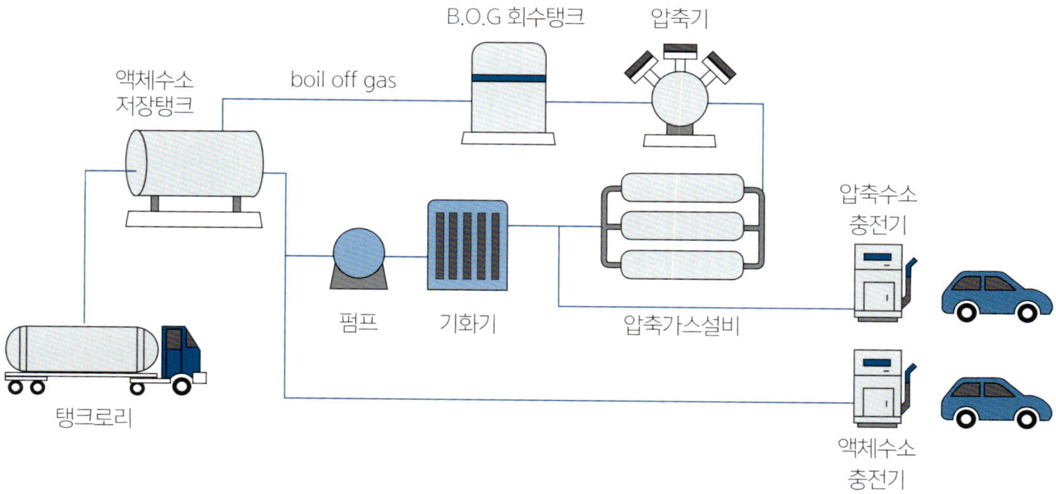

그림 4-7 액체수소 저장형 수소충전소

겨 저장하는 것이 일반적이나 옮길 때 발생하는 기화가스 손실이 약 10%정도가 되므로 액체수소 운송 탱크로리를 충전소에 그대로 저장탱크로 이용하는 방법도 고려할 수 있다.
액체수소를 자동차 용기에 충전하는 방식은 저장탱크와 차량 용기 사이의 압력 차이를 이용하거나, 액체수소를 펌프로 압송하는 방식이 있다.

2) 제조식 수소충전소(On-site 방식 수소충전소)

제조식(On-site 방식) 수소충전소는 수소충전소에서 CNG, LPG 등을 개질 또는 수전해하여 수소를 생산하는 방식이다. 수소충전소와 수소생산지가 멀어 운송비용이 증가할 경우 유리하다는 장점이 있지만, 수소를 생산하기 위해서는 개질장치가 필요하므로 초기 설치비용이 높다는 단점이 있다.
연료개질방식 수소충전소는 천연가스 또는 LPG 개질을 통해 수소를 자체 생산하는 방식으로 이는 수소 공급원으로부터 이송거리가 장거리 일 경우 선호된다.
수전해방식 제조식 수소충전소는 물의 전기분해를 이용하여 수소를 생산하는 방식으로 이산화탄소 배출이 없는 친환경 충전소이며 전력만 공급하면 운영이 가능한 특징이 있다.
수소를 제조하는 방식에 따라 다양한 제조식수소충전소가 존재하는데 각 충전소의 특징은 다음과 같다.

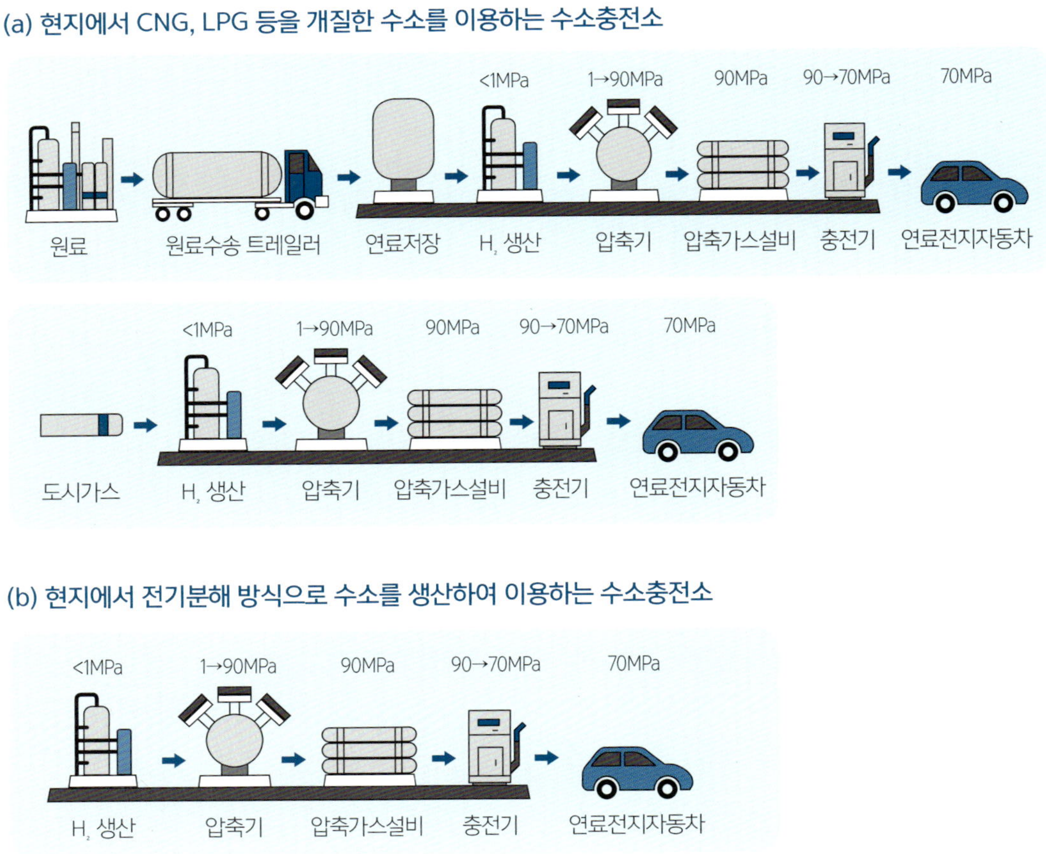

그림 4-8 액체수소 저장형 수소충전소

(1) 연료개질 방식

가. 천연가스 개질 장치

천연가스 개질방식의 수소충전소는 천연가스 파이프라인을 이용할 수 있다는 장점 때문에 대규모 충전소에 적합하며, 수소의 수송이 불필요하므로 설비비가 저렴해 경제성 면에서 유리하다. 개질기의 용량은 화학 공장용 개질기보다 소형이라는 특징이 있다.

수소충전소용 개질기에는 다음과 같은 요건이 필요하다.

① 설치면적이 작아 소형·경량 (가솔린 충전소에 병설이 가능하도록 한다.)

② 저비용

③ 열 손실이 적어 고효율

④ 냉(冷)가동시간이 짧을 것 (2시간 이내)

⑤ 도시경관을 해치지 않는 소형패키지 구조

나. 연료개질 프로세스

[그림 4-9]는 천연가스개질 프로세스를 나타낸다. 우선 도시가스 부취제에 포함된 유기유황을 수첨탈황으로 ppb수준으로 제거하여 개질촉매에 발생할 수 있는 피독을 방지한다.

개질반응은 흡열반응이므로 개질기 내부의 버너를 이용하여 촉매 층을 700~800℃로 가열하고 천연가스와 수증기를 넣어 수증기개질을 진행한다. 후속공정인 PSA의 배출 가스는 회수하여 개질기 버너로 보내 연료로 활용된다.

개질기에서 얻어진 H_2, CO를 주성분으로 하는 가스는 후속 공정의 CO변성기에서 CO를 수증기와 반응 시켜 개질가스를 얻는다. 개질 가스는 후속공정의 PSA 정제장치에서 분순물을 흡착제거하면 99.99%의 순수한 수소를 얻을 수 있다.

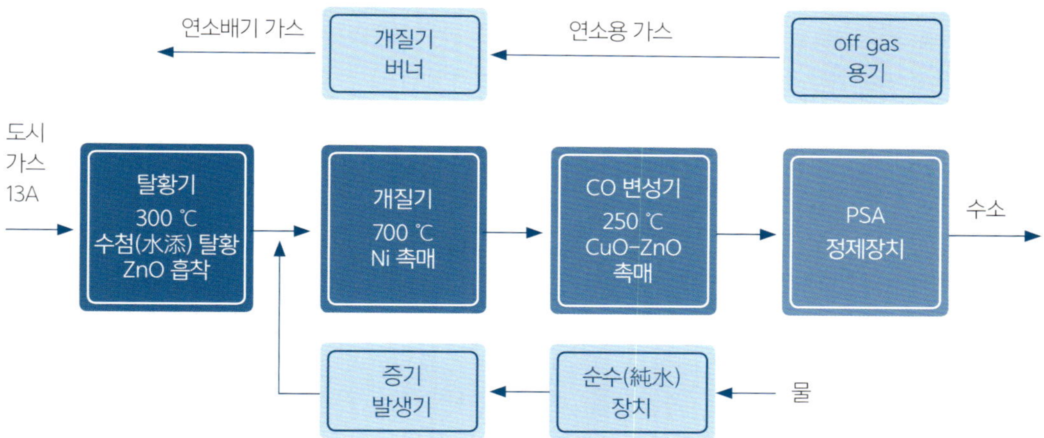

그림 4-9 천연가스 개질 프로세스

연료개질 방식은 고온에서 운전되기 때문에 빈번한 가동·정지에 의한 열응력(thermal stress)으로 개질기가 손상될 염려가 있으므로 충전소는 휴일에도 대기 작동모드로 유지하여 보온을 유지해야 한다.

다. 개질가스의 정제

연료개질 방식 충전소에서는 개질가스 내의 불순물을 PSA 정제장치를 이용하여 제거한다. PSA는 합성 제올라이트와 같은 흡착제를 이용하여 불순물을 흡착·정제하는데 흡착, 감압,

탈착, 퍼지, 승압의 과정을 1사이클로 구성한다. 다수의 정제탑이 1공정씩 어긋나게 작동함에 따라 정제가스를 연속적으로 제공할 수 있도록 되어 있다. 흡착은 1MPa 이하의 압력에서 이루어지며 상압으로 되돌림에 따라 불순물 가스를 탈착시킨다. 수소는 다른 가스에 비해 흡착량이 작아 CO_2등 혼합가스로부터 쉽게 분리·정제가 가능하므로 99.99% 이상의 고순도 수소가 얻어진다.

(2) 수전해방식 수소충전소

가. 수전해장치의 개요

수전해형은 조작이 용이하고 소규모의 충전소에도 이용할 수 있다는 특징이 있다. 이 방법은 야간의 오프피크(off-peak) 전력을 이용하기 때문에 전력자원이 풍부한 나라에서는 장점이 있으나, 전력요금이 비싼 나라에서는 다른 방식에 비해 경제성 면에서 불리하다.

미국과 유럽에서는 태양전지와 풍력발전 전력을 활용하여 상용전력과 병용하여 운영하는 수전해방식 수소 충전소가 많이 있으며, 재생가능 에너지를 이용하는 데는 수전해 장치가 필수적이다. 수전해 장치에는 가격이 저렴하여 많이 이용되는 알칼리 수전해형과 고체고분자 전해질 수전해 형이 있다. 수전해형 충전소 시스템은 수전반(受電盤), 직류전원, 수전해 장치, 제습기, 산소제거기, 순수장치, 압축기, 압축가스설비, 충전기 등으로 구성된다.

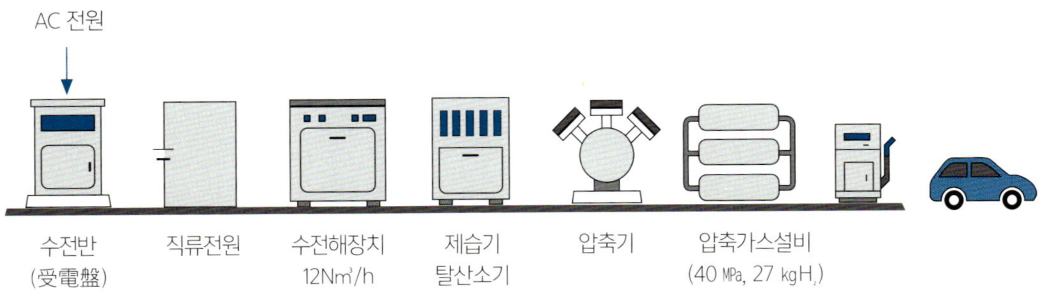

그림 4-10 수전해 방식의 저장식수소충전소 [2]

나. 알칼리 수전해 프로세스

알칼리 수전해 장치는 수산화칼륨 용액을 전해액으로 하고 전극에는 니켈계 촉매를 사용하여 외부에서 직류전력을 공급하여 순수 전기분해 한다.

전해조는 탱크형과 여과 압력(filter press)형이 있는데, 가압형 전해조에는 여과압력형이 적합하다. (-)극에서 수소를 발생하고 (+)극에서 산소를 발생하는데, 산소는 대기 중에 방출한다.

(-)극에서의 반응 : $2H_2O + 2e^- \rightarrow 2OH^- + H_2$

(+)극에서의 반응 : $2OH^- \rightarrow H_2O + 2e^- + 1/2O_2$

일반적으로 수전해에 필요한 전력은 수소 1Nm³당 약 5kWh 전후이다.

다. 고체고분자 전해질 수전해 프로세스

고체고분자 전해질 수전해 장치는 고체고분자형 연료전지와 같은 플루오르 수지계의 이온 교환막을 사용하며 (-)극 촉매로 백금, (+)극 촉매로 이산화이리듐과 같은 귀금속 촉매를 사용한다. (+)극에서는 물이 분해되어 산소와 양이온과 전자가 생성되고, 양이온은 물과 함께 전해질 막을 통과 하여 (-)극에서 외부 회로로부터 제공된 전자와 결합하여 수소를 발생한다.

(-)극에서의 반응 : $2H^+ + 2e^- \rightarrow H_2$

(+)극에서의 반응 : $H_2O \rightarrow 2H^+ + 1/2O_2 + 2e^-$

2 연료전지

연료전지는 연료물질이 갖는 화학에너지를 전기에너지로 직접 변화시키는 장치를 의미한다. 물을 전기 분해하면 전극에서 수소와 산소가 발생하게 되는데, 이러한 전기분해의 역반응을 이용한 장치다. 수소연료전지는 수소를 연료로 사용하여 전기 에너지를 만드는 장치이다. 수소연료전지는 산화환원 반응을 이용해 직접 전기 에너지를 생산하므로 에너지 효율이 높고 소음 및 공해가 거의 없다는 장점이 있으나 연료인 수소를 생산하는데 많은 비용이 들고 수소를 안전하게 보관하는 것이 어렵다는 단점이 있다. [5]

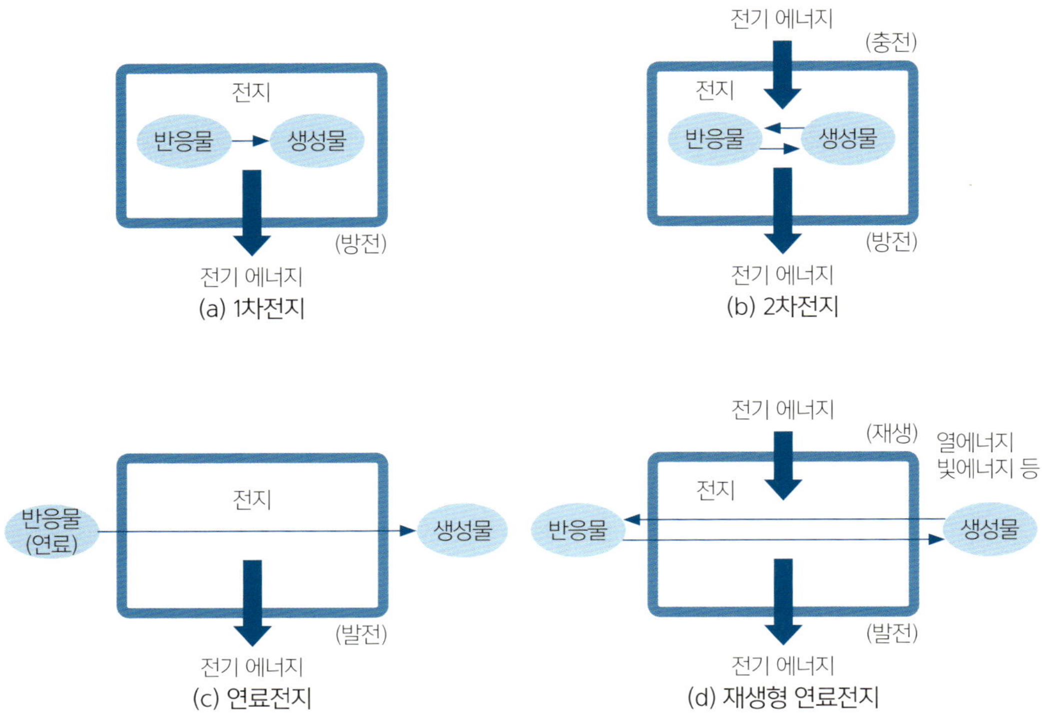

그림 4-11 연료전지와 일반전지의 차이[5]

1) 연료전지의 원리

앞서 언급한 것과 같이 연료전지는 연료가 가진 화학에너지에서 엔트로피 손실량을 제한 Gibbs 자유 에너지 $\triangle G$가 상당량의 전기에너지로 변환되는 전기화학반응을 이용하는 변환장치로 화학에너지를 직접 전기에너지로 변환 시킨다.[6]

연료전지는 물의 전기분해와 반대되는 원리로 생각하면 이해하기 쉽다. 물을 전기분해할 때는 외부의 전기를 통해 물을 수소와 산소로 분해하지만, 연료전지는 수소와 산소를 전기 화학적으로 반응시켜 전기를 발생시킨다. 즉 연료전지는 전극에 연료(수소)와 산소(공기)를 공급하여 전기화학반응에 의해 에너지를 변환시킴으로써 직접 전지와 열을 추출할 수 있게 한 발전장치이다.

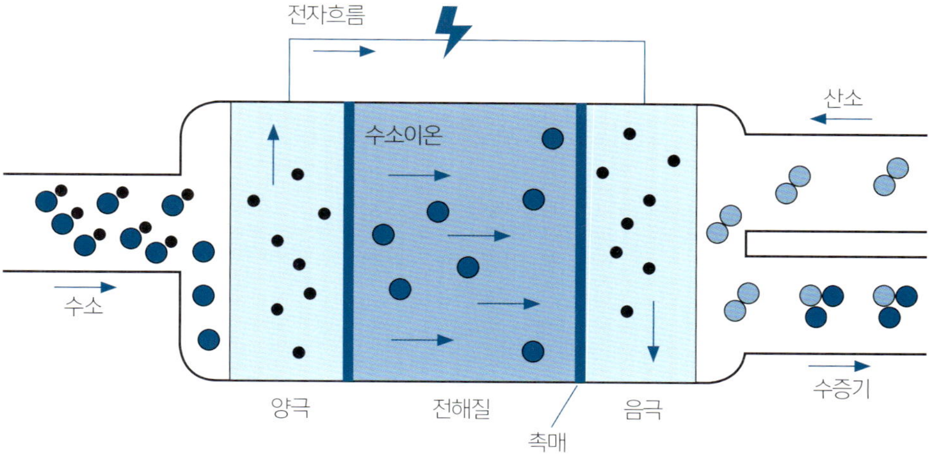

그림 4-12 연료전지 작동 원리[7]

전체 반응 : $H_2 + 1/2\,O_2 \rightarrow H_2O +$ 전기
연료극(음극) : $H_2 \rightarrow 2H^+ + 2e^-$
공기극(양극) : $1/2\,O_2 + 2H^+ + 2e^- \rightarrow H_2O$

2) 연료전지의 종류

연료전지는 사용하는 전해질에 따라 알칼리형(Alkaline fuel cell, AFC), 고체고분자형(Polymer electrolyte fuel cell, PEFC), 인산형(Phosphoric acid fuel cell, PAFC), 용융탄산염형(Molten carbonate feul cell, MCFC), 고체산화물형(Solid oxide fuel cell, SOFC), 직접메탄올형(Direct methanol fuel cell, DMFC) 등으로 분류되며, 종류에 따라 작동온도, 특성, 용도가 다르다. 80℃ 이상에서 작동하는 알칼리형과 고체고분자형과 같은 저온형 연료전지는 자동차용과 이동체용으로 적합하며, 특히 고체고분자형은 대량생산에 적합한 구조로 가정용 연료전지로 사용된다.

(1) 고분자전해질 연료전지(Polymer Electrolyte Membrane Fuel Cell, PEMFC)

고분자전해질연료전지의 단위 셀은 고분자 전해질막에 의하여 분리된 연료극(음극)과

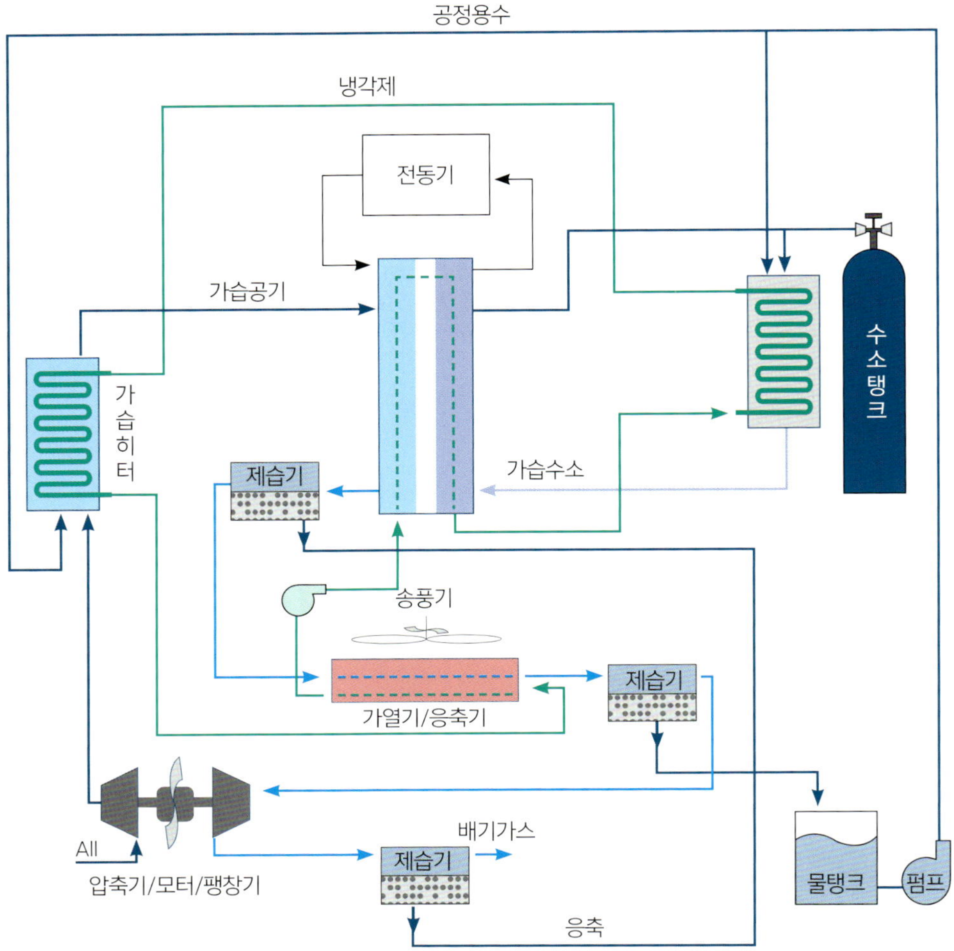

그림 4-13　연료전지 시스템 구성도[7]

공기극(양극)의 두 전극으로 구성되며, 각 셀은 분리판으로 분리되어 있다.

PEMFC의 전기 화학 반응에서 수소는 H^+와 전자를 공급하며, 이 전자가 외부회로를 통해 흘러 음극에 도달하게 된다. H^+는 수소 이온교환막을 통해 확산하여 음극에 도달하고 산소와 반응하여 물을 생성한다. 고분자전해질 연료전지는 저온인 60~80℃에서 동작이 가능하며, 높은 전류 밀도를 유지할 수 있다는 특징이 있다. 또한 저온에서 시동력이 빨라 소형화가 가능하여 가벼운 전지로 만들 수 있기 때문에 이동 전원으로 적합하다.

PEMFC는 아래와 같은 특징이 있다.

① 인산형 연료전지(PAFC)와 같은 인산 또는 용융탄산염형 연료전지(MCFC)의 탄산염과

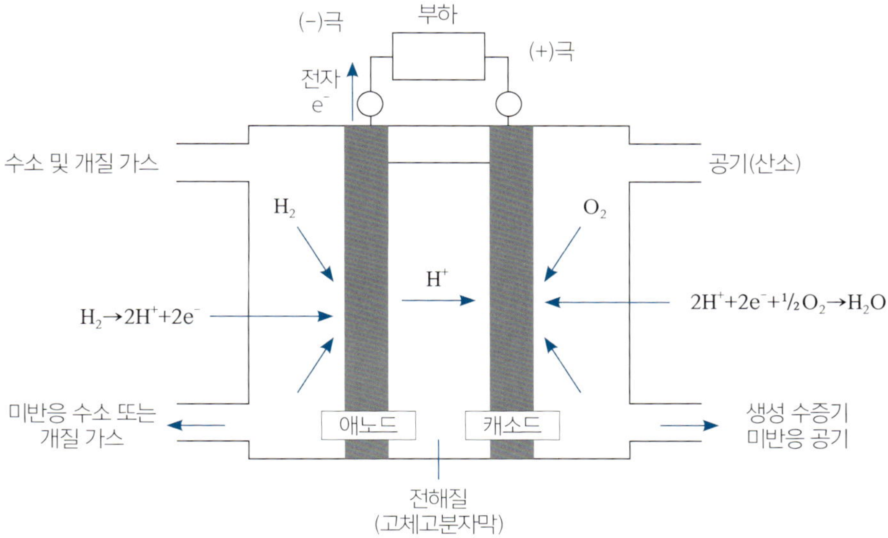

그림 4-14 고분자전해질연료전지의 원리[5]

같은 전해질의 분산이 없다.

② 전해질에 고체 고분자막이 사용되기 때문에 두 전극 간의 차압 제어 및 가압이 용이하다.

③ 셀은 상온에서 가동 가능하며 개질기도 소형으로 구성되어 있어 가동시간이 짧다.

④ 플라스틱과 같은 저렴한 전지 구성 재료를 사용할 수 있다.

⑤ 셀 저항이 낮기 때문에 고출력밀도가 얻어져 소형 및 경량화가 가능하다.

⑥ CO_2를 포함한 개질 가스 및 공기를 사용 할 수 있다.

이와 같이 PEMFC는 고출력 밀도가 얻어지므로 소형 전원을 구성할 수 있고 발전 시 열이 발생하므로 전력과 열을 동시에 공급하는 가정용 열병합발전 시스템으로서 사용이 기대되고 있다.

(2) 인산형 연료전지(Phosphoric Acid Fuel Cell, PAFC)

인산형 연료전지 내의 전극은 탄소 지지체의 표면적 위에 촉매로 백금이나 백금혼합물을 포함하고있다. 인산형 연료전지의 운전 온도는 200℃정도이며 현재까지 순수한 발전효율은 40~50% 정도이다. 높은 효율을 갖기 위해서는 전지와 스택 구성품의 지속적인 개발에 의한 종합시스템 제어가 중요하다. 연료전지 반응 시 반응열을 냉각 시켜야 하는데 이때 생성되는 반응열을 이용하면 효율을 70% 이상 높일 수 있다.

PAFC는 아래와 같은 특징이 있다.

① 전해질이 산성이기 때문에 알칼리형 연료전지(AFC)와 같은 이산화탄소에 의한 전해질의 변질이 없고 화석연료를 개질하여 얻은 이산화탄소를 포함한 개질가스(H_2 : 80%, CO_2 : 20%)를 연료로 사용할 수 있다.

② 작동온도가 약 200°C이기 때문에 불소수지(PTFE)와 같은 고내열성 유기재료에 접촉하지 않는 조건 하에서는 동이나 철과 같은 금속을 사용할 수 있다.

③ 가압수에 의한 물 냉각방식을 이용할 수 있기 때문에 냉각시스템을 소형화 할 수 있으므로 그 배열을 냉난방이나 급탕에 사용하여 종합효율을 높일 수 있다.

(3) 고체산화물형 연료전지(Solid Oxide Fuel Cell, SOFC)

고체산화물형 연료전지는 가장 높은 온도에서 가동되는 연료전지다. ZrO_2의 고체산화물을 전해질로 사용하기 때문에 액체전해질 때문에 생기는 문제를 피할 수 있고, 작동온도가 1000°C로 높아 용융탄산염 연료전지가 갖고 있는 장점을 모두 갖는다. 반면 고체산화물 연료전지는 높은 온도에서 내열성, 내구성, 내전도성을 가진 고온 재료의 개발이 필수적이기 때문에 재료의 개발 및 선정이 주요 연구대상이 되고 있다. 고체산화물형 연료전지의 특징은 탄화수소를 직접 전기로 변화시킬 수 있는데 있다. 고체산화물형 연료전지는 운전온도가 높아 이 온도에서는 수소와 일산화탄소의 전기화학적 산화반응이 일어나고 촉매 없이 연료로서 전해질로 수산화칼륨과 같은 알칼리, 연료로는 순수 수소를 쓰며 산화제로는 순수 산소를 사용한다.

SOFC는 아래와 같은 특징이 있다.

① 가장 높은 온도에서 가동되는 연료전지로 높은 효율을 기대할 수 있다.

② 원료비와 제조비가 저렴하다.

표 4-2 SOFC의 에너지 변환장치로의 특징[5]

재료	장점	단점	단점에 대한 대책
고온가동	높은 효율	열응력 가동시간	원통형의 이용
전체 고체	수명이 김 전해질 관리, 물관리 불필요	스택하는 것이 어려움	일체화형 평판 애노드(anode) 지지
전기화학 셀	NO_x/SO_x 방출이 작다, 비귀금속 전극 이용	비용이 고가	고성능화
멤브레인 반응기	CO_2 분리제거가 용이, 수소분리가 용이, 연료의 다양화가 용이	100% 연료이용률이 어려움	남은 연료의 유효이용

표 4-3 연료전지 종류 및 특징[16]

구분	알카리 (AFC)	인산형 (PAFC)	용융탄산염형 (MCFC)	고체산화물형 (SOFC)	고분자전해질형 (PEMFC)	직접메탄올형 (DMFC)
전해질	수산화칼슘	인산염	탄산염	세라믹	이온교환막	이온교환막
촉매	니켈	백금	perovskites	니켈	백금	백금
동작온도 (°C)	120이하	250이하	700이하	1,200이하	100이하	100이하
	저온형	저온형	고온형	고온형	저온형	저온형
효율(%)	85	70	80	85	75	40
용도	우주발사체	종합건물	중-대형건물	소-중-대용량	가정-상업용	소형이동
	전원	(200kW)	(100kW~MW)	발전(1kW~MW)	(1~10kW)	(1kW 이하)
특징	-	CO 내구성 큼 열병합대용 가능	발전효율 높음, 내부개질 가능, 열병합대용 가능	발전효율 높음, 내부개질 가능, 복합발전 가능	저온작동, 고출력 밀도	저온작동, 고출력 밀도

[표 4-3]에는 다양한 유형의 연료전지와 그 특징을 간략히 정리하였다.

3) 연료전지의 특징

연료전지는 고효율, 친환경적이며 폐열의 이용까지 가능하여 종합 에너지 효율의 향상을 도모할 수 있는 특징이 있다. 이를 포함하여 연료전지가 가지는 주요 특징을 아래에 간략히 설명하였다. [6], [7]

(1) 고효율

이론상으로 연료전지가 화학에너지를 전기에너지로 변환시키는 효율은 82.9%에 달한다. 실제로는 전극내의 저항과 반응시의 손실, 발전장치에서 보조기계나 전력변환 손실 등에 따라 달라지지만 송전 끝에서의 발전 효율은 35~55% 정도가 된다.

또한 고온형 연료전지에서는 고온증기나 고온수, 저온형에서는 온수로 얻어지므로 이러한 열을 효율적으로 이용할 수 있다면 종합에너지 효율은 80% 이상이 된다.

(2) 무공해

연료전지는 화석연료를 원료로 사용하므로 개질과정을 필요로 하지만, 이때 탈황, 분진제거가 이루어지므로 NO_x, SO_x와 분진의 방출을 낮출 수 있다. 또한 이산화탄소의 발생량도 기존의 내연기관보다 월등히 낮다. 연료전지 반응의 생성물은 이론적으로 물 뿐 이기 때문에 연료전지로부터 발생하는 공해 물질이 없으므로 친환경적이다.

(3) 열의 유효이용

반응 과정에서 발생하는 열을 유효하게 이용하는 것이 가능하고, 전기와 열을 동시에 발생하는 시스템에 최적이다. 가정용 연료전지의 경우 투입한 도시가스 에너지의 약 40%가 전기로, 약 40%가 온수나 증기로 되어 전체 약 80%가 유효하게 이용할 수 있는 뛰어난 장치이다.

(4) 설치의 간편성

전력의 요구조건에 맞추어 용량의 조절이 용이하기 때문에 도서 산간지역 또는 섬 지역, 고립된 지역에 독립적인 설치와 운전이 가능하다는 특징이 있다. 또한 연료전지를 이용해 발전을 할 경우 공해요인이 없으므로 도심지내에 건설이 가능하고, 다른 발전방식에 비해 소요면적이 적으며 지속적인 냉각수 공급이 불필요하기 때문에 발전소용 부지 선정이 용이하다. 또한, 연료전지는 셀 스택을 적층하는 방식으로 제작되기 때문에 필요에 따라 용량을 다양하게 변화시킬 수 있다.

(5) 연료의 다양성

수소는 개질을 통하여 생성되므로 다양한 종류의 연료가 이용가능한데, 주로 천연가스, 바이오가스, 메탄올, 에탄올 및 가솔린 등이 연료로 이용되고 있다. 또한 화력발전 대체 발전시설로 개발이 진행되고 있는 용융탄산염형 연료전지나 인산염형 연료전지에서는 수소 뿐 만 아니라 CO를 연료로 사용하기 때문에 석탄가스의 사용이 검토되고 있다. 재생 가능 에너지로부터 수소를 생성하는 방법으로는 바이오 가스 개질 이외로 태양발전과 풍력발전에 의해 얻어진 전력으로 물을 전기분해하여 수소를 생성하는 방법이 있으며, 최근에는 고온 가스로부터 물의 열화학 분해에 의해 수소를 생성하는 기술이 연구되고 있다.

(6) 저소음, 저진동

기계적 구동 부분이 없으며 가스공급기 등에 약간의 소음, 진동이 있을 뿐이므로 기계식의 발전기와 비교할 때 소음과 진동이 매우 적다.

3 수소자동차

일반적으로 수소자동차라 하면 수소연료전지자동차와 동일하게 치부하는 경우가 대부분이겠지만, 수소자동차는 엄밀히 이야기하면 수소연료전지자동차와 수소엔진자동차로 구분할 수 있다. 본 장에서는 수소연료전지자동차와 수소엔진자동차에 대해 다룬다.

1) 수소연료전지자동차

수소연료전지자동차는 수소를 연료로 하며 연료전지를 통해 전기를 얻어 구동하는 차를 말하는데, 전기자동차 등과 함께 차세대 교통수단 후보로 경쟁하고 있다. 수소엔진자동차로 구분되는 내연기관 차량에 비해 연료비가 싸고, 출력이 높으며, 전기자동차에 비해 충전 시간, 주행 거리 등에서 장점이 있다. 수소연료전지자동차는 현존하는 전기자동차와 구조는 거의 유사하지만, 배터리 대신 연료전지를 주전원으로 이용한다는 점에서 차이가 있다. 수소를 연료로 발전해서 생성된 전기로 구동하므로 매연이 없고 성능도 우수하다. 수소연료전지자동차의 별도 배터리 탑재 여부는 선택이지만 일반적으로는 회생제동을 활용하기 위해 작게나마 탑재하는 편이다.

(1) 작동 원리

수소연료전지자동차는 물의 전기분해를 통해 수소와 산소를 얻는 것과는 반대로 수소와 산소의 화학반응을 통해 차량 내에서 자체 생산된 전기를 통해 모터를 구동한다. 전기자동차가 충전된 2차전지에서 전기를 얻는 반면, 수소연료전지자동차는 자체적으로 전기를 생산하여 동력원을 얻는다는 특징이 있다. 수소연료전지자동차의 전기 생산단계는 아래와 같다.

- 1단계 : 수소용기에 저장된 수소가 수소연료전지 스택으로 공급
- 2단계 : 유입된 산소가 수소연료전지 스택으로 공급
- 3단계 : 수소연료전지 안에서 산소와 수소의 화학반응으로 부터 전기생산
- 4단계 : 발생된 전기는 모터와 배터리로 공급되며 물을 외부로 배출

(2) 장점 및 단점

가. 장점

① 연료로서 수소의 우수한 성능

수소의 열량은 동일 중량당 내연기관 연료의 약 3배나 된다. 거기다 전기차 특유의 고효율이

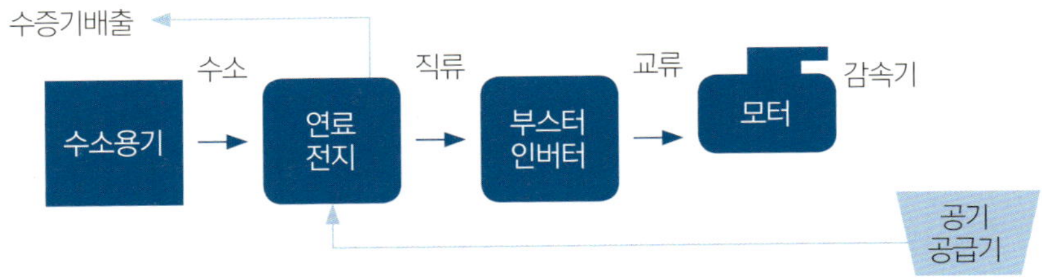

그림 4-15 수소연료전지 자동차의 작동원리

결합되면서 주행거리를 늘리기가 쉬운 편이라 현재 출시되는 수소차량들은 1 kg당 100 ㎞의 주행거리를 제공하여 축전지 기반 전기자동차보다 주행거리가 길게 나온다.

② **무해 배기가스**

수소연료전지 자동차는 연료에 탄소(C)나 다른 불순물이 없고 수소와 산소가 만나 물이 생성될 뿐이므로 유해한 배기가스가 전혀 나오지 않는다.

③ **주변 공기 정화**

환경적인 측면을 고려하지 않고서라도 수소연료전지 스택이 효율적으로 작동하기 위해서는 미세먼지가 제거된 청정한 공기가 필요하므로 수소차는 달리는 동안 주변 공기를 빨아들여 정화하여 수소연료전지에 사용한 후 다시 배기구로 깨끗한 공기를 내보내게 된다. 따라서 매연이 발생하지 않는 차원을 넘어 주변 공기를 정화시키는 기능을 수행한다.

④ **저렴한 수소 단가**

과거에는 수소 제조에 들어가는 비용이 기름 보다 비싸 비효율적이었지만 현재는 천연가스 개질법이나 나프타 분해를 통해 저렴하게 수소의 대량 생산이 가능해 1 kg당 약 5,000원의 단가로 생산이 가능하다.

나. 단점

① **수소 사용**

단순히 열량측면에서 살펴보면 수소 자체의 성능은 우수한 편이지만 수소는 가장 가벼운 물질이라 부피가 크므로 초고압으로 압축해서 주입해야 한다. 이에 따라 승용차는 공간을 아무리 효율적으로 사용하여도 7~8kg 정도밖에 주입하지 못하는 한계가 있다. 주입 및 저장량은 주행거리와 직결되므로 화석연료 자동차에 비해 주행거리가 짧다는 단점이 있다. 현재 상황에서 주행거리를 더 늘리는 방법은 더 고압으로 연료를 충전하는 것인데 이 경우 연료의 충전압력이 차량마다 다르게 되므로 충전소의 설치 및 운영에서 어려운 점이 발생할 수 있다.

② 수소 생산과정에서 이산화탄소 등 오염물질 배출

수소자동차는 매연이나 이산화탄소를 배출하지 않지만 연료인 수소를 생산하는 과정에서 온실가스인 이산화탄소를 대량으로 배출한다. 현재 수소를 생산할 수 있는 다양한 방법이 있으나, 전기분해는 경제성이 낮으므로 대량의 수소 생산을 위해서는 천연가스 개질법 등의 화석연료를 가공한 방법이 최선이다. 그러나 이 방법들은 온실가스를 배출하고 결정적으로 화석연료 의존도를 낮출 수가 없다는 단점이 있다.

③ 수소 충전소 인프라 부족

최근 전국에 수소충전소를 건설하기 위하여 노력하고 있으나 여전히 인프라가 부족한 실정이다. 수소충전소는 폭발 시 안전거리를 확보하는 것이 필수적이며 다양한 안전장치도 구비되어야 하며, 안전관리를 위한 전문 인력도 필요하다. 이러한 이유로 도심지와 인구 밀집지에 설치가 곤란하고, 설치 및 운영에 비용이 다소 높은 편이다.

2) 수소엔진자동차

수소엔진자동차는 수소 자체를 연료로 사용하며, 우리가 일반적으로 알고 있는 내연기관자동차와 비슷한 구조로 작동되는 자동차를 의미한다. 수소연료전지자동차가 연료전지를 이용하여 구동되는 것과는 다르게 엔진의 피스톤 운동으로부터 얻어진 에너지를 이용하여 구동된다.

(1) 수소엔진기술

수소엔진은 피스톤이 왕복운동하면서 수소와 공기를 공급하고 수소가 연소하면서 발생하는 열에너지를 운동에너지로 변환시켜 동력을 이용한다. NO_x 생성 제어, 이상연소 제어, 출력을 상향 등의 기술이 요구된다. NO_x 생성량은 연소 온도와 시간, 반응시의 산소농도 및 질소농도에 의존하며 연소온도는 공기량과 수소량으로 부터 결정된다.

자동차용 엔진은 수소와 공기의 혼합기체 형성방법에 따라 흡기관 내에서 예비 혼합하는 흡기관 분사방식(외부혼합)과 엔진실린더 내에 수소를 분사시키는 연소실 내 분사방식(내부혼합)으로 구분된다.

수소 내연기관은 기존 내연기관의 점화방식에 의한 분류에서와 마찬가지로 불꽃점화(Spark Ignition) 수소엔진, 압축착화(Compression Ignition) 수소엔진, 예혼합 압축착화(Homogeneous Charge Compression Ignition) 수소엔진 등으로 구분할 수 있으며 기존의 가솔린, 디젤엔진에서와 마찬가지인 연소 원리에 의해 화학적 에너지를 기계적 에너지로 바꾸어 주는 역할을 한다.

일반적으로 수소엔진에 가장 많이 적용되는 방식은 불꽃점화 방식으로서 엔진의 흡기포트에 분사기를 설치하여 수소를 공급한 후 스파크 플러그에서 발생한 점화원에 의해 연소가 진행되는 원리를 이용한다. 수소는 반응성이 매우 활발한 화학적 연소 특성을 지니고 있기 때문에 그에 상응하는 연소 제어가 필요하다.

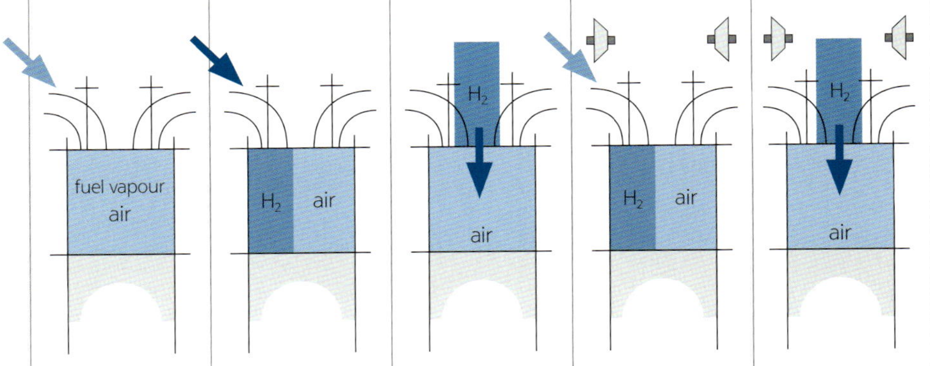

	Gasoline PFI	H_2-PFI	H_2-DI	charged H_2-PFI	charged H_2-DI
Fuel volume	17ml	296ml	420ml	296ml	420ml
Air Volume	983ml	704ml	1,000ml	704ml	1,000ml
Calorific value of mixture	100%	84%	120%	Pmix./pmix.0[x] 84%	Pmix./pmix.0[x] 120%

그림 4-16 수소엔진의 작동 원리

수소엔진자동차의 원리는 가솔린 엔진과 동일하다. 연료를 폭발시켜 얻은 에너지를 회전에너지로 전환시키는 구조를 가지고 있다. 연료로 가솔린을 쓰지 않고 수소를 사용할 뿐이다. 단, 가솔린은 액체이고 이를 기체로 바꾸어 주는 시스템을 사용하는데 수소는 애초에 기체이기 때문에 기존과 약간 다른 개량된 시스템을 사용한다.

(2) 수소 혼합 방식

가. 흡기관 분사방식(외부혼합)

수소와 공기를 외부혼합 할 경우 혼합기체가 균일해지므로 공기과잉률 λ에 의존하는데, 공기과잉률 λ=2 이상의 희박연소에서는 NO_x 농도가 수십 ppm 이하까지 낮아진다. 수소는 가연범위가 넓어서 가솔린 엔진과 달리 흡입공기를 압축하지 않고 초희박 혼합기체 운행이 가능하여 NO_x 배출도 억제할 수 있다. 그러나, 고부하 운전에서는 수소가스의 연료체적량이 증가하여 그 만큼 흡입공기량이 약 30% 감소된다는 것과 역화 등의 이상연소를 발생하여 배출 NO_x 농도도 높아지므로 운전에 제약을 받아 이론 최대출력은 가솔린의 약 85%가 된다. 따라서 외부혼합에서는 출력을 올리기 위해 터보차저로 공기를 과잉 공급하는데 NO_x를 저감시키기 위한 희박연소와의 균형이 문제가 될 수 있다.

나. 연소실 내 분사방식(내부혼합)

압축행정 끝의 상사점 직전, 즉 흡입된 공기를 압축하여 압축력이 최고가 된 연소실 내에 고압으로 수소를 분사하여 불꽃점화에 의해 착화·연소시키기 때문에 엔진의 압축비를 연소의 상태에 관계없이 설정할 수 있다. 그러나 압축행정 끝부분에 분사하여 분사와 동시에

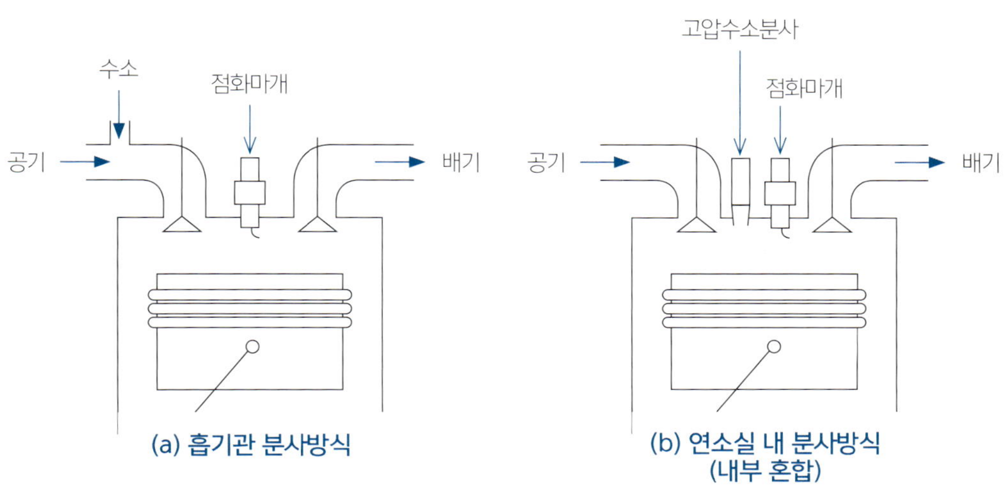

그림 4-17 수소엔진의 수소·공기 혼합방식

착화·연소시키므로 혼합기체에 농담이 생겨 연소온도의 폭이 넓어진다. 따라서 저부하 작동영역에서는 희박 연소시에도 NO_x가 생성된다. 그러나 흡기관 내에 혼합기체가 형성되지 않아 역화를 방지할 수 있으므로 이론 공기 당 발열량은 가솔린의 약 1.17배이며, 같은 공기 과잉률이라도 이론상 가솔린보다 약 1.17배의 출력이 얻어지지만 이론 혼합비 근처에서는 고농도의 NO_x가 배출된다.

표 4-4 수소혼합방식에 따른 특징 비교

비교항목	외부혼합방식	내부혼합방식	
		압축 전기 분사	압축 후기 분사
압축비	연료상태로 결정	엔진요구 결정	-
냉각손실	대	중	소
열효율	소	중	대
동행정 용적에서 출력	소	대	대
작동시 NO_x	소	소	대
NO_x 저감 장치	불필요	불필요	필요
역화 대책	필요	불필요	-
차량액체수소 필요	불필요	필요	-
대형엔진 적용	부적합	부적합	양호
시스템 복잡성	단순	복잡	-

4 수소저장 설비

수소저장기술은 생산된 수소를 압축, 액화, 매체를 이용한 흡착 및 흡장 또는 수소화합물의 형태로 안전하고 효율적으로 저장하는 기술을 의미한다. 수소저장 장치는 중량 및 부피당 저장 밀도가 높은 장치로 연료전지 자동차 뿐 만 아니라 발전용, 휴대용 등 연료전지 및 수소충전소 등 많은 분야에서 사용되고 있다.

수소저장방법에는 기체수소저장법, 액체수소저장법, 수소저장재료를 이용하는 방법 등이 있다.

액체수소저장법은 수소를 액화시키는데 많은 비용이 소요되며 운송 중 저온을 유지하는 것이 가장 큰 문제로 남아있다. 기체수소저장법의 경우 높은 고압을 견뎌낼 수 있는 압력장비의 설계 및 개발이 필요하다. 한편 금속재료 계통의 수소화물은 수소와 금속이 화학적으로 결합하는 것으로 많은 양의 수소를 저장할 수 있으나, 저장된 수소가 100% 이용되지 않고 일부 영구적으로 결합하는 현상이 발생하여, 지속적인 사용에 어려움이 있다. 이에 따라 낮은 압력과 상온에 가까운 온도 그리고 반영구적으로 사용 할 수 있는 가역적인 수소저장 메커니즘을 가진 수소저장재료의 필요성이 부각되고 있다. [8]

[표 4-5]는 주요 수소저장법에 따른 장·단점을 보여준다.

표 4-5 수소저장방법에 따른 장단점 비교 [8]

저장방법	장단점
기체수소저장법	▪ 고압(150기압) 가스용기 (50ℓ, 55kg) ▪ 체적당, 중량당 저장밀도가 낮음
액체수소저장법	▪ -253°C, 상압 ▪ 10~14kw/kg H_2의 액화 에너지 소요 ▪ 증발을 최소화하기 위한 특수 단열용기 필요 ▪ 장기 보관 시 수소 손실 ▪ 체적당, 중량당 저장밀도가 높음
수소저장합금	▪ 체적당 수소 저장 밀도가 높음 ▪ 중량당 수소 저장 밀도가 낮음 ▪ 안정성이 높음 ▪ 수소 순도 향상 ▪ 수소저장합금이 고가 ▪ 수소저장합금의 열화로 저장횟수 제한

1) 기체수소저장 설비

수소를 효율적으로 저장하는 방법 중 하나로 용기에 수소를 고압으로 압축·충전하는 방법이 가장 많이 활용되고 있다. 수소는 분자량이 작아 누출되기 쉽기 때문에 일반 용기 충전시에는 15~20MPa, 연료전지 자동차를 위한 저장 시에는 40MPa 정도로 압축한다.

압축기는 작동원리에 따라 가스에 과잉 운동에너지를 부여하여 압력으로 변환하는 터보형과 압축실의 용적변화로 직접 가스를 압축하는 용적형으로 크게 구분할 수 있다.

터보형은 수소와 같은 가벼운 가스의 고압화에는 부적합하고, 용적형 중 고온까지 적용 가능한 왕복동식이 수소의 압축에 가장 많이 활용되고 있다.

자동차에 탑재하는 수소 용기는 Type1, 2, 3, 4 네 종류로 크게 구분할 수 있다. Type1은 강제(鋼製)로 크롬몰리브덴강(鋼)이 사용된다. Type2 이하는 이중구조로 되어 있으며 내측의 라이너와 외측의 강화재로 구성되어 있다. Type2는 라이너 몸체부분만을 유리섬유강화 플라스틱으로 강화시킨 것이고, Type3는 알루미늄 합금제 라이너의 전면을 탄소섬유강화 플라스틱으로 강화시킨 용기이다. Type4는 고밀도 폴리에틸렌제 라이너의 전면을 탄소섬유강화 플라스틱으로 강화시킨 용기이다.

일반적으로 가격이 저렴한 Type1의 용기가 이용되고 있으나 전체가 강(鋼)으로 만들어져 있기 때문에 중량이 무거워 경량화를 위해 Type2 이하가 개발되었다. 단위용적 당 중량으로는 Type1이 1.2~1.5kg/ℓ, Type2가 0.7~1.4kg/ℓ, Type3가 0.3~0.4kg/ℓ, Type4가 0.35~0.5kg/ℓ 범위이다. 천연가스 자동차용 압축천연가스 탱크 및 연료전지 자동차용 압축수소가스 용기에는 경량인 Type3나 Type4가 사용된다. [6]

Type2는 Type1과 같은 금속재질 라이너 위에 탄소, 유리섬유 등을 원주방향으로 감아서 만든 용기로 Type1에 비해 무게가 가볍다는 것이 특징이다.

고압수소저장 용기는 세계적으로 Type3 및 Type4의 용기가 주로 사용되고 있다. Type3는 용기 전체를 유리섬유 또는 탄소섬유 등으로 감아 적층시킨 형태의 용기로서 용기 내부하중 대부분을 섬유와 수지에 의한 복합재료부분에서 감당한다. 즉 내부 금속라이너가 받는 하중이 적기 때문에 라이너의 강도 제한 없이 용기의 경량화가 가능하다는 점이 최대 특징이다.

국내에서 사용 중인 Type3 용기의 금속제 라이너는 주로 알루미늄에 마그네슘(Mg)과 규소(Si)를 첨가한 6061합금을 사용하고 있으며 알루미늄 라이너는 성형 후 인공시효(T6)를 실시한다. 반면 Type4 복합재료 용기는 비금속 라이너에 수지를 함침(含浸)한 연속섬유를 용기에 감은 후 가열하여 수지를 경화시키는 방법으로 제조된다. 비금속 라이너에 주로 사용하는 재질은 고밀도폴리에틸렌(HDPE)이며 함침 수지는 Type2 및 Type3과 같이 에폭시(epoxy) 계열을 사

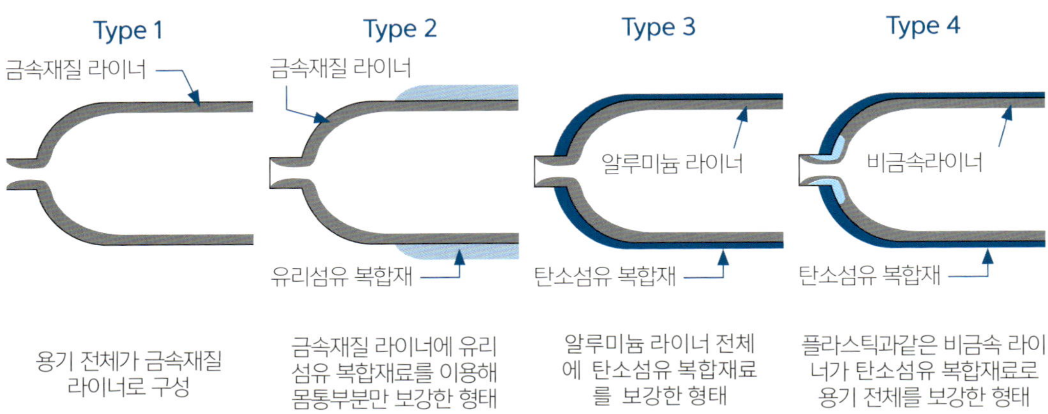

그림 4-18 수소 저장용기의 종류

용한다. 섬유 또한 유리섬유는 E-calss, 탄소섬유는 폴리아크릴로니트릴(PAN)계를 주로 사용한다. 이와 같은 라이너 재질을 제외하면 Type4 용기는 Type3 용기와 복합재료 층의 구조가 동일하다.

Type3와 Type4의 경우 탄소섬유 복합소재를 이용하므로 타 용기보다 더 높은 압력을 견딜 수 있으며, 무게가 가벼워 효율성이 뛰어나다. 또한 반복 사용 수명이 길고, 부식에 강한 우수한 특성을 갖고 있으며, 금속재질 용기는 결함 발생 시 폭발위험이 있는 것에 반해 복합소재 압력용기는 폭발 전에 압력이 누출돼 폭발이 일어나지 않는 등 안정성이 높은 것이 특징이다. 복합소재 용기는 원래 우주용 발사체의 각종 고압가스를 저장하는 경량 고성능의 압력용기로 개발됐으나, 최근에는 압축천연가스자동차용 연료저장 용기로 사용되고 있다. 최근 수소전기차용 연료 용기로 개발되면서 크게 주목받고 있으며 국내에서도 연구·개발이 활발히 진행되고 있다. 그 가운데 알루미늄 라이너에 탄소섬유 복합재료로 보강한 형태인 Type3는 수소전기차 실증모델에 채용됐으며 충전소용 저장용기로도 개발이 진행되고 있다. Type4의 경우 탄소섬유 복합소재를 이용함으로써 무게를 줄이고 폭발위험성도 낮춰 수소전기차용 저장용기로 사용되는 등 국내는 물론 해외 시장에서도 관심이 뜨겁다. Type4는 용기의 경량화를 목적으로 비금속 재료로 만들어진 라이너 위에 탄소섬유나 유리섬유를 원주방향과 길이방향으로 감아서 만든 용기로 최근 수소연료자동차에 사용되고 있다.

2) 액체수소 저장 설비

수소는 -252.8℃의 극저온까지 냉각하면 액화된다. 액체 수소는 표준상태의 수소 가스 밀도의 800배인 71kg/㎥으로 현재 검토되고 있는 70MPa의 압축수소 가스보다 체적충전율이 높다. 체적 당 에너지 밀도로 비교해도 압축수소의 약 4~5배의 에너지 밀도를 갖는다. 액체 수소는 소형으로 질량 에너지 밀도가 큰 다른 수소저장 방법보다 운송과 저장 측면에서 우수하다.

기체수소는 20MPa 이상의 고압으로 저장하지만 액체수소는 대기압으로 저장하기 때문에 기체수소보다는 안전성 측면에서 우수하고, 저장 및 운송비용을 고려할 때 경제성 측면에서도 기체수소보다 유리하다.

액체 수소는 극저온의 액화 가스이기 때문에 액화를 위해 1g당 약 12kJ의 에너지가 필요하며 저장 시 용기에 열이 침입하여 증발손실이 발생할 수 있다. 수소의 발열량은 가솔린의 약 2.7배이지만 액체수소의 비중은 0.071g/㎤으로 가솔린의 약 1/10정도이므로 가솔린 연료와 동일 주행거리를 유지하기 위한 액체 수소 연료의 체적은 가솔린 연료의 약 4배 정도가 된다.

비등점이 -253℃인 액체수소의 저장탱크를 이중 단열구조로 하면 탱크의 체적은 더욱 증가하고 중량은 가솔린 탱크의 약 10배 정도가 되지만, 액체수소 탱크의 체적 및 중량은 고압수소 탱크나 수소저장합금에 비하여 약1/10정도에 지나지 않으므로 운반성이 유리하다. 극저온에서 액체수소를 저장 및 운반해야 하므로 단열기술이 매우 중요하다.

대표적인 단열방법으로 진공단열, 다층단열재, 증기냉각 복사실드의 세 가지를 사용하고 있고, 열전도 및 열대류를 차단하기 위한 단열은 약 1.316^{-6}atm 정도의 진공도를 유지하여야한다. 단열성능을 향상시키기 위하여 수십 겹으로 구성되는 다층 단열재를 사용한다.

액체상태의 수소 저장은 단위 부피당 에너지 밀도는 가장 높으나, 수소를 장기간 -253℃로 유지하는 기술이 필요하다.

액체 수소용기의 규모는 물성실험에 사용하는 실험실 규모에서부터 우주로켓 발사설비로 사용되는 수천 m^3까지 다양하며 구조도 저장규모, 설치방식 및 운전조건에 따라 다르다.

액체수소용 저장탱크나 용기의 기본적 구조는 액체에 접하는 내조, 단열층, 외조로 구성되고, 단열층은 진공분말단열, 진공적층단열, 진공적층단열+실드와 같은 단열방식이 채택되고 있는데, 액체수소 저장탱크는 용도와 용량에 따라 구조와 사양이 다르다. 액화설비에 부속된 저장탱크는 일반적으로 용량이 크며 액체수소로 채워져 있다는 점과 열 침입으로 기화된 가스(boil off gas)를 액화설비로 다시 재 액화시킬 수 있는 구조로 비교적 간단하다.

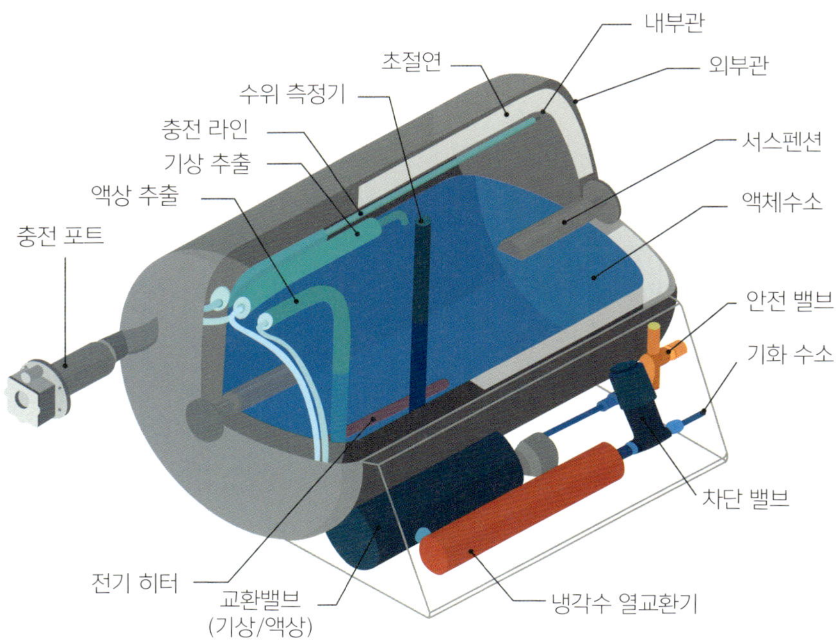

그림 4-19 액체수소 용기의 구조

그러나 자동차에 사용하는 용기는 재 액화 설비가 없으므로 액체 수소의 기화를 방지하기 위해 정밀한 단열이 필요하다. 액체수소는 미세하게 온도가 상승하여도 체적이 크게 상승하므로 과충전을 하여서는 안된다.[14]

3) 수소저장합금

수소저장합금(M)은 수소(H_2)와 가역적으로 반응하여 결정의 격자 안에 원자상의 수소와 금속수소화물(MH_n)을 형성한다. 수소화물의 형성과 분해반응을 각각 수소의 흡수저장과 방출이라 하며, 다음 식과 같다.

$$M + n/2\, H_2 \leftrightarrow MH_n$$

금속수소화물 중 부피당 수소밀도는 고압수소 및 액체수소보다도 높아 수소를 보다 조밀하게 저장할 수 있다. 합금 M을 구성하는 원소는 수소화물 생성열이 음(-)인 원소 A 및 생성열이 양(+)인 원소 B로 분류할 수 있다. 예를 들면, 2원계 재료 대부분은 원소 A와 원소 B의 조합 AB_n으로서 표시한다. 대표적인 금속계 수소저장재료의 하나인 $LaNi_5$를 예로 들면, 이 합금은 AB_5 형이라 부르며, 상온, 상압에서 수소와 반응한다. 흡수저장·방출반응은 다음 식과 같다.

$$LaNi_5 + 3H_2 \leftrightarrow LaNi_5H_6$$

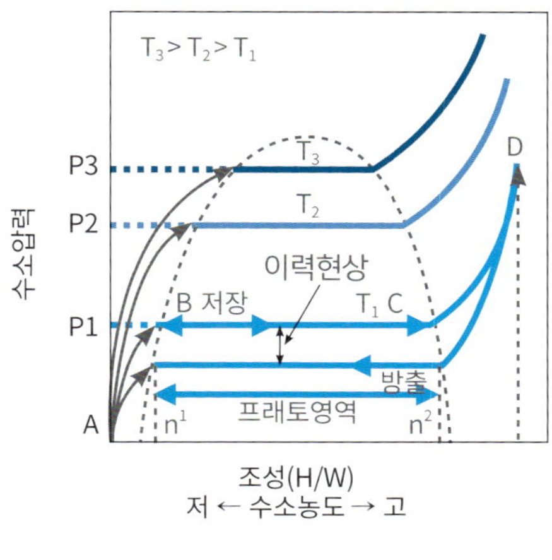

그림 4-20 금속-수소계의 PCT곡선

금속수소화물 $LaNi_5H_6$의 수소밀도는 질량밀도로 1.4 mass%, 체적밀도로 90g/ℓ이다. 수소가스의 밀도가 상온,70MPa에서 40g/ℓ, 액체수소의 밀도가 21K, 상압에서 70g/ℓ인 것에 비교하면 고온과 저온을 필요로 하지 않고 보다 조밀하게 수소를 저장할 수 있다.

수소저장합금의 수소저장특성은 일반적으로 [그림 4-25]과 같이 나타낸 바와 같이 압력조성 등온선에 기초하여 평가한다. 이 곡선을 P-C 등온선 또는 PCT 곡선이라 부르며, 어떤 온도와 압력에서 수소 H_2, 금속상 M, 그리고 금속수소화물 MH_n 사이의 평형상태를 나타낸다. 수소저장합금을 내압용기에 넣고 등온 하에서 수소를 도입하면 어느 압력에서 수소를 흡수하기 시작하여 금속수소화물을 형성하기 시작한다. 이 압력에서 금속상 M과 금속수소화물상 MH_n 이 공존한다. 2상이 공존하는 영역은 PCT 곡선 위에서는 수평하게 나타나므로 플라토(plateau) 영역이라고 부르고, 이때의 압력을 플라토 압이라고 한다. 수소의 도입과 함께 금속수소화물상 비율이 증가하고, 최종적으로 모든 금속상이 금속수소화물상으로 된다. 수소를 감압하면 흡수 플라토 압 이하에서 수소를 방출하여 금속상으로 되며, 방출 플라토를 나타낸다. 흡수와 방출 시 플라토 압은 거의 같으나 방출시가 약간 낮은데, 흡수와 방출시의 플라토 압의 차이를 히스테리시스라 부른다.

등온 하에서 재료에 수소를 흡수·방출시키기 위하여 수소를 가압 또는 감압하므로, 기존의 가스용기와 같은 형태로 수소를 저장·이용 할 수 있다. 또 수소의 흡수는 발열반응이므로, 반트 호프식에 따라 온도가 상승하면 플라토 압도 상승하고, 온도가 저하하면 플라토 압도 저하한다.

$$\text{Van't Hoffs law} : \pi V = nRT$$

π: 삼투압, V: 용액의 부피, n: 용질의 몰수

R: 기체상수, T: 절대온도

따라서 어떤 설정압력에서 재료를 냉각·가열함으로써 수소의 흡수·방출반응을 제어 하는 것이 가능하다. 일반적으로 플라토 영역이 넓고 평탄하고, 히스테리시스가 적은 합금이 압력과 온도 조작에 의해 반응을 제어하기 쉬우므로 수소저장에 적합하다.

연습문제

Q1

수소충전소의 종류와 그 특징을 서술하시오.

A1

- **저장식수소충전소 (Off-site 방식의 수소충전소)** : 저장식(Off-site 방식) 수소충전소는 일정지역에서 수소를 대량생산하는 방식, 생산지역에서 수소충전소까지 파이프라인 또는 트레일러로 이송하는 형태로 대량으로 수소를 생산할 수 있어 비용이 저렴하다는 장점이 있다. 그러나 수소이송에 따른 추가적인 운송비용이 발생하여 이송거리가 짧을 경우가 적합하다. 저장식수소충전소는 현재 국내에 가장 많이 구축되어 있는 형태이다.
- **제조식수소충전소 (On-site 방식의 수소충전소)** : 제조식(On-site 방식) 수소충전소는 수소충전소에서 CNG, LPG 등을 개질하거나 또는 수전해하여 수소를 생산한다. 수소생산지에서 거리상 많이 떨어져 이송비용이 증가할 경우 유리하다는 장점이 있지만, 수소를 생산하기 위해서는 개질장치가 필요하기 때문에 초기 설비비용이 높다는 단점이 있다.

Q2

수소 튜브트레일러 이용 방식(압축수소 저장형)의 '수소생산' 부터 '연료전지자동차'주입까지의 단계를 서술하시오.

A2

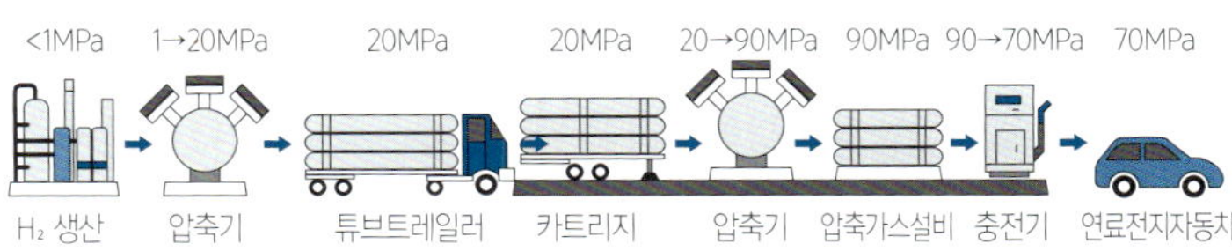

Q3

연료전지의 원리를 서술하시오.

A3

연료전지는 연료가 가진 화학에너지에서 엔트로피 손실량을 제한 Gibbs 자유 에너지 $\triangle G$가 상당량의 전기에너지로 변환되는 전기화학 반응을 이용하는 변환장치로 화학에너지를 직접 전기에너지로 변환 시킨다.

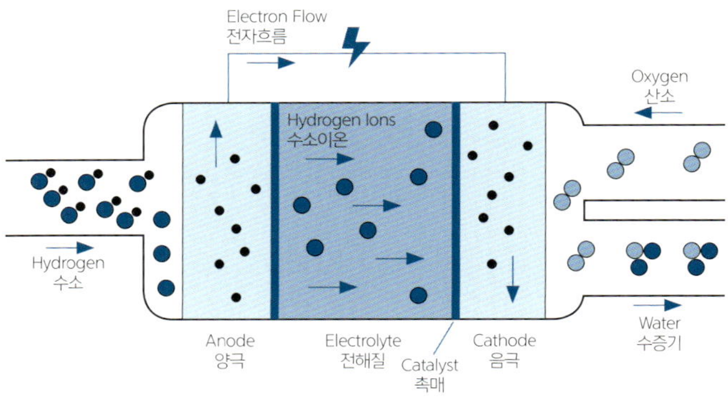

Q4

연료전지의 종류 중 고분자 전해질연료전지(PEMFC)의 특징을 서술하시오.

A4

① 인산형 연료전지(PAFC)와 같은 인산 또는 용융탄염형 연료전지(MCFC)의 탄산염과 같은 전해질의 분산이 없다.

② 전해질에 고체고분자막이 사용되기 때문에 두 전극 간의 차압제어 및 가압이 용이하다.

③ 셀은 상온에서 가동 가능하며 개질기도 소형으로 구성되어 있어 가동시간이 짧다.

④ 플라스틱과 같은 저렴한 전지 구성 재료를 사용할 수 있다.

⑤ 셀 저항이 낮기 때문에 고출력밀도가 얻어져 소형·경량화가 가능하다.

⑥ CO_2를 포함한 개질 가스 및 공기를 사용 할 수 있다.

Q5

연료전지의 특징에 대하여 서술하시오.

A5

① 고효율 : 연료전지가 화학에너지를 전기에너지로 변환시키는 효율은 이론상으로 82.9%에 달한다.

② 무공해 : 연료전지 반응의 생성물은 이론적으로 물 뿐 이기 때문에 연료전지로부터 발생하는 공해 물질이 없다.

③ 열의 유효이용 : 반응 과정에서 발생하는 열을 유효하게 이용하는 것이 가능하고, 전기와 열을 동시에 발생하는 시스템에 최적이다.

④ 설치의 간편성 : 전력의 요구조건에 맞추어 용량의 조절이 용이하면 도서산간지역 또는 섬 지역, 고립된 지역에 독립적인 설치와 운전이 가능하다.

⑤ 연료의 다양성 : 연료전지는 수소로 동작하나 수소는 개질과정에 의해 생성되기 때문에 다양한 종류의 연료가 이용가능하다.

⑥ 저소음, 저진동 : 기계적 구동부분이 없고, 가스공급기 등에 약간의 소음, 진동이 있을 뿐이므로 기계식의 발전기와 비교할 때 소음과 진동이 아주 적다.

Q6

수소자동차는 수소연료전지자동차와, 수소엔진자동차로 분류할 수 있다. 각각에 대하여 서술하시오.

A6

- **수소연료전지자동차** : 수소연료자동차는 수소를 연료로 하며, 수소연료전지를 통해 전기를 얻어 구동하는 차를 말한다.
- **수소엔진자동차** : 수소엔진을 사용하며 피스톤이 왕복운동하면서 수소와 공기를 공급하고 수소가 연소하면서 발생하는 열에너지를 운동에너지로 변환시켜 동력을 이용하는 차를 말한다

연습문제

Q7

수소연료전지자동차의 작동원리를 서술하시오.

A7

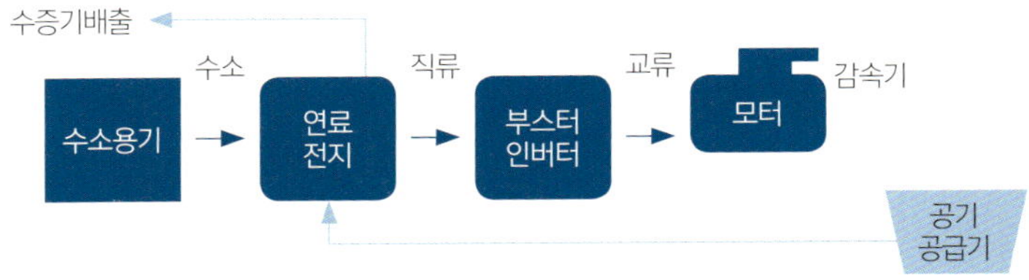

① 1단계 : 수소용기에 저장된 수소가 수소연료전지 스택으로 공급

② 2단계 : 유입된 산소가 수소연료전지 스택으로 공급

③ 3단계 : 수소연료전지 안에서 산소와 수소가 화학반응을 통해 전기 생산

④ 4단계 : 발생된 전기가 모터와 배터리로 공급 & 물을 외부로 배출

Q8

수소저장방법에 따른 장단점을 서술하시오.

A8

수소저장방법		장단점
기체수소저장법		▪ 고압(150기압) 가스용기 (50ℓ, 55kg) ▪ 체적당, 중량당 저장밀도가 낮음
액체수소저장법		▪ -253℃, 상압 ▪ 10~14kw/kg H_2의 액화 에너지 소요 ▪ 증발을 최소화하기 위한 특수 단열용기 필요 ▪ 장기 보관 시 수소 손실 ▪ 체적당, 중량당 저장밀도가 높음
수소 저장 재료	수소저장합금	▪ 체적당 수소 저장 밀도가 높음 ▪ 중량당 수소 저장 밀도가 낮음 ▪ 안정성이 높음 ▪ 수소 순도 향상 ▪ 수소저장합금이 고가 ▪ 수소저장합금의 열화로 저장횟수 제한
	탄소 소재	▪ 저온에서 활상화 탄소 표면에 수소 흡착 ▪ 저온 유지장치(77K)필요 ▪ 체적당, 중량당 저장밀도 낮음

Q9

기체수소저장 설비 중 압축가스용기의 type에 따른 특징을 서술하시오.

A9

- Type 1은 강 또는 알루미늄으로 만들어진 금속재 용기로서 복합재료에 의한 강조적 강화 없이 금속재료로 제조된 용기
- Type 2는 강 또는 알루미늄으로 만들어진 금속재 라이너 위에 수지를 함침시킨 피라멘트를 원주 또는 길이방향으로 감아서 적층한 용기
- Type 3은 강 또는 알루미늄으로 만들어진 얇은 금속재 라이너위에 수지를 함침시킨 탄소섬유나 유리섬유를 원주와 길이방향으로 감아서 적층한 용기
- Type 4는 용기의 경량화를 목적으로 하중의 부담이 없는 비금속 재료라이너로 만들어진 Type 3과 비슷한 용기

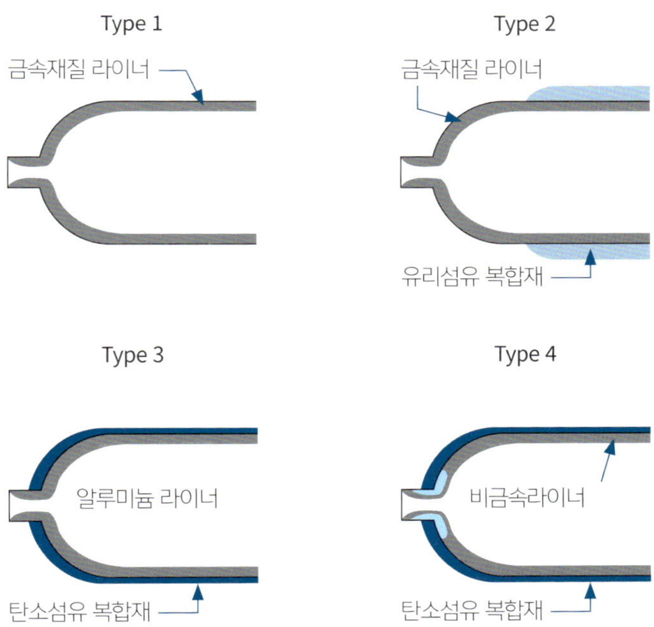

Chapter

05

수소누출 및 화재

1. 수소 누출 이론

1) 수소 누출 특징

2) 수소 확산

2. 수소 화재/연소 이론

1) 수소-산소 연소반응

2) 수소-공기 혼합물의 열적 점화

3) 수소 점화

3. 수소 화재

1) 화재 이론

2) 수소화재 특징

3) 기체수소 화재 - 제트파이어

4) 액체수소 화재 - 풀파이어

수소는 공기 중에 노출되었을 때 쉽게 연소하는 대표적인 가연성 기체이다. 가연성 기체가 용기나 배관 내에 존재할 때는 산소나 점화원이 용기 속으로 들어가지 않는 한 큰 위험성은 없지만, 공기 중에 누출되면 폭발성 혼합 기체를 형성하고, 이때 점화원이 존재할 경우 폭발하여 화재를 발생시켜 주변에 피해를 준다. 따라서 수소기체는 누출이 발생하는 그 순간부터는 단순히 누출로 인한 위험 뿐 만아니라 연소 및 폭발의 위험을 함께 가지므로 수소기체의 폭발 방지는 누출 예방 대책이 기본이고 중요하다.

1 수소 누출이론

누출은 가연성 물질이 저장, 운반, 반응이 진행되고 있는 용기 또는 관 등에서 파손, 균열, 열화, 헐거움 등과 같은 틈이 발생하였을 때 발생한다. 내부에 존재하는 물질이 이 틈으로 내압과 외압의 차에 의해 유출이 발생하는 것이다. 사고에 의해 어떤 균열이 발생하였을 경우, 내부에 존재하는 물질이 액체인지 기체인지에 따라 다르게 누출량을 계산할 수 있으며 다음과 같다.

① 액상의 가스(Liquified Gas) 누출식

상온에서는 기체상태이나 저장 또는 운반시 압력을 가하여 액화하여 저장하는 유체나 상온에서 액상의 유체가 탱크로부터 유출 될 때 초기 누출속도는 베르누이(Bernoulli)식으로부터유도 된 아래의 식으로부터 계산 할 수 있다.

$$W = CA\sqrt{2(P_1 - P_2)\rho}\ (kg/s)$$

W : 누출속도(kg/s)
C : 누출계수 (누출면의 거칠기에 따라 0.6~0.9 적용)
A : 누출단면적(m^2)
P1 : 저장용기 내부 압력 (N/m^2)
P2 : 대기 압력 (약 $1.01 \cdot 10^5\ N/m^2$)
ρ : 유체의 밀도 (kg/m^3)

탱크의 크기가 대형 일 경우 누출지점과 유체가 존재하는 유면 사이가 멀 수 있다. 이럴 경우에는 유체의 Head를 고려하여 아래와 같은 계산 식을 적용한다.

$$W = CA\rho\sqrt{\frac{2g(P_1 - P_2)}{\rho} + 2gh}\ (kg/s)$$

g : 중력가속도(9.81 m/s^2)

h : 유체의 Head (m)

② **기상(Gas Phase) 유체의 누출식**

기상 유체의 누출은 탱크내 유면의 상부에서 일어나며, 탱크 압력이 누출속도에 큰 영향을 준다. 기체 누출의 거동을 해석하는 계산식은 음속누출과 아음속누출로 구분되며 이를 판단하는 식은 아래와 같다.

$$\frac{P_2}{P_1} \le \left(\frac{2}{k+1}\right)^{\left(\frac{k}{k-1}\right)}$$ 이면, 음속누출

k : Poissen ratio(C_p/C_v)

위의 식에 의해 대기압과 공정 내 압력의 비가 우측식보다 작거나 같으면 음속누출이 적용되고, 이때의 음속 누출량은 아래의 계산식과 같다.

$$W = CAP_1B\sqrt{\frac{M}{ZRT_a}}$$

$$B = \sqrt{k\left(\frac{2}{k+1}\right)^{\frac{k+1}{k-1}}}$$

M : 분자량 (kg/kgmol)

T_a : 대기온도

R : 기체상수

Z : 압축률

압축률은 가스 누출시 온도 및 압력이 낮아지는 성분에 대한 보정치이다. 일반적으로 k 값이 1.1~1.4 정도 되는 것을 생각할 때 내부와 대기의 압력비가 1.9가 넘을 경우 음속누출이 된다.

기상 유체의 누출속도가 느려 아음속 누출이 될 경우 음속 누출과는 다른 거동을 보이므로 아래의 식으로 적용해야 한다.

$$\frac{P_2}{P_1} > \left(\frac{2}{k+1}\right)^{\left(\frac{k}{k-1}\right)} \text{이면, 아음속누출}$$

$$W = C A P_1 \sqrt{\frac{k g M}{R T_a}\left(\frac{1}{k-1}\right)\left[\left(\frac{P_2}{P_1}\right)^{\frac{2}{k}} - \left(\frac{P_2}{P_1}\right)^{\frac{k-1}{k}}\right]}$$

1) 수소 누출 특징

(1) 기체 수소

기체수소 누출은 일반적으로 용기 및 주변기기 등에서 발생하는데, 주로 밸브와 용기 연결부, 밸브 글랜드 부, 안전밸브, 조정기 부착구, 가스배관 및 연결부 등 이음새의 간극에서 일어난다. 특히 수소는 다른 가스와 비교할 때 분자량이 작기 때문에 미세한 틈에서도 누출이 될수 있으므로 주의가 필요하다. 파이프라인에서 누출이 발생할 경우 다음 순서에 따라 대응한다.

- 용기 밸브를 완전히 잠근다.
- 배관내의 수소를 방출밸브로 서서히 방출하여, 관내 압력을 대기압까지 떨어뜨리는데 적정한 방출 장소가 없을 경우에는, 자연적으로 대기압이 될 때까지 기다린다.
- 관내의 기체를 질소기체로 치환한다.
- 치환을 확인한 후 누출 부위를 수리한다.
- 수리를 완료한 후 질소로 가압하여 누출 여부를 확인한다.
- 수소는 누출되기 쉬운 물질이므로 최종적으로 질소로 가압하여 누출이 없는가를 확인한다.

(2) 액체 수소

액체수소는 분자가 작고, 점도도 극히 작기 때문에 아주 작은 구멍이나 간극으로 누출된다. 액체수소는 소량이 누출되어도 기화될 경우의 몇 백배로 부피가 커진 저온 수소기체가 되며, 이 저온의 수소기체는 액체수소 비점부근의 온도에서는 실온의 공기와 같은 비중이라도 다소 온도가 상승하면 공기보다 가벼워 상부로 올라간다.

누출된 액체수소는 공기 혹은 공기 중의 수분을 응축 또는 고화시켜 흰 증기운 상태를 만드는데 이 증기운 형태는 누출된 수소가 기화 및 확산된 상태이다. 이와 같은 확산 및 착화 위험범위는 온도에 따라서 다르기는 하지만 증기운의 전체에 영향을 미친다.

액체수소가 누출되었을 때에는 메인 밸브, 차단밸브를 차단하는 것을 최우선으로 하고, 그 이후에 불활성기체 등을 이용하여 수소농도를 폭발 하한계 이하로 해야한다.

2) 수소 확산

일반적으로 가연성가스는 공기와 차단되어 발화원이 있어도 폭발을 일으키지 않는 상태로 저장 혹은 수송된다. 가연성가스가 누출 등에 의해 공기 중에 누출되면 공기와 혼합되어 가연성 혼합기체를 형성한다. 이 혼합기체는 바람 등에 의해 이동하여 인화 위험범위를 넓게 한다.

가연성 가스의 확산은 유체역학적 특징, 기체의 밀도, 주위 환경에 따라 크게 달라지고, 분자확산, 대류확산, 분류확산 및 대기확산을 고려할 수 있다. 가연성가스 누출 시에는 공기와 혼합되고 일정 시간이 경과된 후에는 폭발 하한계 이하의 농도가 된다.

(1) 분자 확산

서로 다른 기체가 존재하는 기체 혼합물 사이에서 발생하는 분자확산은 서로 다른 기체 속으로 혼합되면서 농도차이의 균형 유지를 위하여 물질입자가 이동한다. 이렇게 농도가 같아지는 현상을 분자확산이라고 한다. 가연성가스가 대기 중에 누출되었을 경우, 바람 등에 의해 공기와 혼합되고, 밀폐된 실내에서 누출되었을 경우는 실내의 온도 차에 의해 생긴 대류확산 등에 의해 실내 공기와 혼합된다. 이들의 확산은 분자확산보다 매우 크기 때문에 분자확산이 누출가스의 확산을 지배하는 일은 거의 없지만, 최종적으로 공기와 누출가스가 혼합하는 것은 분자확산에 의한 것이다.

(2) 제트(Jet) 확산

압력용기 등으로부터 누출되는 기체는 제트(Jet) 형태이고, 제트 기류는 누출 기체의 유동에 의해 주위 공기와 혼합되면서 희석된다. 제트 기류에 의한 확산은 분출구 근처에서는 대기의 유동에 의한 확산보다 매우 크기 때문에 수소의 발화 위험성이 5% 이상인 곳에서는 제트기류에 의한 확산을 고려하여야 한다.

(3) 대기확산

대량의 기체가 작은 초기속도를 가지고 방출되었을 경우에 공기와 혼합되면서 바람이 이동하는 방향으로 확산하는데 이것을 대기확산이라고 한다. 일반적으로 대량의 액화 수소가 누출 되었을 경우에는 대기확산을 고려하여야 하지만, 소량의 액화 수소가 누출되어 증발하였을 경우에는 수소의 비중이 공기보다 매우 작아 부력에 의해 급속히 위로 상승하므로 바람의 방향을 무시할 수 있다.

대량의 액화수소 누출 시에는 주변 공기도 동시에 냉각되어, 차가운 혼합 기체운이 형성되어 지표면을 따라 이동하기도 하지만, 공기와 혼합되면서 위로 상승하여 누출지점으로부터 멀리 떨어진 장소까지 가연성 혼합기체가 확산되지는 않으므로, 수소 누출시의 폭발성을 고려할 때 대기확산은 크게 영향을 주지 않는다.

(4) 실내 체류 확산

밀폐된 실내에서 수소가 누출 되었을 경우, 누출 초기에는 운동에너지에 의해 제트 확산하지만, 방출 구에서 떨어진 곳에서는 부력에 의해 상승하여 천정부로 확산하여 체류한다. 방출 구 부근에서는 제트확산의 영향을 받지만 그 외 실내에서의 수소농도는 수평 방향의 구배는 거의 없고 수직방향으로 큰 구배가 나타난다. 수소의 누출이 멈추게 되면, 이 경향은 보다 현저해 지지만, 천정부에 체류한 수소는 시간이 경과함에 따라 서서히 하층의 공기와 혼합되어 균일화된다. 이 혼합 확산은 대류에 의한 확산으로 분자확산에 비해 10~100정도 빠른 특징이 있다.

2 수소 화재/연소이론

연소는 물질이 빛, 열 또는 불꽃을 내면서 빠르게 산소와 결합하는 반응이다. 물질이 완전히 연소할 때 발생하는 열을 연소열이라고 하며 대부분의 연소반응은 발열반응이다. 어떤 물질이 연소하기 위해서는 연료(타는 물질), 점화원, 일정량 이상의 산소가 필요하다. 이를 연소의 3요소라 칭하며, 이 세 가지 조건 중 어느 하나라도 충족되지 못하면 연소반응은 일어나지 않는다. 물질이 연소하면 처음과는 다른 물질이 생성되고 이를 연소생성물이라고 한다. 연소생성물을 근거로 연료가 가진 성분원소를 추측하기도 한다. 화석연료인 석유, 석탄, 천연가스 등의 물질은 탄소와 수소 원자를 포함하고 있으므로 연소 시 이산화탄소와 수증기를 생성한다. [1]

1) 수소-산소 연소 반응

(1) 반응 과정

수소와 산소의 연소 반응식은 다음과 같다.

$$H_2 + 1/2\,O_2 \rightarrow H_2O\,(-\triangle H = 242kJmol^{-1})$$

위의 반응식은 수소 1몰이 산소 0.5몰과 반응하여 242kJ의 에너지가 생산됨을 나타내고 있으나, 반응식만으로 연소 한계, 인화점, 연소속도, 연소물의 성분 등 수소 안전에 관한 현상들을 설명하기란 어려울뿐더러, 실제로 수소와 산소 분자를 포함하는 가스 상태에서 산소는 1/2 O_2의 분자 상태로 존재하지 않는다.

따라서 수소, 산소의 분자, 원자뿐만 아니라 OH, O, H, HO_2, H_2O_2와 같은 중간 생성물을 고려한 반응 메커니즘에 대한 이해가 필요하다. 수소와 산소의 실제 연소 반응 메커니즘은 다음과 같이 원자상태의 반응식으로 표현할 수 있다.

$$OH + H_2 \rightarrow H_2O + H$$
$$H + O_2 \rightarrow OH + O$$
$$O + H_2 \rightarrow OH + H$$
$$O + O + M \rightarrow O_2 + M^*$$
$$OH + OH + M \rightarrow H_2O_2 + M^*$$
$$H_2O_2 + H \rightarrow HO_2 + H_2$$
$$HO_2 + OH \rightarrow H_2O + O_2$$

(2) 연쇄 반응

H, O, OH와 같은 원자들은 라디칼(radical)을 가지고 있으며, 이는 실제 반응 과정에서 중요한 역할을 한다. 수소와 산소의 반응에서, 라디칼은 연쇄 시작 반응(chain initiation reaction)에 의하여 최초 생성되며, 위의 2번째 ~ 4번째 반응에 의해 가속화 된다.

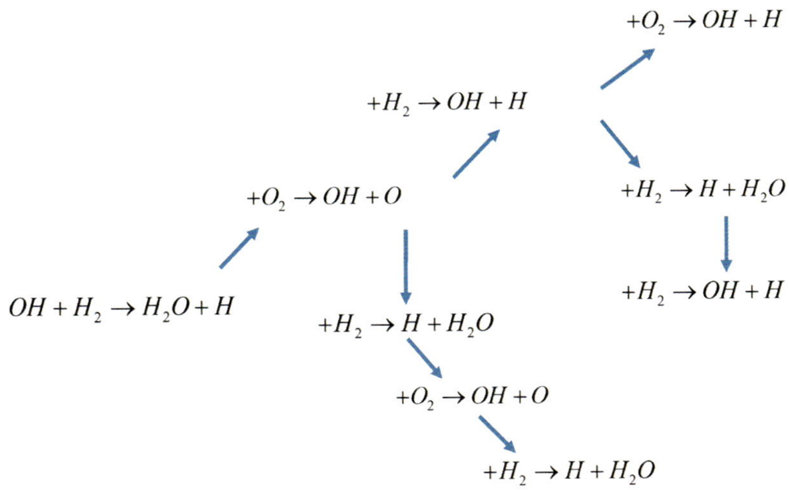

그림 5-1 수소-산소의 연쇄반응 과정[2][3]

또한 3번째 4번째 반응을 거쳐 라디칼의 숫자가 급격히 증가되는데, 이러한 반응을 연쇄가지 반응(chain branching reaction)이라 하고, 이는 수소의 높은 연소 반응율을 보여주는 결정적인 요인이며, 5번째에서 8번째 반응을 거치면서 라디칼은 소멸되게 되고 반응은 종결된다.

다음은 메탄과 수소의 반응으로 탄화수소 연소반응의 특징과 수소-산소 연소반응을 비교할 수 있다.

$$CH_2O + OH \rightarrow HCO + H_2O$$
$$HCO + OH \rightarrow CO + H_2O$$
$$CO + OH \rightarrow CO_2 + H$$
$$H + O_2 \rightarrow OH + O$$
$$O + H_2 \rightarrow OH + H$$

위의 반응에서 라디칼을 가지고 있는 OH, O, H 는 메탄과 산소의 연소 반응에서 아주 중요한 역할을 한다. 물론 CH_3, CH_2O, HCO, CO들도 비슷한 라디칼을 지니고 있지만, 위의 3가지 물질에 비하여 활성화되지 않아 반응에는 큰 영향을 끼치지 못한다. 이를 통해 수소-산소 연소 반응이 산화탄소-산소 반응 반응보다 더 빠르고 급격하게 일어남을 알 수 있다.

2) 수소-공기 혼합물 열적 점화

일반적 반응에서 열 방출율이 q_1이라 하면 다음과 같이 Arrhenius식의 형태로 표현될 수 있다.

$$q_1 = QVC^n \exp(-\frac{E}{RT_R})$$

반면, 같은 반응에서 열 손실률 q_2는 다음과 같이 표현될 수 있다.

$$q_2 = hS(T_R - T_E)$$

[그림 5-2]에서 보면 상온에서 열 방출률 q_1은 온도가 증가함에 따라 곡선형태로 열 손실률 q_2는 직선 형태로 표현된다.

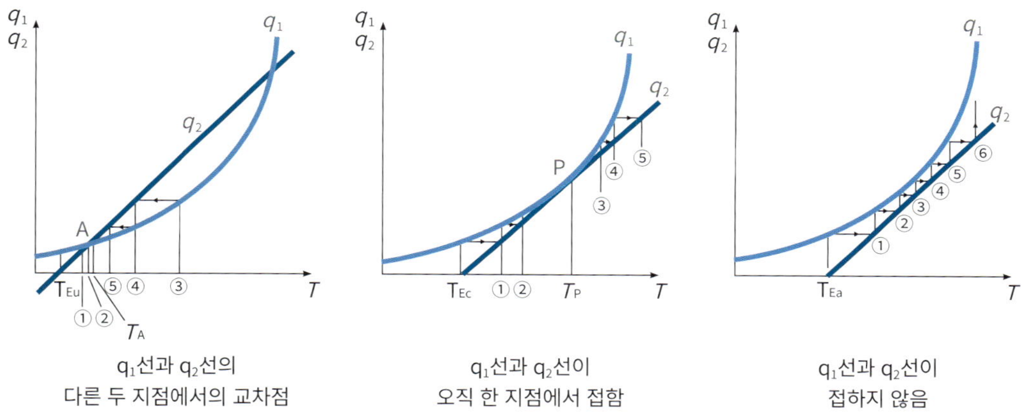

그림 5-2 q_1과 q_2 간의 관계에 따른 공정 변화 [3]

주위 온도 T_E 가 매우 낮은 온도일 경우q_1, q_2가 두 개의 점에서 만나는 것을 [그림 5-2]의 (a)에서 보여주고 있다. 초기 조건에서 반응 온도는 T_{Eu}이고 q_1 이 q_2보다 큰 값을 가진다. 하지만 온도가 T_A까지 상승하게 되면 q_1과 q_2의 값이 같게 되고 반응 온도 상승은 멈춘다. 만일 초기 온도가 주위 온도보다 높을 경우, 온도는 T_A까지 감소하게 되므로 점화는 일어나지 않게 된다.

q_1과 q_2가 한 점 P에서 만나는 경우를 그림 (b)에 나타냈다. 초기 반응 온도 T_{Ec}는 q_1이 q_2보다 크기 때문에 T_P까지 증가한다. 이 때 만약 온도가 T_P보다 조금이라도 커진다면, 높은 온도 영역에서도 여전히 q_1이 q_2보다 크기 때문에 온도는 계속 증가하게 된다. 또한 그림 (c)와 같이 T_{Ea}가 T_{Ec}보다 큰 경우 온도는 계속 증가한다.

즉, 초기 주위 온도가 T_{Ec}보다 낮다면, 온도는 T_A을 초과할 수 없고, 주위 온도가 T_{Ec}보다 크다면, 주위 온도는 계속 증가하게 되므로 T_{Ec}를 임계 온도라고 한다. 또한 T_P보다 큰 영역에서의 반응 속도는 가속되므로 T_P를 점화 온도라고 할 수 있으나, T_P는 측정하기 매우 어려운 값이기 때문에 일반적으로 T_{Ec}를 점화 온도라고 정의한다.

또한 T_P와 T_{Ec}의 관계는 다음과 같이 유도될 수 있다. 반응에서의 온도 T_R이 점화되는 조건은 임계 온도인 T_{Rc}와 같아질 때이다. 즉 q_1과 q_2의 값이 같고, 온도에 따른 q_1과 q_2의 미분계수가 같아질 때 점화가 발생한다.

$$q_1 = q_2$$

$$\frac{dq_1}{dT_R} = \frac{dq_2}{dT_R}$$

따라서 식 (3),(4)에 의하여 식 (1),(2)는 다음과 같이 표현될 수 있다.

$$QVC^n Bexp(-\frac{E}{RT_p}) = hS(T_P - T_{Ec})$$

또한 위의 두 식에 의하여 다음과 같은 2차식을 유도할 수 있고,

$$T_P^2 - (\frac{E}{R})T_P + (\frac{E}{R})T_{Ec} = 0$$

$$(\frac{E}{RT_P^2})QVC^n Bexp(-\frac{E}{RT_P}) = hS$$

이 방정식의 해법은 다음과 같다.

$$T_P = \frac{E}{2R} \pm \frac{E}{2R}(1 - \frac{4RT_{Ec}}{E})^{\frac{1}{2}}$$

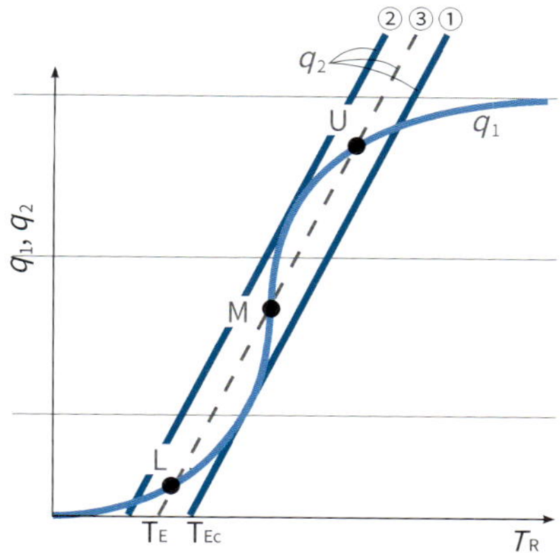

그림 5-3 모든 온도 범위에서 q_1과 q_2의 관계[3]

모든 온도 범위에서의 q_1, q_2의 변화는 [그림 5-3]과 같이 도식적으로 표현될 수 있다. 만약 식 (8)에서 RT_{Ec}/E가 무한히 작다면 아래와 같이 표현될 수 있다.

$$T_P = \frac{E}{2R} - \frac{E}{2R}\left(1 - \frac{2RT_{Ec}}{E} - \frac{2R^2 T_{Ec}^2}{E^2} - \cdots\right) = T_{Ec} + \frac{RT_{Ec}^2}{E} + \cdots$$

또한 위의 식은 T_P와 T_{Ec} 차이로 표현될 수 있다.

$$T_P - T_{Ec} \cong \frac{RT_{Ec}^2}{E}$$

이로부터 아래의 식들을 유도할 수 있다.

$$QVC^n B\exp\left(-\frac{E}{RT_{Ec}}\right) = \frac{hS}{e}\frac{RT_{Ec}^2}{E}$$

더 나아가 p=CRT을 치환하면, 아래의 관계식을 유도할 수 있다.

$$\ln\left(\frac{P_{cr}}{T_{cr}^{1+\frac{2}{n}}}\right) = \frac{E}{nRT_{cr}} + \frac{1}{n}\ln\left(\frac{hSR^{1+n}}{QVeEB}\right)$$

위의 식은 온도가 높으면 임계 압력은 낮게 되고, 압력이 증가함에 따라 임계 온도 값은 감소함을 나타낸다.

(1) 연쇄 점화 이론

[그림 5-4]는 수소-산소 혼합물의 화학양론적 점화 조건을 나타내고 있다. 그림에는 세 번의 점화 한계(ignition limits)가 있는데, 이는 연쇄반응과는 다른 형상을 보여주고 있는데 이를 설명하기 위해서는 연쇄 반응 메커니즘(mechanism of chain reaction)에 대한 이해가 필요하다. n을 활성화된 물질의 숫자로 가정하고, 이를 시간에 대하여 미분하면 아래와 같이 표현된다.

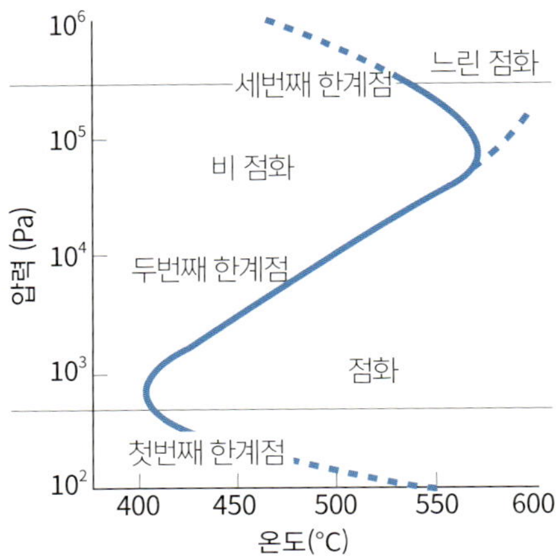

그림 5-4 화학 양론적 수소-산소 혼합물의 폭발 한계점[3]

$$\frac{Dn}{Dt} = n_0 + (\alpha - \beta)n + D\nabla^2 n$$

이때 $(\alpha - \beta)n$은 확산(diffusion)에 의한 n의 소실을 의미한다. 만약 반응 농도가 균일하다면, 대류에 의한 열전달은 무시될 수 있으므로 $\nabla^2 n=0$ 이 되어 다음의 식이 유도될 수 있다.

$$\frac{dn}{dt} = n_0 + (\alpha - \beta)n$$

위의 식은 다음과 같이 나누어 생각할 수 있다.

$$\alpha \neq \beta:\ n = \frac{n_0}{\alpha - \beta}(\exp(\alpha - \beta)t - 1)$$

$$\alpha = \beta:\ n = n_0 t$$

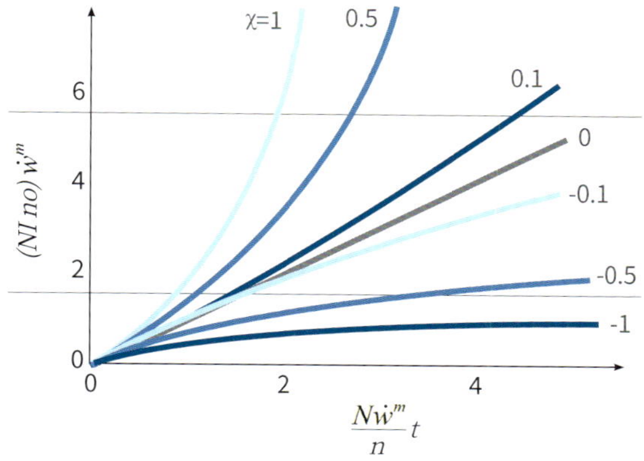

그림 5-5 $x = \dfrac{(\alpha - \beta)n}{Nw^{m}}$ 의 다양한 값에 따른 다양한 반응 속도의 변이[4]

[그림 5-5]는 즉 연쇄 가지(chain branching) 생성률이 종결률보다 크고 라디칼 농도가 급격하게 증가하는 경우에 대한 결과이다. 이 경우 라디칼의 급격한 증가와 함께 열 방출에 의한 자체 가열(self heating)이 발생할 수 있다.

(2) 열적 점화 이론

열에 의한 점화(thermal ignition) 이론은 모든 곳의 온도는 일정하고 에너지의 출입이 일정(steady state)한 상태라고 가정하면 식과 같이 표현할 수 있다.

$$\lambda \nabla^2 T + QC^m B exp(-\frac{E}{RT}) = 0$$

여기에 무차원군(non-dimensional quantities)을 도입하면 다음과 같다.

$$\theta \equiv (\frac{E}{RT_0^2})(T - T_0)$$

$$\xi \equiv \frac{r}{a}$$

$$\zeta \equiv (\frac{BQ}{\lambda})a^2(\frac{E}{RT_0^2})\exp(-\frac{E}{RT_0^2})$$

또 반응에서의 온도 증가가 연소 온도와 표준온도와의 차이에 비하여 매우 작다고 가정하면 다음과 같이 표현될 수 있다.

$$\exp\left(-\frac{E}{RT}\right)=\exp\left(-\frac{E}{R}\frac{1}{T_0+(T-T_0)}\right)=\exp\left(-\frac{E}{R}\frac{1}{T_0\left(1+\frac{T-T_0}{T_0}\right)}\right)$$

$$=\exp\left[\left(-\frac{E}{RT_0}\right)\left\{1-\frac{T-T_0}{T_0}+\left(\frac{T-T_0}{T_0}\right)^2-\cdots\right\}\right]=\exp\left(-\frac{E}{RT_0}\right)\exp(\theta)$$

$$\frac{d^2\theta}{d\zeta^2}+\frac{j}{\zeta}\frac{d\theta}{d\zeta}+\zeta\exp(\theta)=0$$

j는 모양을 나타내는 파라 메타(parameter)이며 0~2의 사이 값을 가진다. 0은 평판(slab), 1은 실린더(cylinder), 2는 구(sphere)를 나타낸다. 또한 2차 미분 방정식이므로 이를 풀기 위해서는 두 개의 경계 조건(boundary condition)을 필요로 한다.

$$\zeta=0:\ \frac{d\theta}{d\zeta}=0$$

$$\zeta=1:\ \theta=0$$

또한 위의 식에서 온도는 반응 진행 중 가장 높은데 가장 높은 온도 은 [그림 5-6]과 같이 에 의존한다.

반응 자리의 다양한 모양을 나타내는 는 다음과 같이 표현될 수 있다.

For slab (j=o): ζ_c=0.88 (θ_{mc}=1.20)
For slab (j=o): ζ_c=0.88 (θ_{mc}=1.20)
For sphere (j=2): ζ_c=3.22 (θ_{mc}=1.61)

[그림 5-7]은 대기압에서 산소-수소 혼합물의 점화 온도와 용기 크기의 관계를 나타내고, 실선은 Frank-Kamenetsukii 이론에 의한 모델식 결과이며, 점선은 Ziskin에 의한 실험 결과이다.

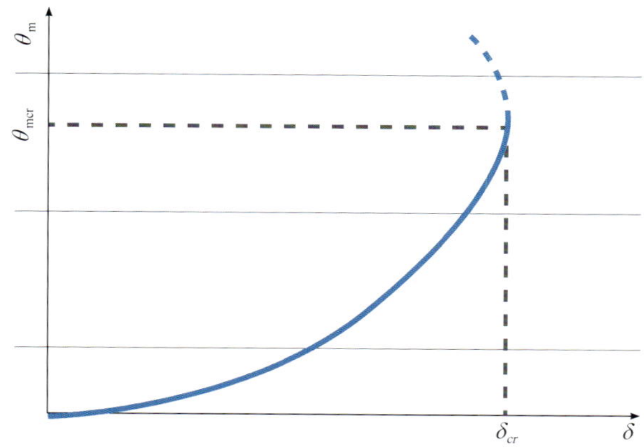

그림 5-6 θ_m와 ζ의 관계

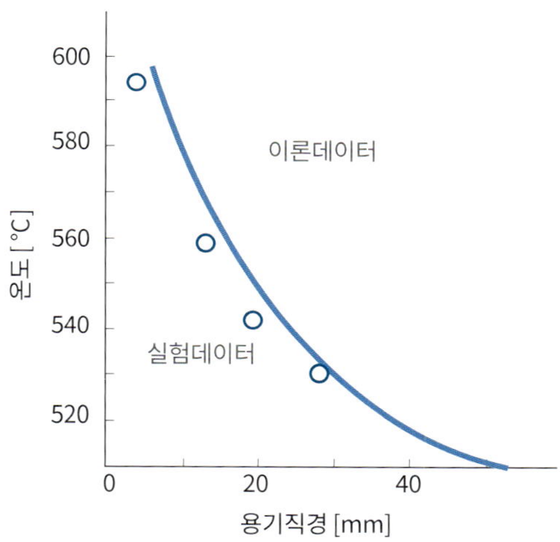

그림 5-7 수소-산소 혼합물의 점화 온도가 용기 직경에 미치는 영향[4]

3) 수소 점화

(1) 스파크 점화

우리가 생활에서 점화를 필요로 할 때 주로 이용하는 에너지가 전기 스파크이다. 전기 스파크에 의한 에너지가 연소 혼합물에 유입될 때, 혼합물은 연소 반응이 일어나기 충분한 온도까지 상승함과 동시에 대기로 방출되는 열은 감소한다. 즉, 열 손실률이 방출률보다

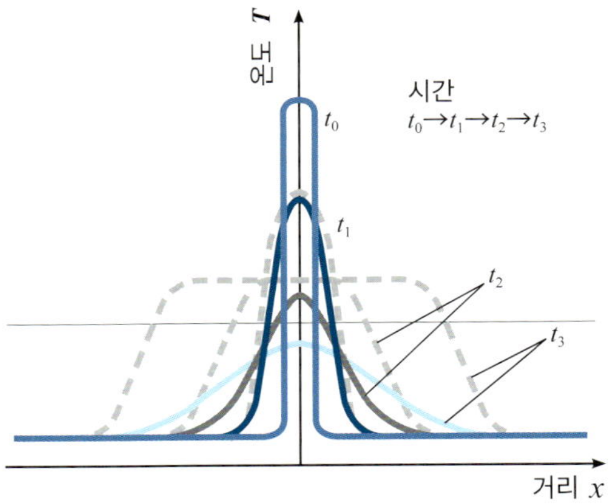

그림 5-8 가연성 가스와 산화제의 혼합물에 전기 불꽃에 의해 열이 가해 졌을 때의 온도 변화도[4]

크다면, 혼합물의 온도는 감소하고, 열 손실률이 방출률 보다 작으면 혼합물은 연소 반응이 일어나기 충분한 온도를 계속 유지할 수 있다. 또한 유입되는 에너지가 작고, 연소 공간이 작을 경우 열 손실량이 연소 반응에 의한 열 방출량과 비교해서 크게 된다. [그림 5-8]은 전기 스파크에 의한 점화가 발생하여 화염으로 전개될 때의 온도 변화를 나타내었다.

연소 반응이 일어나기 위한 열 H는 다음과 같이 표현될 수 있다.

$$H = (A\delta)\rho c_p (T_b - T_u)$$

연소 지역의 두께 δ는 식과 같이 표현할 수 있다.

$$\delta = \left\{ R\left(\frac{T_b - T_i}{T_i - T_u}\right)\left(\frac{\lambda}{\rho c_p}\right)\left(\frac{\rho Y_p}{-w_F}\right) \right\}^{\frac{1}{2}}$$

또한 전파 속도 U는 다음의 식과 같이 표현된다.

$$\delta U = R\left(\frac{T_b - T_i}{T_i - T_u}\right)\left(\frac{\lambda}{\rho c_p}\right)$$

이를 대입하여 정리하면

$$H = A\frac{\lambda}{U}(T_b - T_i)\left\{R(\frac{T_b - T_i}{T_i - T_u})\right\}$$

이 식은 점화를 위한 열 에너지는 열전달 계수에 비례하고 연소 속도에 반비례함을 알 수 있다. 또한 A는 대략 소염거리 d(quenching distance)의 제곱과 같다.

$$H \approx d^2\frac{\lambda}{U}(T_b - T_i)\left\{R(\frac{T_b - T_i}{T_i - T_u})\right\}$$

(2) 가열된 표면 점화

가열된 표면은 종종 예상치 못한 폭발의 점화 원인으로 작용하는데 다음은 가열된 표면에서 점화가 발생하는 원인과 형태의 분석이다. [그림 5-9]는 가열된 고체 표면에 가연성 혼합물이 유입될 때 점화 과정을 보여준다. 이에 대한 문제의 단순화를 위해서 현상은 2차원으로 보고, 오직 한 단계의 반응을 거친다고 가정한다.

$$\nu_0 O + \nu_F F \rightarrow \nu_P P$$

이러한 경우의 지배 방정식(governing equation)은

$$\frac{\partial(\rho\nu_x)}{\partial x} + \frac{\partial(\rho\nu_y)}{\partial y} = 0$$

$$\rho\nu_x\frac{\partial\nu_x}{\partial x} + \rho\nu_y\frac{\partial\nu_y}{\partial y} = -\frac{\partial p}{\partial x} + \frac{\partial}{\partial y}(\mu\frac{\partial\nu_x}{\partial y})$$

$$\rho c_p\nu_x\frac{\partial T}{\partial x} + \rho c_p\nu_y\frac{\partial T}{\partial y} = -\frac{\partial}{\partial y}(\lambda\frac{\partial T}{\partial y}) + w_F^m \triangle H$$

경계조건은

$$y = 0 : \nu_x = 0, \nu_y = 0, T = T_w$$
$$y = \infty : \nu_x = U, T = T_\infty$$

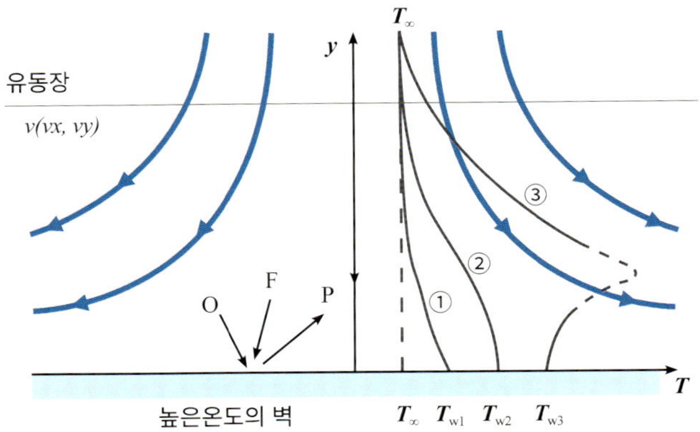

그림 5-9 가연성 혼합물에 대한 가열 벽 근처의 온도 프로파일[4]

연소 지역의 두께는 다음식과 같이 표현할 수 있다.

$$\xi = \int_0^x U\rho_\infty \mu_\infty dx, \ \eta = \frac{U\rho_\infty}{\xi^{\frac{1}{2}}} \int_0^y \frac{\rho}{\rho_\infty} dy, \ \Psi = \xi^{\frac{1}{2}} f(\eta),$$

$$\rho\nu_x = \frac{\partial \Psi}{\partial y}, \ \rho\nu_y = -\frac{\partial \Psi}{\partial x}$$

$U = ax$을 고려하면,

$$2f^{''} + ff^{'} - \frac{2}{U}\frac{\partial U}{\partial \xi}(f^{'})^2 + \frac{2a\xi}{\rho^2 \mu_\infty U^2} = 0$$

더 나아가 식과 같이 무차원 온도를 도입할 수 있다.

$$\Theta = \frac{T - T_w}{T_\infty - T_w}$$

또한 위의 소개된 인자들을 고려하면 다음의 식이 유도된다.

$$\Theta'' = \Pr f\Theta' - \frac{\Pr}{a(T_\infty - T_w)}\left(\sum \frac{w_i h_i^{(0)}}{\rho c_p}\right) = 0$$

경계 조건은 다음과 같이 된다.

$$\eta = 0 : f = f' = 0, \Theta = 0$$
$$\eta = \infty : f' = 1, \Theta = 1$$

위의 경계조건에 부합된 방정식의 해 Tw는 점화가 가능한 임계 온도 값이다.

(3) 점화 실험

[그림 5-10]과 같이 전기 스파크가 유리판 사이에 있는 가연성 가스와 산화 가스 사이로 유입될 때 화염 생성될 수 있으나, 점화에너지가 어느 기준 값 이하이고, 유리판 사이의 거리가 짧다면 화염은 형성되지 않는다.

[그림 5-11], [5-12]는 여러 물질의 최소 점화 에너지와, 소염거리를 표시하였다.

위의 그림에서 보듯이 수소와 공기의 혼합물이 탄화수소 혼합물보다 훨씬 작은 최소 점화 에너지를 갖는다는 것을 알 수 있는데, 이는 수소가 함유하고 있는 H, OH와 같은 활성화 원자들이 연소 반응을 촉진해 주기 때문이다. 또한, 소염거리도 수소-공기 혼합물이 탄화수소보다 훨씬 작은데 이는 화염이 아주 좁은 틈이나 구멍을 통해서 전개될 수 있음을 의미한다.

연소한계는 주로 점화의 가능성을 결정하는 척도로 이용된다. 모든 혼합물은 연소한계 값

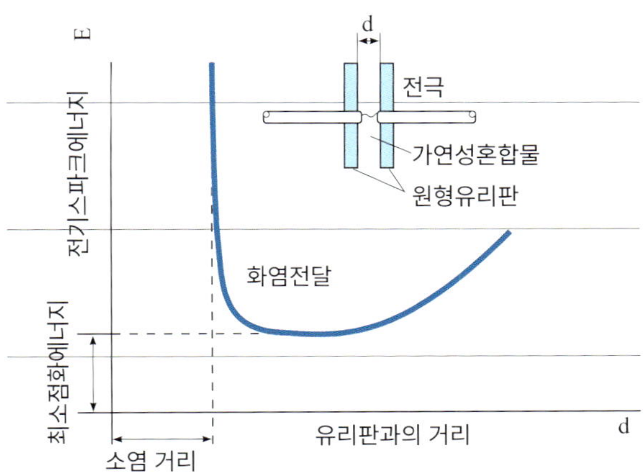

그림 5-10 최소 점화 에너지와 소염 거리의 관계[5]

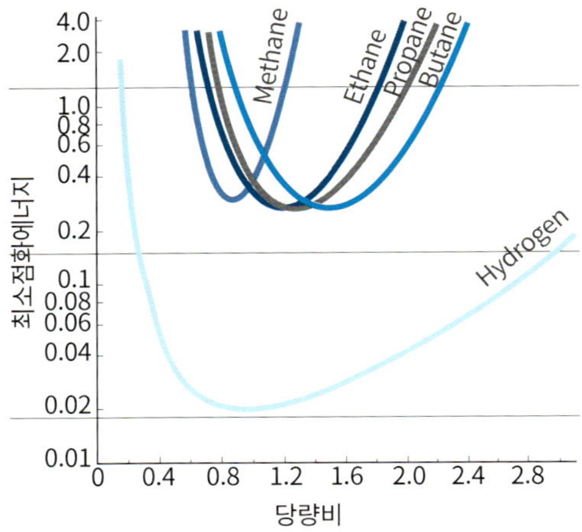

그림 5-11　가연성 가스-공기 혼합물의 최소 점화 에너지[6]

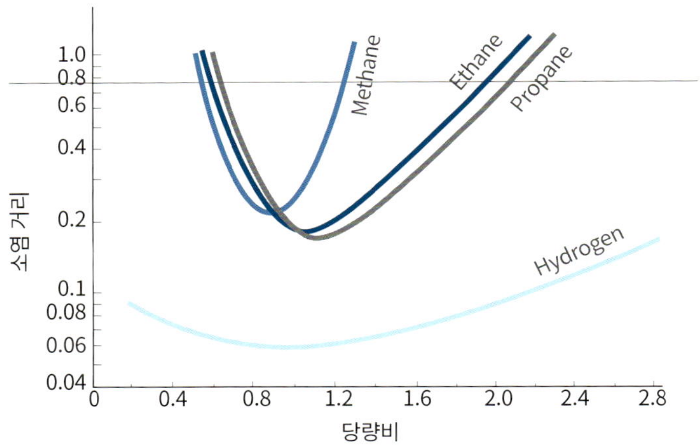

그림 5-12　가연성 가스-공기 혼합물의 소염 거리[6]

안에서만 점화가 가능하다. 연소 상한계(upper flammability limit)는 점화를 위한 연소 가스의 최고 농도이며, 연소 하한계(lower flammability limit)는 최저 농도를 의미한다.

[표 5-1]은 여러 가지 연소 가스 혼합물의 연소한계를 나타내었다. 이 값은 미국 Bureau에 의해 개발된 장치를 이용하여 측정되었으며, 장치는 지름 5cm, 길이 150cm로 된 유리 튜브로 되어있다. 화염이 튜브 위쪽으로 전개된다면, 혼합물이 연소한계 내에 있다고 판단하는 방식이다. 수소의 경우의 연소한계를 살펴보면 다른 물질의 비하여 그 농도 범위가 넓다는

것을 알 수 있다. 순수 아세틸렌-공기의 상한 연소한계 값은 100%인데, 이는 순수 아세틸렌은 발화성이 강하며, 화염이 분해 반응에 의해서도 생길 수 있음을 의미한다.

표 5-1 가연성 가스-공기 혼합물의 가연성 한계(부피. %)[5]

연소 가스	연소 하한계 (vol. %)	연소 상한계 (vol. %)
Methane	5.0	15.0
Ethane	3.0	12.5
Propane	2.1	9.5
Butane	1.6	8.4
Hexane	1.1	7.5
Heptane	1.05	6.7
Ethylene	2.7	36.0
Acetylene	2.5	100.0
Cyclohexane	1.3	8.0
Benzene	1.3	7.1
Hydrogen	4.0	75.0
Carbon monoxide	12.5	74.0
Ammonia	16.0	25.0

점화원 없이 가연성 혼합물이 점화하는 가장 낮은 온도인 최저발화온도는 안전 상 매우 중요한 고려 요소이다. 탄화수소물의 최소발화 온도는 [표 5-2]와 같다.

표 5-2 여러 탄소물의 최저발화온도[5]

연소가스	최저 발화 온도(°C)
Methane	537
Ethane	472
Propane	432
Butane	287
Pentane	260
Hexane	223
Octane	204
Octane	260
2,2,4 tri-methyl-pentane(iso-octane)	415
Ethylene	450
Acetylene	305
Cyclo-hexane	245
Hydrogen	500
Carbon-monoxide	609
Ammonia	651
Acetic acid	463

3 수소 화재

1) 화재 이론

화재는 발생하는 대상에 따라서 건축물에 발생하는 건물화재, 산림 또는 들에 발생하는 임야화재, 자동차에 발생하는 차량화재, 선박에 발생하는 선박화재, 비행기 등에 발생하는 항공기화재, 기타 화재의 여섯 종으로 크게 구별된다. 원인에 따라 분류하면 방화, 실화, 자연발화, 천재지변에 의한 발화, 기타의 다섯 종류로 구분되고, 소실 정도에 따르면 전소, 반소, 부분연소로 분류할 수 있다.

(1) 화재의 정의

화재(火災)란 불로 인해 발생되는 재해로서 사람의 의도에는 반하는 현상, 즉 불에 의한 피해라 할 수 있고, 제어되지 않은 연소과정이며 감지될 수 있는 충분한 양의 빛과 에너지를 발산하는 화학반응을 의미한다.

가. 화재의 유형

화재는 연소가 일어나는 속도 및 화염의 발생여부 등을 고려하였을 때 화염성 화재(Flaming Fire), 훈소성 화재(Smoldering Fire), 자체연소성 화재(Spontaneous Combustion Fire)로 유형을 분류할 수 있다.

가) 화염성 화재(Flaming Fire)

▪ 확산화염(Diffusion Flame)

확산화염은 연료가스와 산소가 농도차이에 의해 반응영역으로 확산 이동하여 연소하는 과정의 화염을 의미한다. 혼합물이 높은 농도에서 낮은 농도로 이동한다는 법칙(Fick 법칙)에 의하여 공기 중의 산소는 반응에 의해 소모되어 농도가 0이 되는 화염 쪽으로 이동하는데 이는 연료나 공기공급에 인위적인 제어가 없는 경우로서 다음과 같은 특징이 있다.

① 연소 생성물은 양쪽 방향에서 화염으로부터 멀어지며 확산한다.
② 연료가스와 공기의 반대방향 확산이므로 화염면 전파가 없다.
③ 연소는 불충분하고 바람의 영향을 받기 쉽다.
  - 확산화염의 예 : 양초화염, 건물화재, 산림화재
  - 확산화염에 영향을 미치는 것은 중력이고, 온도차와 밀도차에 의하여 고온의 가스가 상승 : 화재플럼

- 자연화재의 화염은 대부분 확산화염 : 산림화재, Pool fire
- 난류 확산화염과 층류 확산화염으로 구분

▪ 예혼합화염(Pre-mixed Flame)

예혼합화염은 연료가스와 공기가 발화되어 전파되기 전에 미리 혼합된 연소과정의 화염을 의미한다. 밀폐공간에서는 이러한 과정이 급속한 압력 증가를 초래하고 폭발을 발생시키며 아래와 같은 특징이 있다.

① 충분한 압력의 축적으로 화염전면에 충격파가 형성되어 폭발을 발생한다.
② 화염면이 자력으로 전파한다.
③ 인공 연소성화염(Artificial flame)과 자연 연소성화염(Natural flame)

예혼합화염의 예로는 가솔린 엔진에서의 스파크에 의한 발화, 디젤엔진에서의 단열 압축에 의한 자연발화, 증기운 폭발, 프로판가스의 폭발 등이 있다.

나) 훈소성 화재(Smoldering Fire)

훈소성 화재는 화염을 발생시키지 않는 화재로 작열하고 숯이 생성되는 특징을 갖는다. 산소와 고체연료 사이에서 발생하는 비교적 느린 연소과정으로 반응은 고체표면에서 일어나며 산소는 표면을 향해 확산이 일어난다. 고체표면이 반응영역이 되고 고체표면은 무염상태로 작열하며 숯을 생성하며 아래와 같은 특징을 갖는다.

① 불완전 연소로 이산화탄소 대신에 CO 발생이 많다.
② 적은 양의 공기가 필요하며 연소가 느린다. : 10^{-2}～10^{-3} cm/s 정도
③ 연료에 대한 공기 흐름속도 변화로 화염연소로의 변환이 가능하다.

훈소성 화재에는 매립된 쓰레기, 다공성 고체 연료 화재 등이 있다.

다) 자체연소성 화재(Spontaneous Combustion Fire)

자체 연소성화재는 공기 중의 연료에서 느린 산화와 함께 시작되는 연소 과정을 의미하며, 화학 반응이 비교적 느리므로 연소가 인지되기 어려운 훈소 상태를 의미하며 화학반응의 잠복상태로 다음과 같은 특징을 갖는다.

① 인지에서 발열까지 상당시간 소요된다.
② 열손실이 주요 요소이므로 연료의 배열에 따라 자체연소성이 결정된다.
③ 연료더미가 클수록 자연연소 지향성을 갖는다 : 열손실율 억제의 결과

자체연소성 화재에는 기름융단, 건초더미, 적재된 목재에서 화재 등이 있다.

나. 발화(Ignition)

발화는 급속한 발열반응이 개시되며 전파되므로 어떤 물질이 발화를 일으킨 후 대기보다 높은 온도를 만들어 내는 과정이라고 정의할 수 있다. 미연소상태에서 연소라는 정상상태로 불연속적으로 전환하는 과도기 현상을 의미하고, 가연성 고체의 발화 용이성도 정량화할 수 있다. 가연성 증기와 공기의 반응은 일정량의 에너지를 방출하고, 반응을 유지하여 화염이 가연성 혼합기내에 전파될 것 인지 아닌지를 결정하는 것은 에너지 방출율 (q'')과 손실율 (L'')의 관계에 의한다. 점화원, 즉 온도를 상승시켜 주는 것에는 기계적인 스파크, 열면, 작열하는 전선, 단열압축 등이 있다. 화염의 발달 여부는 표면크기, 기하학적 형상, 온도 그리고 대기조건에 의존하며 열방출율은 Arrhenious 식으로 나타낼 수 있다.

$$q = \triangle H_c C_i A exp(-\frac{E_A}{RT})$$

$\triangle H_c$: 연소열, V : 체적, C_i : 농도,
n : 반응차수, A : 빈도계수 E_A : 활성화에너지,
R : 기체상수, T : 온도

열손실율은 Newton 식으로 나타낼 수 있다.

$$L = hS\triangle T$$

h : 대류전열계수, S : 반응체적의 표면적

발화는 점화에 의해 발생하는 발화(Piloted Ignition)와 자연발화(Spontaneous Ignition)가 있다. 점화에 의한 발화는 예혼합 연료 시스템에서 연소가 발생한 후 화염이 전파하는 과정으로 연소하한계농도 이상에서 점화원이 공급될 때 발생한다. 자연발화는 점화원 없이도 화염이 스스로 발생하는 경우로, 연료의 농도가 연소범위 내에 있어야 한다.

화학반응이 열손실 능력범위 이상으로 발열이 방열을 초과하며 발화 시작이 물질자체반응에 의하므로 특정 농도와 온도가 필요하다.

다. 발화점(Ignition Temperature)

발화점의 종류에는 자동발화점(Auto Ignition Temperature, AIT)과 유도 발화점(Piloted Ignition Temperature)이 있다.

자동 발화점은 연료가 가열되어 고온의 열원과 접촉 없이도 저절로 발화할 수 있는 최저온도를 "발화점"이라고 하고, 유도 발화를 일으킬 수 있는 증기 발생 속도를 가능하게 하는 액체의 최저온도로 "인화점"이라고 한다. 인화점은 사용용기 내에서 공기와 혼합하여 인화성 혼합물을 형성하기에 충분한 증기를 발생시킬 수 있는 최저온도를 의미한다.

확염연소점(Fire Point)은 전역형 유도발화를 일으킬 수 있는 증발속도를 가능하게 하는 액체의 최저온도를 의미한다. 액체의 온도가 연소점에 도달하면 점화원을 제거하여도 연소는 계속 발생하고 발염 연소 영역은 서서히 증가 한다. 이와 같이 점화원이 존재하지 않아도 계속 연소가 진행될 정도의 증기를 발생시킬 수 있는 증발속도를 유지하는 액체의 최저온도가 존재한다.

인화점을 측정하는 방법에는 밀폐식 측정방법(Closed-cup method), 개방식 측정방법(Open-cup method)이 있는데 개방식 측정 인화점보다 약간 낮은 밀폐식 측정 인화점을 통상적으로 인화점이라 한다.

탄화수소의 밀폐계 인화점은 비점(Boiling Poinnt)으로부터 계산가능하다.

$$t_F = 0.683t_B - 71.7$$

t_F : 밀폐계 인화점, t_B : 초기 비점

(2) 화재의 종류

가. 파이어볼(fireball)

파이어 볼은 연료-공기운이 연소될 때 나타나는 현상으로 휘발성의 탄화수소가 방출되고 급격히 점화될 때 주로 일어난다. 최초 점화가 발생하는 외부층에서는 가연성의 연료-공기 혼합물이 존재하고, 증기운의 내부코어에는 대부분이 연료로 가열된 가스가 증가함에 따라 부력에 의해 증기운은 상승하면서 확장되어 구 형태의 모양을 갖는다.

나. 제트 파이어(Jet fire)

가압 시스템이나 고압의 저장 장치로부터 연료가 방출되어 연소될 때 주로 일어나며, 가스의 누출 속도에 따라 그 성질이 좌우된다. 제트 파이어의 주요 특징은 다음과 같다.

① 장치로부터의 연료 누출 속도가 화염 속으로 유입되는 공기의 속도보다 상당히 크다.

② 제트 화염은 난류화염 속도가 주변의 유체와 혼합되는 속도가 같아질 때 비로소 안정되며, 이로 인해 종종 전형적인 예혼합 화염의 특징을 갖는다.

③ 제트파이어는 매우 큰 운동량(momentum)을 가지고 있어 화염의 복사에너지가

풀파이어(Pool Fire)보다 크므로, 인근 시설의 피해 및 BLEVE와 같은 대형 사고의 요인이 될 수 있다.

다. 풀 파이어(Pool fire)

① 점화원이 없는 상태에서 액상의 물질이 유출되어 액체 풀(pool)을 형성하고, 액체 풀의 크기는 누출속도, 증발속도 및 누출 지점의 토양 등에 영향을 받는다.

② 액체풀이 형성된 후 점화원에 의해 화염이 형성된 상태를 풀파이어라 하는데, 가장 큰 액체풀이 형성되기 전에 점화가 발생할 수도 있으므로 최악의 시나리오를 검토해 보는 것이 바람직하다.

③ 풀파이어는 바람의 방향 및 복사열의 영향을 받는다. 풀(Pool)의 화염 영역에 다른 가연성 물질 저장 시설이 있으면 BLEVE를 야기할 수 있으므로 설계 시 풀파이어가 발생할 우려가 있는 지역에는 위험시설이 배치되지 않도록 하여야 한다.

라. 플래쉬 파이어(Flash fire)

플래쉬 파이어는 개방된 공기 속에 연소성 물질이 누출되어 증기운을 형성하지만 폭발로는 이어지지 않는 화재를 일컫는다. 플래쉬 파이어가 일어나기 위해서는 증기운의 일부분이 공기와 미리 혼합되어 있어야 가능하며, 일반적으로 플래쉬 파이어의 연소 시간은 매우 짧아 풀파이어의 경우보다 그 피해나 위험성이 낮은 편이다.

위에서 살펴 본 화재의 시나리오 중에서 수소 안전과 가장 관련된 것은 제트 파이어 화재이고, 누출된 액화 수소의 증발로 수소 증기운이 파이어볼로 이어질 수 있으므로 이 장에서 자세하게 다룰 것이다.

2) 수소화재 특징

수소는 일반적으로 다른 화석 연료에 비하여 빨리 연소한다. [표 5-3]은 각 연료 121ℓ의 연소 시간을 비교하였는데, 액체 수소의 경우 프로판에 비해 약 8배 이상 빠른 연소 속도를 나타냄을 알 수 있다. 또한 [그림 5-13]은 수소 차량과 가솔린 차량의 화재 실험을 보여주고 있는데 일반적인 가솔린 차량의 화재 시간이 20~ 30분 정도 진행됨에 비해서 수소 차량의 경우 1~2분 안에 연료가 다 연소되어 화재가 종결된다.

표 5-3 121ℓ 연료의 연소 시간

연료	연소시간
Liquid Hydrogen(LH$_2$)	27sec
Propane	4min
Petrol	5min
Jet Fuel	7min

수소 자동차 가솔린 자동차

그림 5-13 자동차 연료 누출로 인한 화재 사진

위의 [그림 5-13]은 점화가 일어난 후 60초 후의 모습이며, 가솔린 차량의 경우 아직 격렬하게 화염이 타오르고 있는 반면, 수소 차량의 경우는 화염이 진정 국면에 들어간 것을 볼 수 있다. 또한, 100초 후 수소 원료는 모두 소진되었고, 차량 내부도 거의 손상되지 않았다.

수소 차량 화재 시 점화 지점에서 다소 떨어진 앞쪽의 온도는 19.4°C에 불과한 반면 가솔린 차량의 경우는 화염이 몇 분 동안 지속되었고, 차량도 완전히 파손되었다. 일반적인 가솔린 차량의 화재 시간이 20~30분 정도 진행됨에 비해서 수소 차량의 경우 1~2분 안에 연료가 다 연소되어 화재가 종료된다. 이렇듯 자동차 연료누출 화재 사고 비교 사진은 연료가 축적되지 않는 수소가 훨씬 안전함을 보여주는 경우로 자주 인용되고 있다.

(2) 낮은 방사열

수소 연소는 일차적으로 물과 열을 생산한다. 이때 생산된 수증기에 의해 열이 흡수되기 때문에 다른 탄화수소의 연소 시 보다 적은 양의 복사열을 내놓는다. 따라서 화염 온도가 상대적으로 낮고 화재 시 가솔린의 경우 보다 적은 피해를 줄 수 있으며, 2차 화재의 위험은 매우 낮지만 수소 연소는 급속도로 이루어지기 때문에 낮은 복사열이라 할지라도 물체가 화염으로 뒤덮일 수 있는 위험성이 있다.

그림 5-14 탄화수소 화염(좌측)과 수소 화염(우측)의 비교

(3) 무색, 무취

[그림 5-14]에서 보는 것과 같이 수소 화염은 옅은 푸른빛을 띄고 있어 눈에 잘 띄지 않으며 수소 연소는 그 자체가 clean-burning을 하기 때문에 낮에는 연기(smoke)도 발생하지않고 수소 화염에서는 열점(spot)을 보기 힘들다.

3) 기체 수소의 화재 - 제트 파이어

다음은 수소의 제트 파이어와 관련된 수직방향의 제트 화염에 관한 내용이다.

가. 화염 길이(Flame length)

화염길이는 화염확산의 중요한 파라 메타로 작용한다. Becker와 Liang은 제트 화염의 momentum growth에 관한 연구를 수행하였는데 핵심 인자로 화염길이를 이용하였고 Kalghatgi는 수소, 프로판, 메탄, 에틸렌의 제트 화염 개시 높이와 가시 화염 길이를 측정하는 실험을 실시하였다.

[그림 5-15]는 수소의 질량 유속에 대한 화염길이를 그래프로 나타낸 것으로, 제트방출 지름에 비례하여 증가하고 있으나, 누출 지점에서 유체의 속도가 음속 이하로 제한되는 한계점을 가지고 있다.

[그림 5-16]은 [그림 5-17]의 결과를 바탕으로 Becker와 Liang가 제안한 (non-dimensional length)와의 상관관계를 나타내고 있는데 화염 길이가 가스 종류와 노즐 지름에 따라 변하고 있다.

Delichatsios는 난류 혼합 화염의 물리적 특성을 기초로 하여 부력과 운동량이 난류 제트 화염에 미치는 영향을 연구하여 이들의 상관관계를 나타내는 Froude number를 유도했다.[4]

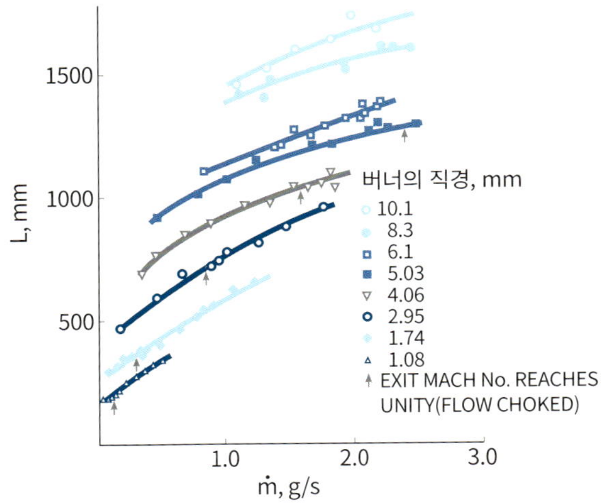

그림 5-15 수소 유량 (m)에 따른 화염 길이 (L)의 변화[3]

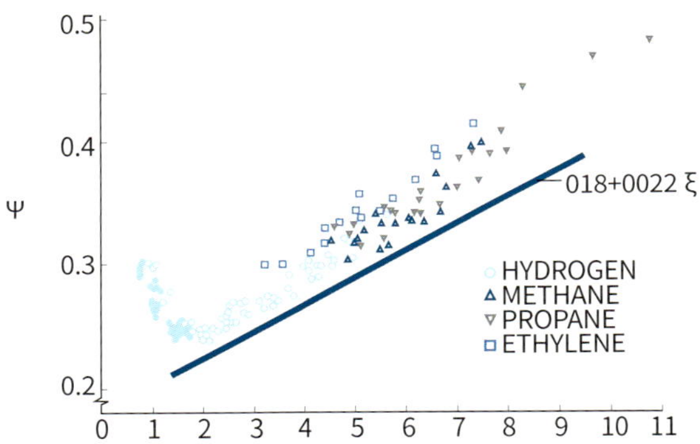

그림 5-16 수소, 메탄, 프로판 및 에틸렌의 무차원 화염 길이 곡선

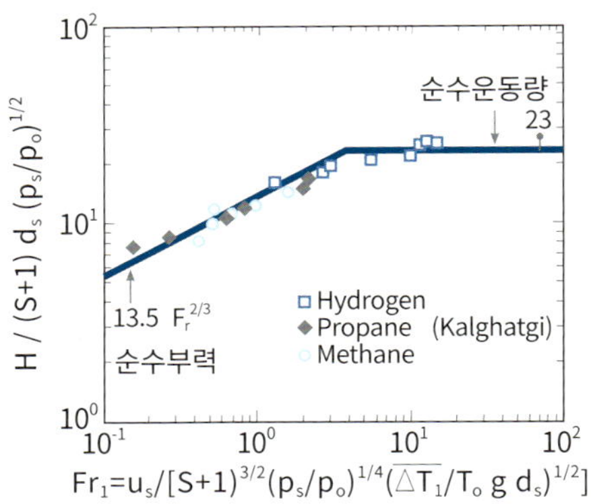

그림 5-17 부력과 운동량 분사에 대해 연소 연료 매개변수를 포함한 화재 Froude 수와 화염 높이 상관관계

$$Fr_f = \frac{u_e f_s^{\frac{3}{2}}}{(\frac{\rho_e}{\rho_\infty})^{\frac{1}{4}} [\frac{\Delta T_f}{T_\infty} g d_j]^{\frac{1}{2}}}$$

$$L^* = \frac{Lf_i}{d_j (\frac{\rho_e}{\rho_\infty})^{\frac{1}{2}}} = \frac{Lf_s}{d^*}$$

여기서 L은 가시화염 길이를 나타내고 $d^* (= d_j (\frac{\rho_e}{\rho_\infty})^{1/2})$는 제트 momentum 직경이다. 부력 도메인에서 L^*은 다음과 같이 표현될 수 있다.

$$L^* = \frac{13.5 Fr_f^{\frac{2}{5}}}{(1 + 0.07 Fr_f^2)^{\frac{1}{5}}} \qquad @\, Fr_f < 5$$

또한 momentum 도메인에서는 다음과 같이 표현된다.

$$L^* = 23 \qquad @\, Fr_f > 5$$

[그림 5-18]은 프라우드(Froude) 수를 이용하여 화염 높이를 도식화 한 것으로 가로축은 Fr_f, 세로축은 $\frac{L}{(S+1) d_s \sqrt{\frac{\rho_s}{\rho_0}}} = \frac{Lf_s}{d_s \sqrt{\frac{\rho_s}{\rho_0}}}$ 을 나타낸다. 그림에서 실선은 부력과 운동이 제어되는 혼합 제트화염에 대한 실험값으로 Delichatsios가 제안한 무차원군을 이용한 값들과 크게 다르지 않음을 보여주고 있다. 따라서, 난류 화염 길이는 무차원군 파라미터를 이용하여 넓은 범위의 흐름 조건에서도 적용할 수 있음을 알 수 있다.

최근 Schefer는 화염의 구조 길이, 폭 등의 성질을 알아보기 위하여 IR, UV 디지털이미지를 이용한 실험을 수행하였다[5]. [그림 5-18]은 실험을 도식화 한 것이고 [그림 5-19]은 같은 조건에서 각기 다른 장치로 찍은 순간 사진으로 화염길이가 최대가 될 때 측정한 것이다. 또한 Schefer는 위의 방법을 이용하여 [그림 5-20]에서 보는 것과 같이 평균시간 화염길이를 구하였다. 시간 경과에 따라 탱크 압력 및 누출량 감소로 화염길이도 감소함을 알 수 있다.

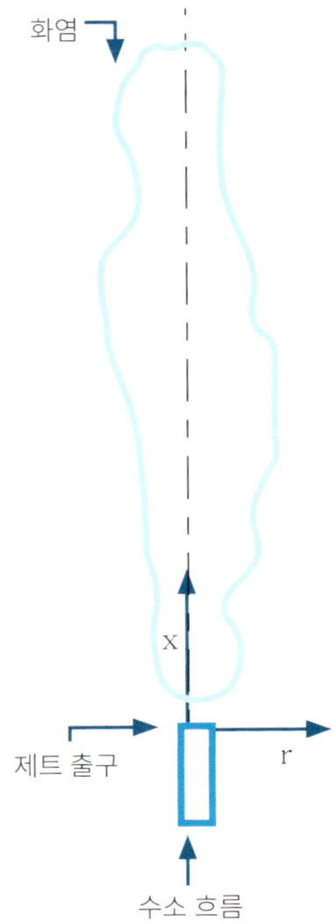

그림 5-18 난류 - 제트 화염의 좌표계

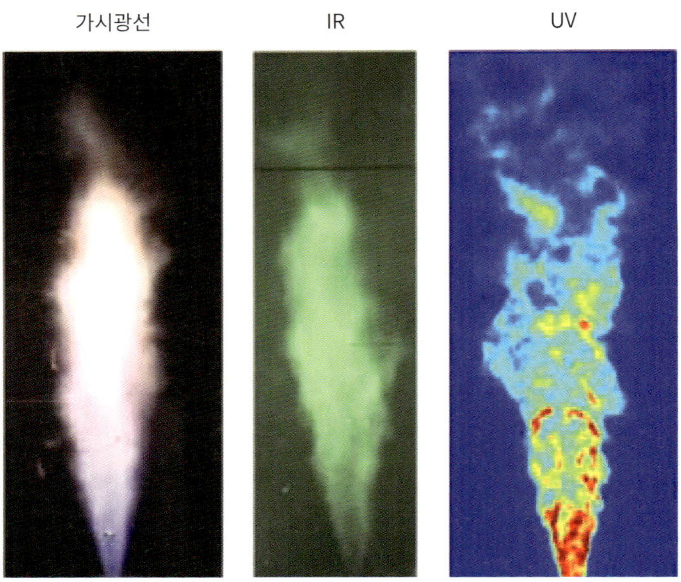

그림 5-19 난기류와 수소-제트 화염의 가시광선, IR과 UV 이미지,
(제트 지름=7.94 mm 7.94 mm)

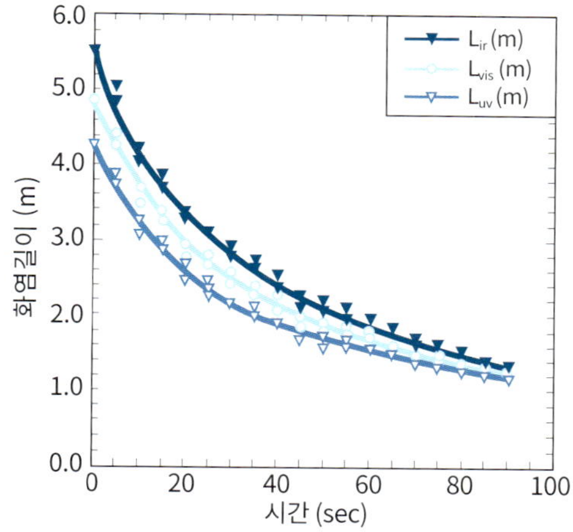

그림 5-20 가시 광선, 적외선 및 자외선 불꽃 방출을 이용한 화염 길이

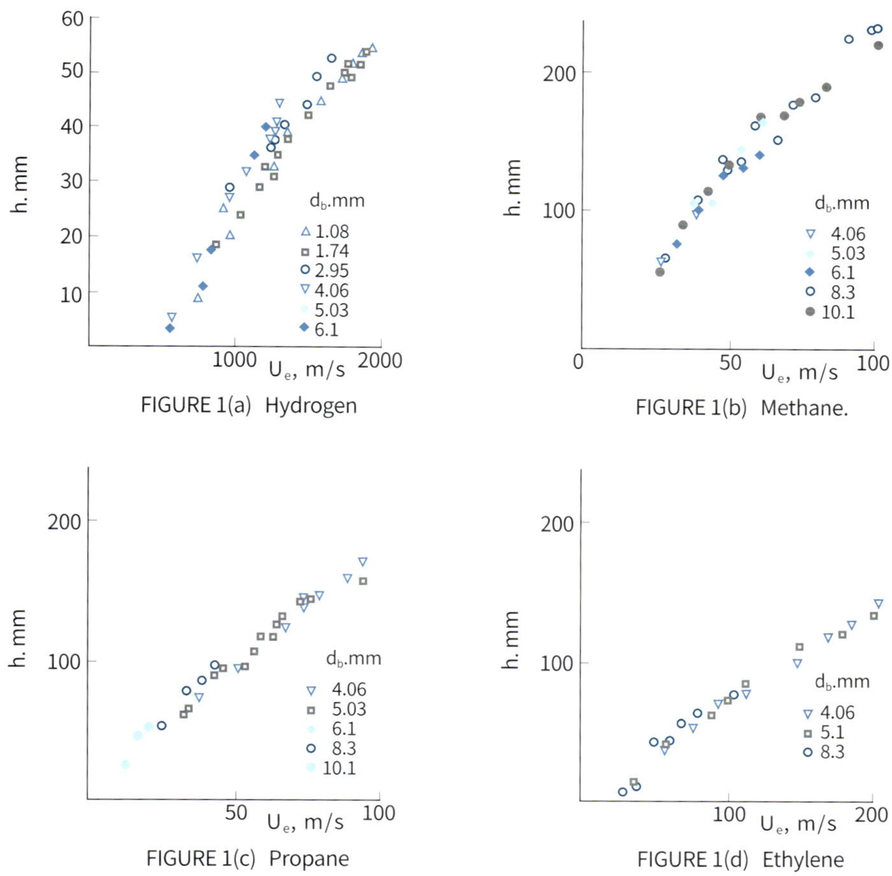

그림 5-21 출구 속도 U_e에 따른 리프트 오프 높이 (h)의 변화

나. 리프트 오프(Lift-off) 높이

일반적으로 제트 혼합 화염은 버너의 끝 부분에서 공기 중으로 떨어지는(lift-off) 화염으로 버너를 통해 나오는 유량이 리프트 오프(lift-off) 안정도 이상일 때 안정성을 가지고, 유량이 더 증가하여 소염한계를 초과하면 폭발로 이어진다. 음속 이하에서 화염 리프트 오프 높이 또는 제트 출구에서의 유속과 같은 화염 안정도의 특성에 따라 안정화된 화염도 폭발로 이어질 수 있다는 사실은 여러 학자들을 통해 밝혀졌다. 현재 음속 이하의 화염 안정도에 관한 연구는 활발히 진행 중에 있으며, 특히 개발된 레이저 기술을 이용하여 화염안정도의 메커니즘을 밝히기 위해 노력하고 있다.

[그림 5-21](a)에서 보는 것과 같이 Kalghatgi는 수소의 출구 제트 속력 에 대한 lift-off 높이 h를 도식화하였다. 이를 보면 h는 버너 지름에 독립적이며, lift-off 한계점 근처를 제외하고는 에 따라 선형적으로 증가하는 것을 볼 수 있다.

다. 화염 복사열

화재에서의 복사열은 상당히 중요한 요소로 이에 대한 많은 연구가 진행되어 왔다[6~8]. 열 복사는 [그림 5-22]와 같이 전기 파동에 의해 열 전달을 수반한다. 수소 화염의 경우 자외선 영역에서 복사되므로, 희미한 푸른색으로 타고 눈에는 거의 보이지 않게 된다. 또한 화재 시 열 복사는 다른 물질(벽, 천정, 마루, 가구 등)과의 에너지 교환뿐만 아니라, 여러 가스나 입자에 의한 흡수, 방출 등의 경우를 종합적으로 고려해야 한다. 하지만 수소 화재의 경우 최종 생산물이 수증기뿐 이므로 입자에 대해서는 고려하지 않는다.

구 모양의 표면에서 단위 면적당 방출되는 총 복사에너지는 아래와 같이 표현된다.

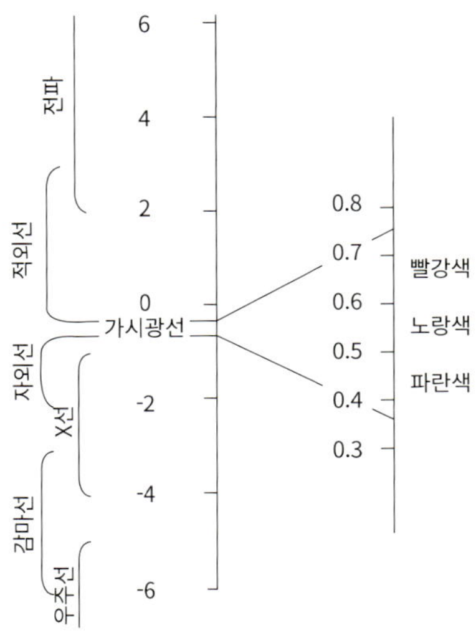

그림 5-22 전자기 스펙트럼[7]

$$E = \epsilon \sigma T^4$$

E : 복사에너지

ϵ : 방사율

σ : Stefan & Boltzmann 상수 $(4.67 \times 10^{-8}\ W/m^2 K^4)$

T : 절대온도

위의 식은 표면 근처의 복사열 손실의 계산은 식 그대로 사용할 수 있으나, 열이 대기나 주위 물체로 확산되어 에너지 전달이 되는 경우는 직접 계산할 수 없다. 이러한 문제를 보정하기 위해서 다음의 식이 도입되었다.

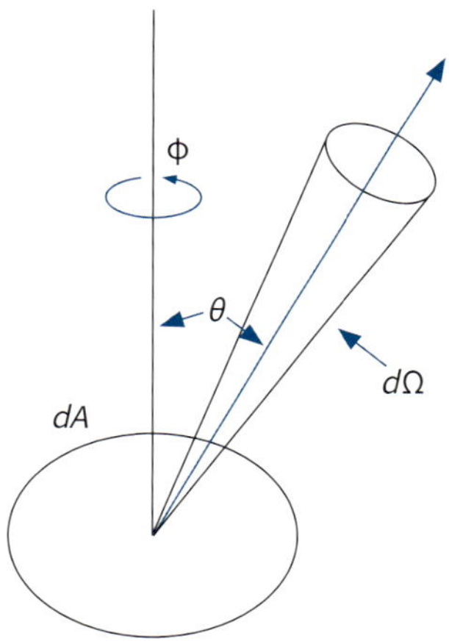

그림 5-23 방사선 강도를 위한 좌표계

$$I = I_n \cos\theta$$

이 식은 Lamber's 코사인 법칙이라고 불리며 수직방향으로부터 θ방향에서의 에너지 방출량을 계산하는데 사용된다. 또한 단일 열 방출 에너지의 넷 유량은 에너지 플럭스에 의해 계산되며 식과 같다.

$$q_v = \int_0^{4\pi} I_n \vec{n} d\Omega \vec{R} = \int_0^{4\pi} I_n \cos\theta d\Omega$$

Ω는 고체 각이며, 위의 표현된 강도(intensity)는 열 복사 측정에 매우 유용하다. 왜냐하면 만약 연소에 참여하지 않는 매개체를 통과할 경우 복사 빔의 강도는 일정해지기 때문이다.

수소안전의 연구에 있어서 화염으로부터의 열 방출 플럭스의 계산은 매우 중요한데, 이는 열 복사에 의해 사람이나 주위 물체, 환경 등이 손실 또는 피해를 줄 수 있기 때문이다. 열 복사 플럭스는 화염온도, 두께, 방출 물질의 농도, 화염과 물질간의 위치관계 등 여러 요소에 의해 영향을 받는다.

제트 화염으로부터의 열 플럭스에 의한 사고 모델은 화염의 중앙에 위치한 임의의 점을 기준으로 만들어졌으며 화염으로부터 R만큼 떨어진 물체의 방출 열 플럭스는 다음과 같다.

$$q'' = \frac{Q_r \cos \varnothing}{4\pi R^2}$$

또한 방출율에 따른 방출열 Q_r은 열 방출 비율 χ_r을 곱해 얻을 수 있다.

$$Q_r = \chi_r Q$$

정확한 열 플럭스의 계산을 위해 열 방출 결과 얻어지는 연소 에너지 양이나 비율을 결정하는 것은 필수적이며, 일반적으로 연소 효율이나 공기 중으로 섞이는 정도에 따라 조금씩 달라진다.

라. 고압의 수소제트 화염

Shirvill 등은 수평방향으로의 수소 누출 실험을 실시하였는데, 수소 누출은 시스템 압력 15MPa 정도에서 지름 1~12mm의 핀홀을 사용하였다. 농도는 생성된 연소 증기운의 측정을 위해서 점화되지 않은 상태에서 측정하였다. 일반적인 데이터는 [그림 5-24],[그림 5-25]와 같으며 [그림 5-26]와 같이 점화된 제트 화염에서 연소 증기운이 관찰되었다. 또한 [그림 5-27]은 40MPa 압력의 수소 제트 화염에서의 크기와 온도를 측정한 것이다. 수소 화염은 눈에 거의 보이지 않기 때문에 나트륨을 활용하였다. [10]

일반적으로 수평 방향으로의 수소 제트화염에 관한 연구 자료는 아직 부족하지만, 현재 많은 연구가 이루어지고 있으며, 특히 수직 방향으로의 수소 제트 화염의 특징 비교에 관한 연구가 활발히 이루어지고 있다.

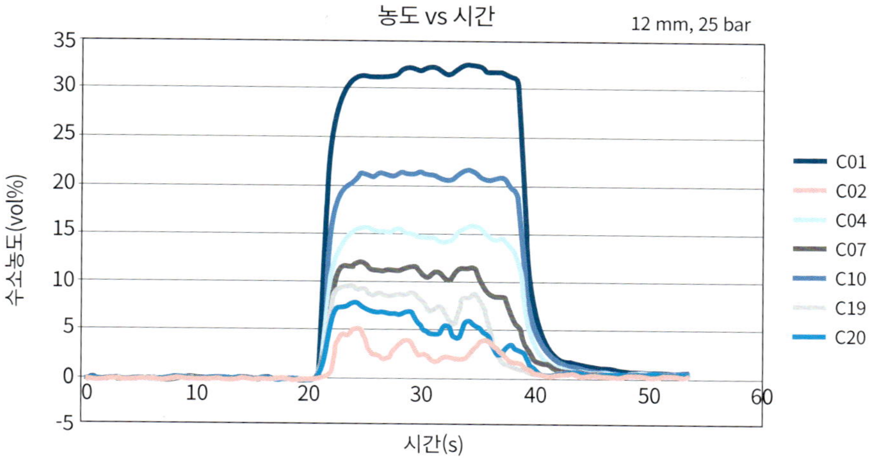

그림 5-24 다음 위치에서의 수소 농도 : 12 mm 오리피스에서 2.5 MPa 방출을 위한 방출 지점에서 1.8, 2.7, 3.8, 4.8, 4.9, 6.8 그리고 9.0 m 하류

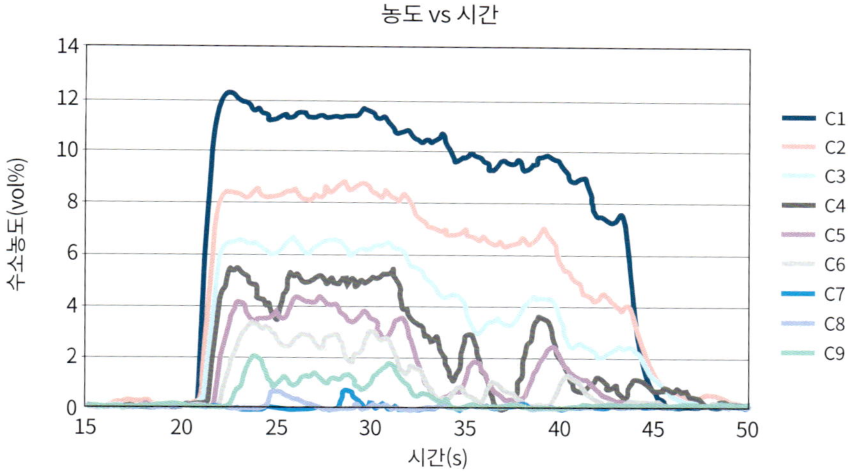

그림 5-25 다음 위치에서의 수소 농도 : 3 mm 오리피스에서 13.5 MPa 방출을 위한 방출 지점에서 3, 4, 5, 6, 7, 8, 9 그리고 10 m 하류

그림 5-26 제트 화염을 위한 열 및 광학 카메라의 이미지 왼쪽 : 열 화상 카메라의 이미지오른쪽 : 광학 카메라의 이미지[8]

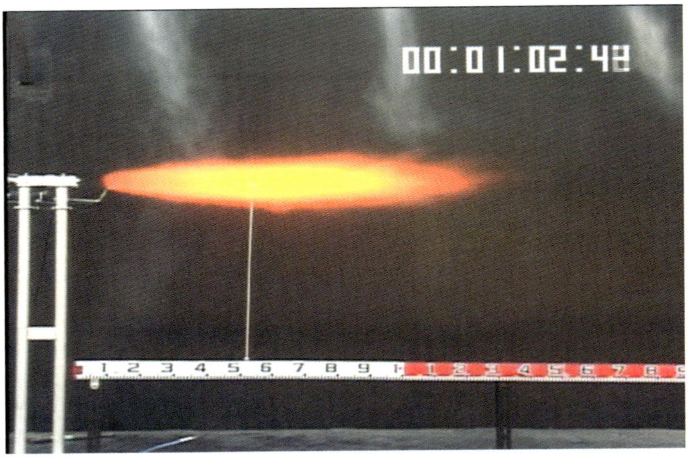

그림 5-27 40MPa 고압 수소의 제트 화염[8]

마. 수소의 누출과 점화

Astbury와 Hawkswrth는 수소와 다른 가스와의 점화에 대한 비교 연구 결과를 MHIDAS(Major Hazard Incident Database Service)에 기술하였다.

또한 Astbury와 Hawkswarth는 15MPa에서 1~12mm의 다양한 크기와 모양으로 수소 누출 실험을 했을 때 자동점화는 없었다고 보고되었고, 다음과 같은 메커니즘을 통해 누출된 수소가 점화되었다고 하였다.

- 역 주울톰슨 효과(Reverse Joule-Thomson effect)
- 정전기 점화원(Electrostatic ignition)
- 전도체로부터의 스파크 방출(Spark discharges from isolated conductors)
- 브러쉬 방출(Brush discharges)
- 코로나 방출(Corona discharges)
- 혼합 점화(Diffusion ignition)
- 갑작스런 단열압축(Sudden adiabatic compression)
- 고온 표면 점화(Hot surface ignition)

Groethe 등은 수소 저장 탱크로부터 다량(30초, 27.54kg 방출)의 수소 누출 시 큰 사고로 이어진다는 연구 결과를 발표하였다. 수소는 두 개의 용기(16.2m^3)에 저장되었으며 노즐의 두께는 42mm 였다. 자발적 점화(Spontaneous ignition)는 [그림 5-28]에서 보는 것과 같이 수소 누출 후 360ms 후에 발생하였다. 또한 [그림 5-29]은 초기 화염이 110m/s로 전파되어

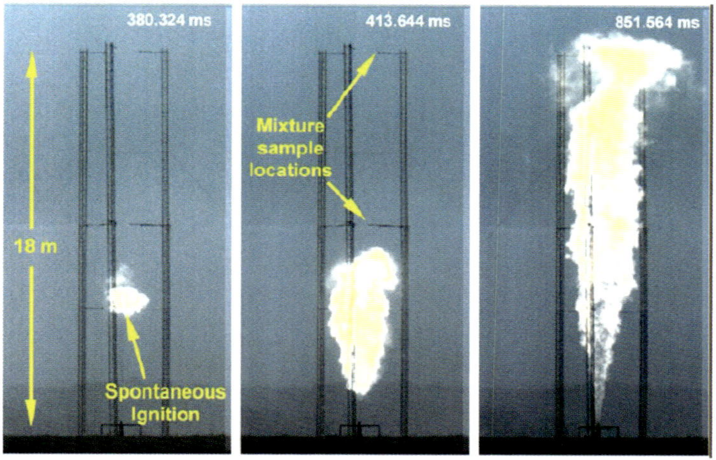

그림 5-28　40MPa 고압 수소의 제트 화염[8]

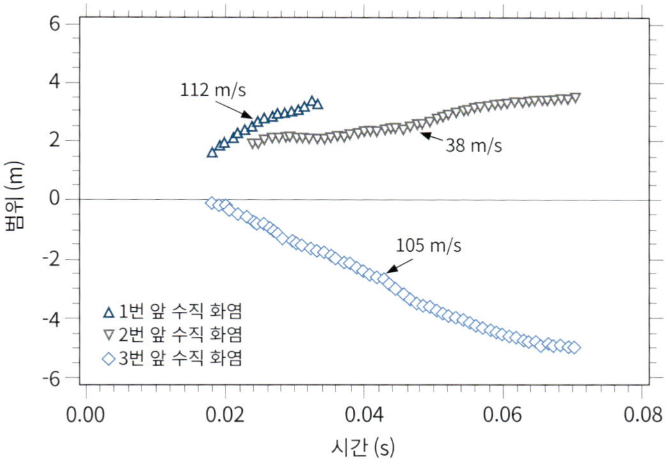

그림 5-29　대규모 방출 시험에서 고속 비디오로 측정한 화염 속도[9]

상승기류를 타는 모습을 보여주고 있고, 초기 화염은 수소에 다른 기류가 추가되기 전까지는 가능한 모든 수소를 소모하면서 연소하였으며, 상승, 하강하는 화염 속도는 각각 약 38, 105m/s 이었다.

4) 액체수소의 화재 - 풀 파이어

수소의 이용 시 가장 큰 제약 중 하나는 많은 양의 수소를 저장하는 저장 설비의 안전이다.

고압의 용기나 탱크 이외에도 수소는 극저온의 액체(liquid cryogenic)형태로 저장되고 운송된다. 배관의 파손, 저장 탱크의 고장 등과 같은 사고 발생 시 액체 수소는 거대한 증기운이 발생되어 풀을 형성할 수 있고, 액체 수소가 가압되었을 경우에는 이상의 제트가 발생할 수 있다. 이는 액체 수소가 공기 중으로 증발하여 에어로졸의 형태가 될 수 있기에 더욱 위험하다. 또한 고체 상태 토양에서 Pool의 증발률은 점점 감소하게 되고, 모래 형태의 땅에서는 표면이 더 증가하기 때문에 높은 증발률을 보이게 된다. Pool에 영향을 미치는 또 다른 요소로는 장애물, 바람이나 대기 상태에 의한 전단 응력 등이 있다.

Harstad와 Bellan은 Rich Cloud는 액체 수소 증발 또는 점화 지연 시 수소 가스의 방출 결과로 발생된다는 보고를 하였다. 이 때 폭연에서 폭굉으로의 전이가 발생되지 않았다면 Froude Number는 작은 값을 가지게 된다. 이것에 관련된 물리적 메커니즘은 [그림 5-30]과 같다.

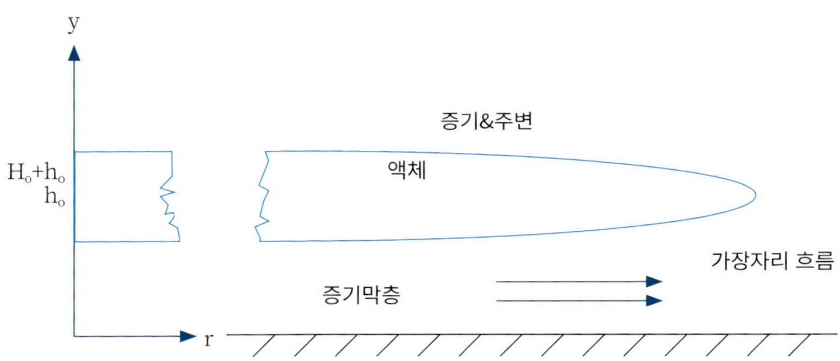

그림 5-30 LH₂ 범위의 그림[10]

[그림 5-31]에서 보는 것과 같이 액체 수소는 일반적으로 20K로 저장되는데 20K의 Pool이 300K의 표면과 접촉하게 되면, 열은 접촉 표면으로부터 Pool 아래쪽으로 흐르게 된다. 이때 잠열이 제공되면서 기포를 생성하면서 액체 수소 Pool에서 기화가 일어나게 된다.

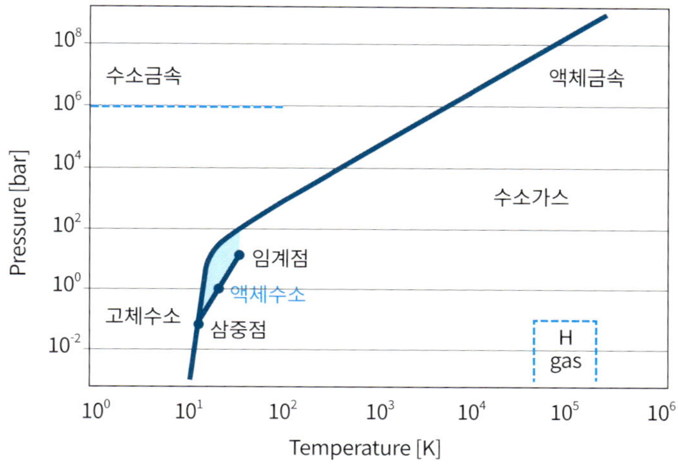

그림 5-31 수소의 상 변화선도[10]

연습문제

Q1

수소가 누출되어 대기 중으로 확산 될 때의 특징을 서술하시오.

A1

소량의 액화수소가 누출 증발했을 경우에는 기체수소의 비중은 공기보다 대단히 작아서 신속히 부력에 의해 위로 올라가 버리기 때문에 바람에 의해서 바람이 불어가는 방향으로 퍼지는 일은 거의 없다.

대량의 액화수소가 누출됐을 경우에는 주위의 공기도 함께 냉각되어, 찬 혼합기체 덩어리가 되어 지표면을 따라 흐르기도 하지만, 이것도 곧 공기와 혼합되면서 위로 올라가 누출지점으로부터 멀리 떨어진 장소까지 가연성 혼합기체가 퍼지는 일은 없다.

따라서 수소 누출시의 폭발성을 고려할 때 대기확산이 문제가 되는 일은 거의 없다.

Q2

중간생성물을 고려한 수소-산소의 연소 반응메커니즘을 원자상태의 반응식으로 표현하시오.

A2

중간 생성물: 수소, 산소의 분자 및 원자, OH, O, H, HO_2, H_2O_2

$$OH + H_2 \rightarrow H_2O + H$$

$$H + O_2 \rightarrow OH + O$$

$$O + H_2 \rightarrow OH + H$$

$$O + O + M \rightarrow O_2 + M^*$$

$$OH + OH + M \rightarrow H_2O_2 + M^*$$

$$H_2O_2 + H \rightarrow HO_2 + H_2$$

$$HO_2 + OH \rightarrow H_2O + O_2$$

Q3

화재의 유형은 연소가 일어나는 속도 및 화염의 발생여부 등을 고려할 때 화염성화재, 훈소성화재, 자체연소성화재로 분류된다. 자체연소성화재의 특징을 서술하시오.

A3

자체연소성화재는 공기중의 연료에서 느린 산화와 함께 시작될 수 있는 연소 과정을 의미하며, 화학 반응은 비교적 느린 것 이여서 연소과정이 인지되지 않거나 낮은 훈소상태를 의미한다. 화학반응의 잠복상태로 다음과 같은 특징을 갖는다.

① 인지에서 발열까지 상당시간 소요된다.

② 열손실이 주요 요소이므로 연료의 배열에 따라 자체연소성이 결정된다.

③ 연료더미가 클수록 자연연소 지향성을 갖는다 : 열손실율 억제의 결과 자체연소성 화재에는 기름융단, 건초더미, 적재된 목재에서 화재 등이 있다.

Q4

수소화재의 특징을 서술하시오.

A4

① 빠른연소성 : 수소는 일반적으로 다른 화석 연료에 비하여 빨리 탄다. (액체 수소의 경우 프로판에 비해 약 8배 이상 빠른 연소속도를 나타낸다)

② 낮은 방사열 : 수소 연소는 일차적으로 물과 열을 생산한다. 이때 탄소(C)가 연소로 인한 소비로 부족하게 되고, 생산된 수증기에 의해 열이 흡수되기 때문에 다른 탄화수소의 연소 시 보다 적은 양의 복사열을 내놓는다.

③ 무색, 무취

연습문제

Q5

다양한 화재의 유형 중 기체수소의 화재가 주로 보이는 유형은 무엇인가.

A5

제트파이어

Q6

제트파이어의 특징을 서술하시오.

A6

① 장치로부터 누출 속도가 화염 속으로 유입되는 공기의 속도보다 상당히 크다.

② Jet flame은 turbulent flame 속도가 주위의 유체와 섞이는 속도가 같아질 때 비로소 안정되며, 이로 인해 종종 전형적인 partially premixed flame의 성질을 갖는다.

③ 제트파이어는 매우 큰 운동량(momentum)을 가지고 있으므로 화염의 복사에너지가 풀파이어(Pool Fire)보다 크므로, 인근 시설의 피해 및 BLEVE와 같은 대형 사고의 요인이 될 수 있다.

Q7

다양한 화재의 유형 중 액체수소의 화재가 주로 보이는 유형은 무엇인가.

A7

풀파이어 또는 기화하여 증기운으로부터 발생하는 파이어볼

Q8

풀파이어의 특징을 서술하시오.

A8

① 점화원이 없는 상태에서 액상의 물질이 계속 누출되고 있다면 액체풀(pool)을 형성할 것이다. 액체 풀의 크기는 누출속도, 증발속도 및 누출된 지점의 토양에 의하여 영향을 받는다.

② 액체풀이 형성된 후 점화원에 의해 화염이 형성된 상태를 풀파이어라 한다. 실제로 점화는 가장 큰 액체풀이 형성되기 전에 일어날 수도 있지만 점화되는 시기를 추정할 수 없으므로 최악의 경우까지 산정해 보는 것이 바람직하다.

③ Pool Fire은 바람에 의해 기울기 및 복사열의 영향을 받는다. Pool의 화염 영역에 다른 가연성물질 저장 시설이 있으면 BLEVE를 일으킬 수 있으므로 설계 시 풀파이어의 영역에 위험시설을 배치하지 않는 것이 또 다른 사고의 전파를 막을 수 있다.

Chapter

06

수소 폭발 및 폭굉

1. 가연성 기체의 폭발

1) 가스 폭발 현상
2) 가스 폭발 과정

2. 수소 폭발

1) 수소-공기 혼합물 폭발

3. 수소 폭굉

1) 매끈한 튜브(Smooth tube)에서의 DDT
2) 거친 튜브(Rough Tubes)에서의 DDT
3) 직접 개시 폭굉(Direct initiation of detonation)

수소는 분자의 물리적, 화학적 특성상 화재, 폭발, 누출 등 다양한 위험요소를 가지고 있다. 본 장에서는 수소의 화재와 폭발에 관하여 설명하고자 한다. 수소는 대표적인 가연성 기체이므로 수소를 포함한 가연성 기체의 화재이론을 소개하고 그 중에서도 수소만이 갖는 폭발 특성에 대해 알아보도록 하겠다.

1 가연성 기체의 폭발

1) 가스 폭발 현상

가연성 가스가 누출되어 점화되면 누출부위에서 확산화염이 지속적으로 연소되지만 폭발은 없는 화염이 된다.

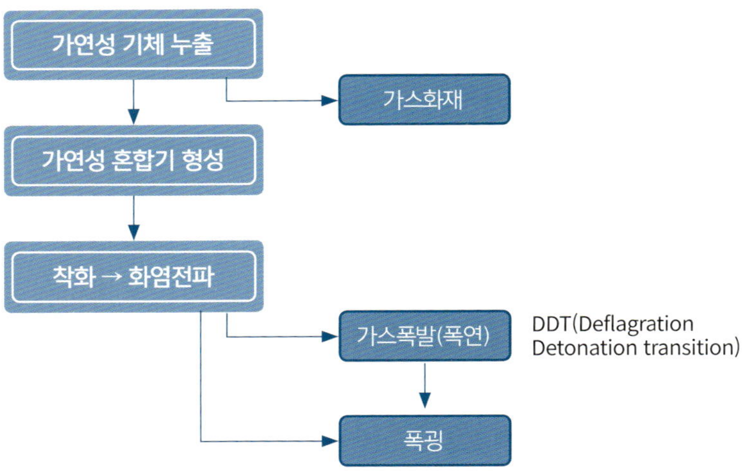

그림 6-1 누출기체의 착화 시 거동

누출기체가 공기와 혼합하여 일정량의 가연성 혼합기가 형성된 후에 착화가 발생되면 가스폭발이 발생한다. 가스폭발은 화염이 가속되면 초음속으로 전파하는 폭굉으로 천이한다. 폭발은 급격한 팽창과 압력이 개방되는 것으로 [표 6-1]과 같이 다양하다.

표 6-1 폭발현상의 종류

폭발현상의 종류	체적팽창, 압력상승 원인	결과
기상폭발	연소파의 전파	가스·증기계 폭발(폭연)
	폭굉파의 전파	폭굉
	가연성분무 연소	분무폭발
	가연성분진 연소	분진폭발
	압력의 급격한 개방	용기 파열
액체폭발	액체화약류의 분해 또는 연소반응	액체폭약의 폭발
	액체로부터 기체로의 급격한 상변화	증기폭발
고체폭발	고체화약류의 분해 또는 연소반응	고체폭약의 폭발

2) 가스 폭발 과정

가스 폭발의 과정은 다양한 조건에 따라 결정된다. 특히 발생하는 공간의 형태에 따라 크게 달라진다. 아래의 그림은 가스 폭발이 발생하는 공간의 형태에 따른 가스 폭발 거동의 변화에 대해 크게 세 종류로 분류하여 나타낸 것이다.

개방 공간 (그림(a) 참조)

이 경우에는 상당히 많은 양의 가연성 가스가 누출 된 경우를 제외하고 큰 피해가 발생하는 것은 드물다. 대량 누출이 아닌 경우는 가연성 혼합기 (반경 몇 미터 정도 이하)가 형성되어도 일상적인 흐름이 있는 장소는 단시간에 농도가 연소 하한계 이하로 되고, 점화되어도 개방계에서는 압력상승도 없고, 화염으로부터 열의 공급도 매우 단시간에 종료되어 버린다. 개방 공간에서 문제가 되는 것은 형성된 가연성 혼합기의 범위가 반경 수십 미터에 달하는 경우이다. 이 경우 압력 파의 발생, 화염에 의한 열영향, 특히 파이어 볼 (화염 구)이 발생한 경우는 강력한 열복사가 발생한다.

가로, 세로, 높이 비율이 1에 가까운 폐쇄 공간(그림(b) 참조)

실내에서 가스 폭발이나 치수 비가 1에 가까운 형상의 플랜트 설비에서의 가스폭발이 해당된다. 개방 공간에 비해 가연성 기체의 농도는 상승하기 쉽고, 화염이 공간으로 전파하면서 공간내의 압력이 상승한다.

좁고 긴 폐쇄공간(그림(c) 참조)

덕트나 배관 내의 가스 폭발이 이에 해당한다. 화염은 관을 따라 전파하고, 가연성 기체의 종류와 농도, 벽면의 상태에 따라 데토네이션(폭굉)이 전이한다. 이 공간에서는 화염의 가속이 쉽게 발생하기 때문에 다른 형태에 비해 폭발에 전이가 일어나기 쉽다.

이처럼 공간의 형태에 따라 가스 폭발 과정은 다양한 양상을 나타낸다. 여기에서는 가로, 세로, 높이 비율이 1에 가까운 폐쇄공간에 대하여 중점적으로 설명한다. 이는 주거 공간과 제조설비를 덮는 건물 등에서 발생하는 가스 폭발에 해당한다. 이러한 공간에서 가스 폭발 과정은 대략 다음과 같다.

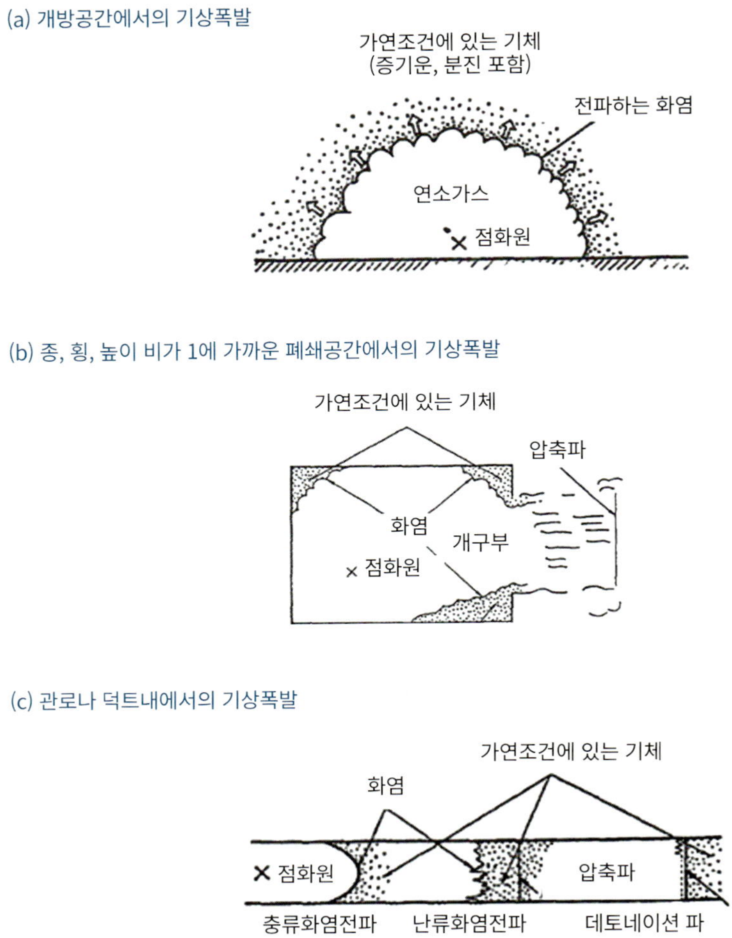

그림 6-2 공간형상에 따른 가스폭발 현상 비교[1]

① **가연성 혼합기의 형성 :** 폐쇄공간 내에 가연성 기체가 유입 또는 가연성 액체의 증발에 의한 거나 가연성 가스가 발생하여 공기와 혼합되어 가연성 혼합 기체를 형성한다. 일반적으로 가연성 가스의 발생 장소 부근에서 기체의 농도가 높고, 멀어 질수록 공기 중으로 확산, 혼합이 발생하여 농도가 낮아진다.

② **점화 :** 가연성 혼합 기체에 에너지를 가하면 착화가 일어난다.

③ **화염 전파와 압력 상승 :** 폐쇄 공간 내의 가연성 혼합기를 화염이 전파하면서 공간 내의 압력이 상승 한다. 공간을 구성하는 벽면, 창 등 내압성이 낮은 부분이 파손되어 개구부가 발생하고, 이를 통하여 내부 기체가 유출하기 시작한다.

④ **압력파, 화재, 유해 물질, 비산물의 발생 :** 개구부의 발생 시에는 압력파가 발생하고 폐쇄 공간 외부로 전파되면서 주위로 피해를 미친다. 또한 개구부의 피괴 시에 구조물의 일부 또는 개구부 인근에 있던 물체 등이 비산하기도 한다. 공간내의 가연물이 착화되면 화재로 전이하고, 가스폭발 및 화재에 의해 유해 가스가 발생하기도 한다.

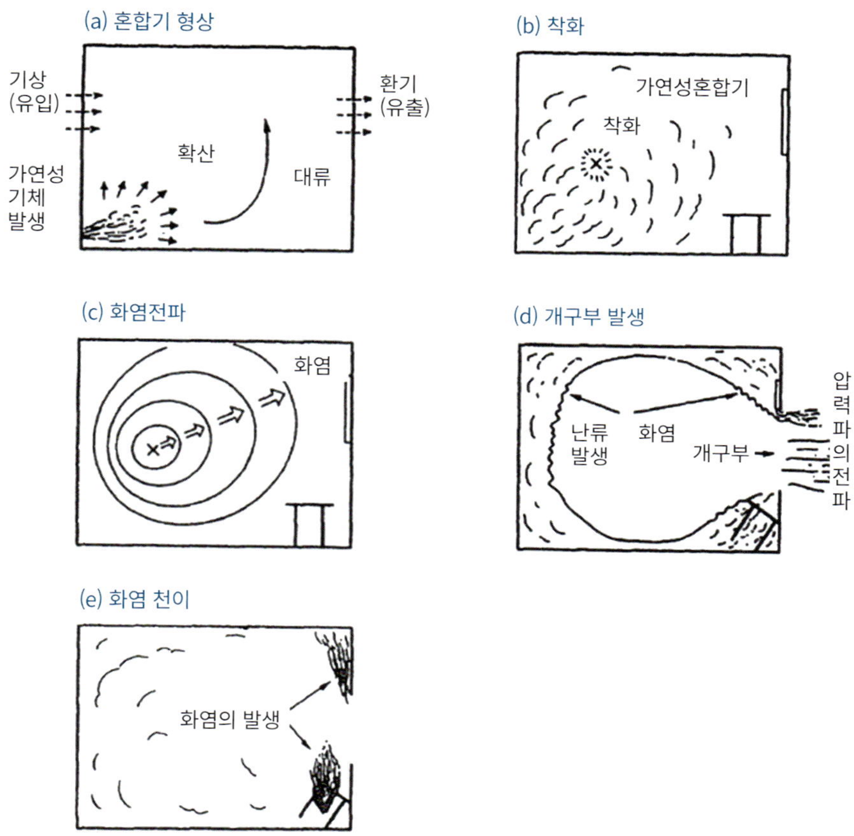

그림 6-3 가스폭발 과정[1]

(2) 가연성 기체에서의 폭연과 폭굉

화염의 전파는 충격파 후부에 연소대를 따라 음속 이상의 속도로 전파하는 폭굉(Detonation)과 음속보다 작은 속도로 전파하는 일반적인 화염전파인 폭연(Deflagration)이 있다. 폭굉파의 전파는 음속을 초과 하므로 공간의 압력이 균일하지 않고 폭굉 파 부분에서 매우 크게 된다. 따라서 압력 상승이 공간 내에서 평균화되는 폭연과 비교해 매우 큰 피해가 발생한다. 폭굉을 발생시키는 위해서는 폭굉이 가능한 조건의 가연성 혼합 기체에 매우 강력한 에너지로 점화하여야 한다.

가. 가연성 혼합기의 형성

가스 폭발이 발생하려면 연소 범위 농도의 가연성 혼합 기체가 존재하여야 한다. [그림 6-4]와 같이 가연성 기체가 유입되거나 발생하면 폐쇄공간으로 확산하고, 공기와 혼합되어 가연성 혼합기가 형성된다. 기체의 공기 중으로의 분자 확산은 Fick's law에 따른다.

$$m''_A = -\rho D_{AB} \nabla Y_A \quad (1)$$

m''_A : A 성분의 질량 유속

ρ : 밀도

D_A : 확산계수

Y_A : A 성분의 질량분율

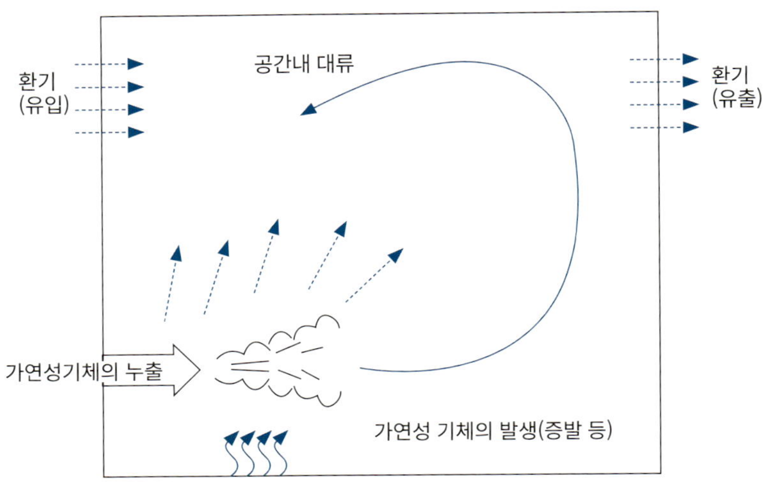

그림 6-4 폐쇄공간내의 가연성혼합기의 형성

그러나 실제로는 공간 내의 유동성이 가연성 기체의 이동을 촉진하므로 가연성 기체의 확산 속도는 분자 확산만을 고려할 때 더 커진다. 공간 내에서 가스 유동 발생원으로는 벽면의 틈새 등으로 부터의 기체의 유입, 유출, 공조 장치에서 발생하는 기류, 가연성 가스의 누출에 따른 유동 등을 고려할 수 있다. 공간내에 형성되는 가연성혼합기의 농도분포나 시간변화를 예측하기 위해서는 공간에서 기류의 상태에 대해 알아야 한다. 난류의 영향에 대하여는 모델을 사용하고, 질량, 화학종류, 운동량, 에너지, 난류 에너지, 난류에너지 소비율의 각 기초방정식을 사용하며 아래와 같다.

$$\frac{\partial}{\partial t}(\rho\varnothing) + (\rho u\varnothing) - (\rho\Gamma grad\varnothing) = S$$

u : 속도

ρ : 밀도

식의 $\varnothing$, Γ, S를 [표 6-2]에 나타낸 각 변수로 바꾸면 각각의 기초 방정식을 얻을 수 있다.

표 6-2 기초방정식의 각 변수

$\varnothing$	보존량	Γ	S
l	질량	0	0
Y_i	화학종	D_i	R_i
u	운동량	v	$-\frac{\partial p}{\partial x} + B + V$
h	에너지	α	S_h
k	난류에너지	Γ_k	$G - \rho\epsilon$
ϵ	난류에너지 소비율	Γ_ϵ	$\frac{\epsilon}{k}(GC_1 - C_2\rho\epsilon)$

일반적으로는 한 변이 수 미터인 공간의 한 점에서 가연성 가스가 누출 된 경우 강한 기체의 유동이 없는 한 공간에서 농도가 균일하게 될 때까지 몇 시간이 걸린다. 따라서, 공간 안에 가연성 기체의 농도 분포를 고려하는 것이 필요하다.

[그림 6-5]는 부피 V의 공간에 가연성 가스가 유량 q로 누출될 때 평균 농도 변화를 보여준다. 유출량을 기준으로 한 환기율(단위 시간에 실내 용적의 몇 배의 기체가 유출하는가)을 n으로 하

여, 유출기체중의 평균농도 $\overline{X_f}$가 실내 평균 농도와 같다고 하면 가연성 기체 양의 수지에 따라

$$\frac{d(\overline{X_f}\,V)}{dt} = q - \overline{X_f}\,Vn$$

가 성립되고, $t=0$에서 $\overline{X_f} = 0$라 하면이 된다.

$$\overline{X_f} = \left(\frac{q}{Vn}\right)[(1-\exp(-nt))] \quad (4)$$

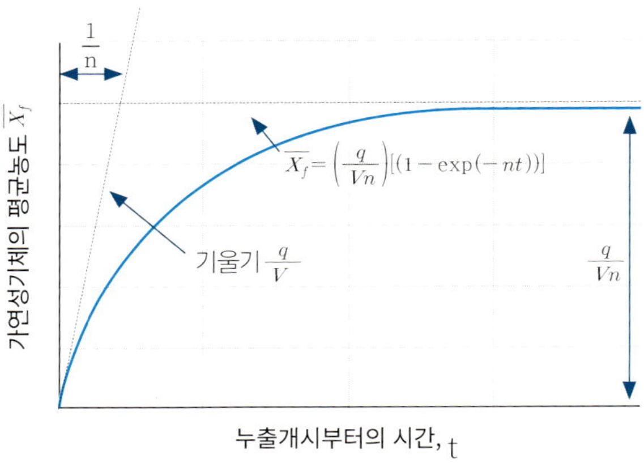

그림 6-5　공간내의 가연성기체 평균농도변화

최종도달농도 = $q/(Vn)$

최초 농도증가속도 = q/V

농도증가 소요시간 = $\propto 1/n$

이에 따라 공간 용적에 대한 누출유속의 비율이 클수록 가연성기체의 농도 상승이 쉬워 도달 농도가 높아지나, 환기율이 크면 농도 상승이 어려워 농도가 낮아지는 것을 알 수 있다.

나. 가연성 혼합기체의 착화

가연성 혼합기의 착화는 혼합기의 조성이 연소 범위 내에 있고 연소반응을 개시하고 유지하기에 충분한 에너지가 공급될 때 발생한다. 연소범위는 가연성 기체의 종류, 온도, 압력을 비롯해 혼합기의 산화제, 가연성 기체의 종류와 농도 등에 의존한다.

누출 된 가연성 기체가 혼합기를 형성하여 가스폭발이 발생할 때 연소하한계가 중요하다. 일정 범위의 가연성 기체는 연소하한계에서 가연성 가스 농도와 연소열의 곱이 거의 일정하다.(이하 Burgess Wheeler의 법칙).

$$L(vol\%) \cdot Q(kJ/mol) \approx 4600((vol\%)(kJ/mol))$$

L : 연소 하한계 농도
Q : 가연성가스의 연소열

식의 좌변은 혼합기의 연소시 발열량이 되기 때문에 이 관계는 하한계에서의 화염 온도가 거의 동일하다고 할 수 있다.

연소범위 내의 혼합기에 국소적으로 충분한 에너지를 주면 착화가 일어나며, 반대로 에너지가 불충분하면 국소적으로 고온의 부분이 발생하여도 즉시 온도가 냉각되어 연소반응은 지속되지 않는다. 연소를 유지하기 위해서는 일정량 이상의 에너지가 필요하고 필요최소 에너지를 최소착화(발화)하는 에너지가 필요하다.

최소 착화에너지 값은 혼합기 조성, 온도, 압력이외에 발화원의 특성에도 의존한다.

다. 화염 전파와 압력 상승

점화 후 화염이 폐쇄 공간을 전파하는 경우, 연소시의 발열에 의해 기체의 체적이 팽창하여 공간 내 압력이 상승한다. 가스 폭발에 의한 피해는 대부분이 압력 상승에 의한 구조물의 파괴나 압력 파의 발생에 의한 경우이다. 화염이 전파하는 속도는 가연성 혼합기의 연소

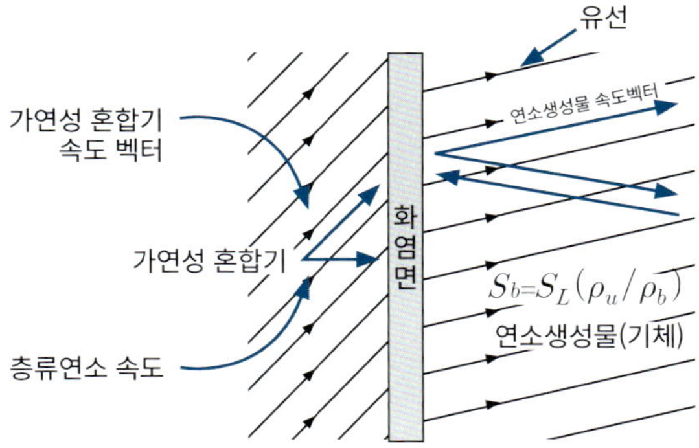

그림 6-6 층류연소속도와 화염면 인근의 흐름

속도에 의존한다. 연소속도는 화염 면에 유입되는 가연성 혼합 기체의 속도에 따른 화염면에 수직방향이며, 화염 부근의 흐름에 혼란이 없을 때의 값을 층류 연소 속도 라고 한다.

화염면 부근의 흐름과 층류 연소 속도의 관계는 그림과 같다. 이 그림에서는 화염면에 고정 된 좌표계에 있는 속도를 나타내고 있으나, 화염면에 수직 방향의 속도 성분의 관계를 살펴보면, 가연성 혼합 기체는 층류 연소 속도로 화염에 유입되고, 체적팽창에 의해 ρ_u/ρ_b 배로 가속되어 나간다. 화염면에 평행한 방향의 속도 성분은 화염면을 통해 변하지 않기 때문에 가연성 기체의 흐름에 대하여 화염이 기울어져 있을 때는 흐름이 화염으로 구부러지게 된다. 화염구 내부의 연소 기체는 거의 정지하고 있는 것으로 간주하므로 화염은 $S_L(\rho_u/\rho_b)$의 속도로 전파한다. 이것은 화염의 전파로 인해 화염구 외측의 가연성혼합기가 밀려 화염 바로 직전에서 $S_L(\rho_u/\rho_b-1)$의 속도로 바깥으로 이동하기 때문이다.

폐쇄공간에서 화염이 전파하면 공간 내의 압력이 상승한다. 이것은 화염이 전파하면서 가연성 혼합기가 연소하면 연소 반응에 의해 발열이 일어나고, 기체의 온도를 상승시킨다.
예를 들어 폐쇄공간 내에서 폭발이 발생하면 가연성 혼합기체가 모두 연소하고 열손실 없으면, $p_{2,\max}$은 다음식과 같다.

$$\frac{p_{2,\max}}{p_1}=\frac{n_2T_2}{n_1T_1}$$

여기에, p는 압력, n는 혼합기의 분자 수, T는 절대 온도, 첨자 max는 최대 값, 1은 초기 상태, 2는 모두 연소 한 최종 상태이다.

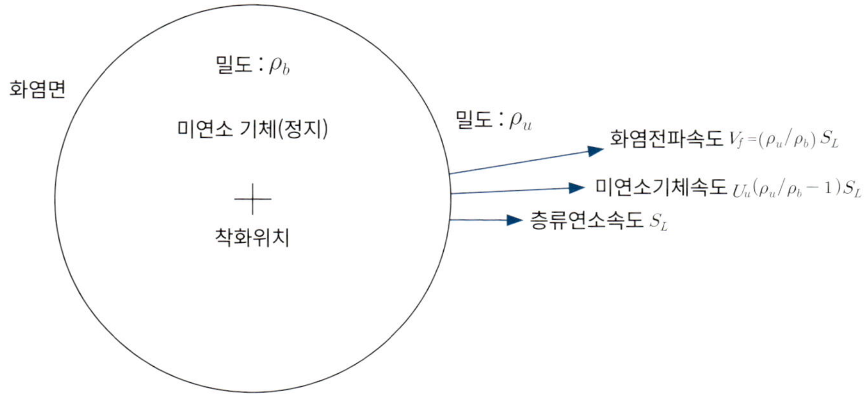

그림 6-7 개방공간에서 정지한 가연성 혼합기를 구형으로 전파하는 화염의 거동

이 최대 폭발 압력과 초기 압력의 비율 $p_{2.\max}/p_1$은 탄화수소/공기 혼합물에서 8 정도, 탄화수소 / 산소 혼합기에서 16 정도이다.
몇 가지의 가정을 하면, 화염전파에 동반하여 상승하는 압력변화는 다음 식으로 주어진다.

$$\frac{dp}{dt} = \frac{\overline{\Upsilon_u} pSA_f(\rho_u/\rho_b - 1)}{V[1 + (V_b/V)(\overline{\Upsilon_u}/\overline{\Upsilon_b} - 1)]}$$

t : 점화 시간
p : 공간 내 압력
A_f : 화염면적
ρ_u : 가연성 혼합 기체의 밀도
ρ_b : 기존 연소 기체의 밀도
$\overline{\Upsilon_u}$: 가연성 혼합기체(u)의 비열비
$\overline{\Upsilon_b}$: 기존 연소기체의 비열비
V : 공간 체적
V_b : 기존 연소 가스체적
S : 연소 속도

유동 없는 화염이 구형으로 전파하고 압력 상승이 크지 않는 ($V_b \ll V$)시점에서는 $A_f = 4\pi(St)^2$, $V_b = 4\pi(St)^3/3$과 근사해지면서 다음과 같이 변형시킬 수 있다.

$$\frac{p - p_0}{p_0} \propto \frac{S_L^3 t^3}{V}$$

이 식에 의해 초기 압력상승은 연소 속도의 3 제곱에 비례하고 시간의 3 제곱에 비례하여 증가하는 것을 알 수 있다. 압력 상승 속도는 발화이후 시간 경과와 함께 커진다. 따라서, 폭발의 종료 시기에 최대가 된다. 그 최대치 $\left(\frac{dp}{dt}\right)_{\max}$ 는 최대 압력 상승 속도로 압력 상승 속도의 지표로 사용된다. 그러나 이 값은 공간의 규모가 클수록 작아지기 때문에 혼합기의 비교를 위하여는 규모를 고려해야한다. 그래서 최대 압력 상승 속도에 체적의 1/3 제곱을 곱한 다음의 값이 종종 사용된다.

$$K_G = \left(\frac{dp}{dt}\right)_{\max} V^{1/3}$$

공간 내의 압력이 상승하면, 창이나 문 등 내압성이 낮은 부분이 파괴 되면서 개구부가 발생한다. 파괴는 공간내외의 압력 차이에 따른 힘이 구조물에 걸리면서 발생한다.
동일한 재질이면 면적이 작고 압력 상승 속도가 클수록 큰 압력 차이로 파괴가 일어나는 것으로 알려져 있다.

개구부가 발생하면 외부와의 압력 차에 의해 내부의 기체가 유출하기 시작한다. 이 유출속도와 실내에서의 연소에 의한 부피 팽창 속도에 따라 공간의 압력 변동이 결정된다.

연소에 의한 부피 팽창 속도가 개구부로부터 기체의 유출 속도 보다 큰 경우에는 공간 내의

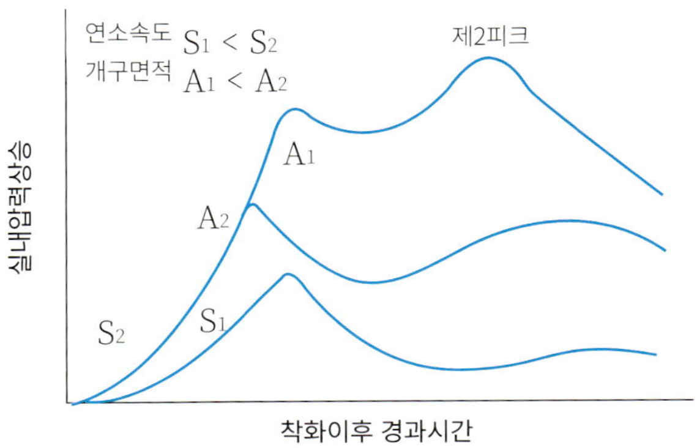

그림 6-8 연소속도 및 개구면적 변화에 따른 압력변동 변화

압력은 상승하고 작은 경우에는 압력은 감소하게 된다. 따라서 압력 변동은 개구부의 크기 및 공간내의 가연성 혼합기의 연소 속도에 의존한다. 개구면적 및 연소 속도가 다를 때 압력 변동은 그림과 같다.

개구 면적이 작은 않은 경우 (A_1)이나 연소속도가 큰 (S_2) 압력상승 속도가 빠른 경우에는 개구부가 발생하는 압력이 커지는 것을 알 수 있다. 이러한 경우에는 개구부 발생 직후 감소 한 압력이 다시 크게 상승하고 두 번째 극대화 (제 2 피크)가 현저하게 나타난다.

라. 개구부로부터 압력파의 발생

공간 내의 압력이 상승하여 공간을 구성하는 벽면 등의 내압이 낮은 부분이 파괴되면서 압력파(폭발)가 외부로 전파된다.

개구부 발생 후에 유동이 급속한 성장하여 발열속도가 증가하는 경우에는 우선 그에 따른 압력 변동이 전파한다. 압력파가 외부로 전파하는 것에 따라 감쇠해 간다.

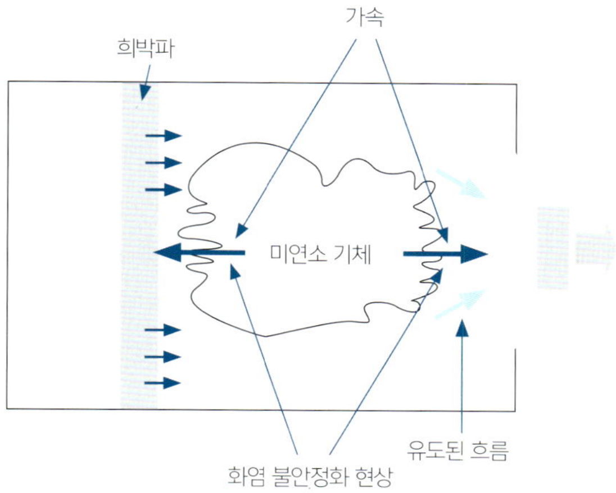

그림 6-9　가스폭발 시 화염과 압력파의 간섭에 의한 화염의 불안정화

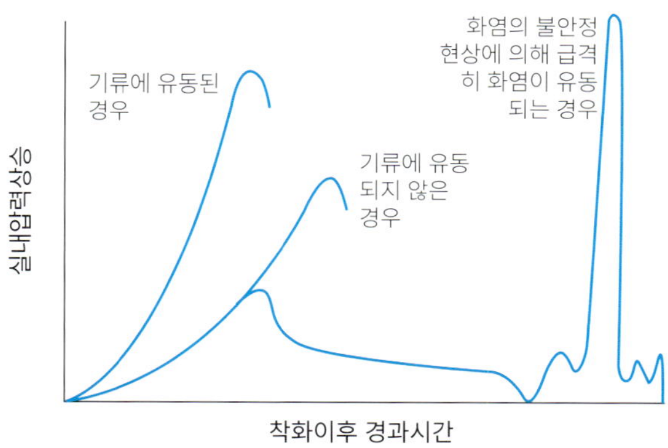

그림 6-10　화염의 유동에 의한 압력변동의 변화

폭발로 발생하는 피해를 표현하기 위해 폭발에서 발생하는 에너지와 같은 에너지를 방출하는 TNT의 중량 (아래 식의 TNT 당량 WTNT)가 이용된다.

$$(W_{TNT})_{\max} = \frac{-\triangle H_c \cdot W_g}{4200}$$

$\triangle H_c$: 가연물의 연소열

W_g : 가연성 물질의 중량

폭발 지점으로부터의 거리 R을 아래의 Scaled Distance Z로 나타낸다.

$$Z = \frac{R}{W_{TNT}{}^{1/3}}$$

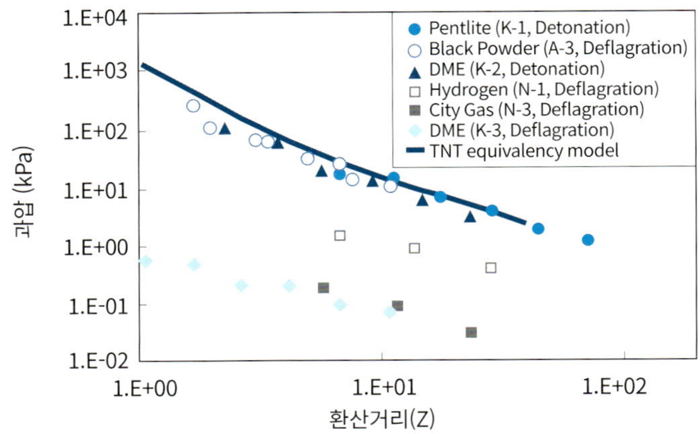

그림 6-11 Scaled Distance Z에서 정리한 대규모실험에서 측정한 폭풍압 강도

Z : 환산거리
R : 폭발물로부터의 반경
W_{TNT} : TNT상당량

즉, 그림과 같이 거리 (가로축)을 Scaled Distance Z로 나타내면 폭발물에 관계없이 압력파의 강도(폭풍압 강도)는 동일한 선에 있게 된다.

폭굉의 경우는 매우 짧은 시간에 전체 에너지가 방출되므로 전체 에너지에서 거리를 폭발하는 물체에 관계없이 일정한 관계를 얻을 수 있는 것으로 생각되지만, 폭연에서는 화염의 전파에 따른 에너지가 폭굉에 비해 시간을 걸쳐 방출되기 때문에 전체 방출 에너지만 규정할 수 없다. 또한 $(W_{TNT})_{\max}$중 실제 폭발 사고의 피해에 관여 한 비율을 %로 나타낸 것이 η_{TNT} 이다.

$$\eta_{TNT} = \frac{(W_{TNT})_{blast}}{(W_{TNT})_{\max}} \times 100$$

$(W_{TNT})_{blast}$는 폭발로 발생한 압력파(폭풍)가 가지는 에너지이며, 주변에 발생한 폭발 사고의 피해 정도와 위치 발생원으로부터의 거리로 부터 추정하여 계산된다.

가스 폭발 후 공간의 가연성 고체 또는 액체가 연소하고, 화염으로 천이하는 현상이 발생한다. 화재로 전환하기 위해서는 적어도 다음 조건이 필요하다.

① 실내에 가연성 물질이 존재한다.
② 가스 폭발 시 화염 및 고온의 연소기체로부터, 가연성물질이 발화하기에 충분한 열이 공급된다.
③ 발화 및 그 이후의 연소에 필요한 산소가 연소부분에 공급된다.

2 수소 폭발

수소 가스의 폭발 범위는 공기 중 4.0~75% 및 밀폐된 공간에서는 18~59%로 다른 기체와 비교하여 넓은 범위의 농도에서 대기 산소와 가연성 또는 폭발성 혼합물을 형성한다. 폭발의 강도는 저장 및 방출되는 환경에 따라 달라지며 강도에 따라 주위의 건물과 사람들에게 피해를 줄 수 있는 돌풍을 일으킬 수 있다. 수소 충전소 및 저장소를 설치, 운영하기 위해서는 수소폭발을 예방하기 위한 조치가 필요하다.

1) 수소-공기 혼합물 폭발

(1) 폭발 및 연소 한계

폭발 한계는 동종의 연소 혼합물에서 급속히 빠른 반응과 느린 반응의 압력-온도 경계를 기초로 하여 만들어진다. 폭발 한계를 고려함에 있어서 Chain-Branching 반응에 의해 속도가 빠른 반응만을 고려한다. 따라서, 폭발 한계라 함은 Chain-Branching과 Chain-Termination 반응의 결과이므로 수소-산소 혼합물을 위한 폭발 한계는 [그림 6-12]과 같이 폭발 한계는 Z모양의 곡선으로 3번의 폭발 한계를 가진다.

첫 번째 한계는 매우 낮은 압력하에서 일어나며, 종결 반응이 지배하는 부분으로 일반적으로 수소 안전 연구에서는 잘 다루어지지 않는 부분이다.

두 번째 폭발 한계는 수소가 공기 중으로 퍼져갈 때의 압력 범위를 포함하고 있으며, 가스상의 생성과 라디칼 종의 분해 반응으로 설명될 수 있다. 압력이 증가할 때 폭발은 고정된 온도에서 소염되므로 다음의 3차 반응을 생각할 수 있으며

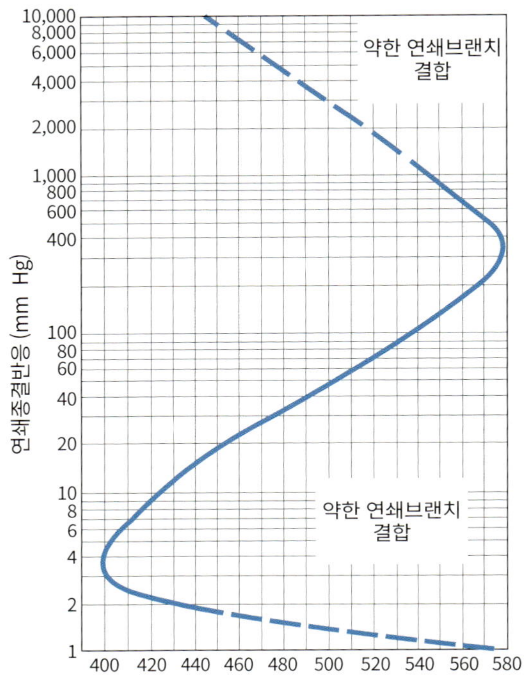

그림 6-12 구형 용기에서의 화학양론적 수소-산소 혼합물에 대한 폭발 한계[14]

$$H + O_2 + M \rightarrow HO_2 + M$$

강한 Chain-Branching반응과 경쟁 관계에 있는 Chain-Termination반응은 아래와 같은 반응식으로 표현될 수 있다.

$$H + O_2 \rightarrow O + OH$$
$$O + H_2 \rightarrow HO + H$$

높은 초기 압력을 가지는 세 번째 폭발 한계는 수소 안전연구에 있어서 상당히 관심이 있는 영역이다. 왜냐하면 공기가 수소 압축기로 유입되어 저장 장치에서 높은 압력의 폭발 혼합물을 만드는 것은 그리 흔한 일이 아니기 때문이다. 따라서 아래와 같은 낮은 온도에서의 약한

Chain-Branching 단계는 높은 온도와 낮은 압력이 지배하는 $H+O_2 \rightarrow O+OH$ 반응보다 더 중요하게 고려되어야 한다.

$$HO_2 + H_2 \rightarrow H_2O_2 + H$$
$$H_2O_2 + M \rightarrow OH + OH + M$$

종결 단계인 $H+O_2+M \rightarrow HO_2+M$반응은 높은 압력과 낮은 온도에 더욱 효과적이다. 875K 이상에서 아주 강한 Branching 반응인 $H+O_2 \rightarrow O+OH$단계는 항상 우세 관계에 있으며, 그 때의 혼합물은 전 영역의 압력 범위에서 폭발될 수 있다. 정리하자면 수소 폭발에 있어 가장 중요한 반응은 $H+O_2 \rightarrow O+OH$, $H+O_2+M \rightarrow HO_2+M$두 가지 반응으로 요약될 수 있다.

(2) 수소-공기 혼합물의 폭발 특징

가. 수소의 평형 연소 인자

평형 연소 인자(Equilibrium combustion property)는 연소 결과물과 각각 평형 상태 사이의 서로 다른 열역학적 경로에서의 엔탈피 차이를 기초로 한다. 예를 들어 정압(constant pressure) 반응 경로는 단열의 화염 온도를 수반하게 되며, 같은 부피에서의 반응 경로는 흔히 폭굉 파동의 물성을 나타내는 Chapman-Jouguet의 Rayleigh line 경로를 만들어 준다. 이러한 평형 연소 인자는 열역학적 실험 등 여러 가지 데이터들을 이용해 컴퓨터 계산 프로그램으로 계산될 수 있다.

나. 점화

폭발 혼합물이 점화되기 위해서는 가속이 되는 폭주반응이 있어야한다. 정압, 정온 반응에서 에너지 방출량을 알 수가 없기 때문에 폭발 한계 시 고려할 점은 Chain-Branching 반응으로 인해 발생하는 폭주(Run-away) 반응이다. 그러나 반응률은 온도의 영향을 받기 때문에 Run-away 반응 또는 열적 효과(self-heating)로 인한 온도의 영향을 받는데, 이러한 현상을 열적 폭발(thermal explosion)이라 하고, 이 때 일어나는 점화를 자동점화(self-ignition, spontaneous ignition)라고 부른다.

또 다른 종류의 점화는 흔히 "forced-ignition"이라 부르며, 최초 화학 반응이 전기 스파크나, 뜨거운 가스의 제트, 파일롯 화염, 가열된 표면, 기타 뜨거운 물체에 의해 시작되는 점화의 종류를 일컫는다. 일단 국부적으로라도 점화가 시작되면, 반응은 화염을 통해 미연소 가스 혼합물 전체로 퍼지게 된다. 또한 처음 반응 시 생성된 화염의 크기는 담금질 거리, 층류 화염의 두께와 관계가 있다.

수소-공기 혼합물의 최대 점화 에너지는 이며, equivalence 비율은 이다. 이는 대부분의 탄화 수소 연료들의 값들보다 민감하며, 이는 고압의 먼지로 인한 정전기에 의해서도 점화될 수 있는 값이다. 또한 수소-공기 혼합물의 담금질 거리는 0.5mm이며 메탄: 2.5mm, 프로판: 2.1mm에 비해 매우 작은 값이다.

다. 난류의 효과

난류가 존재할 때 이의 영향으로 열과 물질의 전달율이 증가하므로 화염의 전파 속도는 층류의 양상과 많은 차이를 보인다. 연소 속도 증가도 화염의 구김 현상으로 화염 범위가 증가하여 발생한다. 빠른 속도의 난류에서 충격파는 충격 와류와 충격과 충격 사이의 결합으로 더 많은 난류 흐름과 혼합을 만들어 낸다.

폭발 혼합물에서 난류 화염 속도를 예측하기 위한 모델을 세우는 작업은 매우 어려운 문제이다. 위험성 평가를 위한 대규모와 소규모의 폭발 실험이 실시되고 있지만 여러 가지 경우의 난류 파라메타를 구하는 것은 사실상 매우 힘든 작업이기 때문이다.

용기에서 난류의 강도와 연소 속도에 대한 실험은 Bradley에 의해 고안되었다. 비록 그의 자료는 Lean 수소-공기 혼합물에 국한된다는 한계점을 가지고 있지만, 난류 연소 속도에 따른 난류 강도의 증가를 보여줬다는 점에서 그 의의를 찾을 수 있다. 난류 연소 속도에 대한 측정은 장애물로 채워진 튜브에서 이루어 졌으며, 주어진 튜브 강도를 위해 화염은 튜브 지름과 장애물에 적합하게 속도를 유지하고, 튜브와 장애물의 종류를 달리해가며 최대 난류 화염 속도를 얻었다. 최대 정적 난류 화염 속도는 혼합물의 조성에만 의존한다.

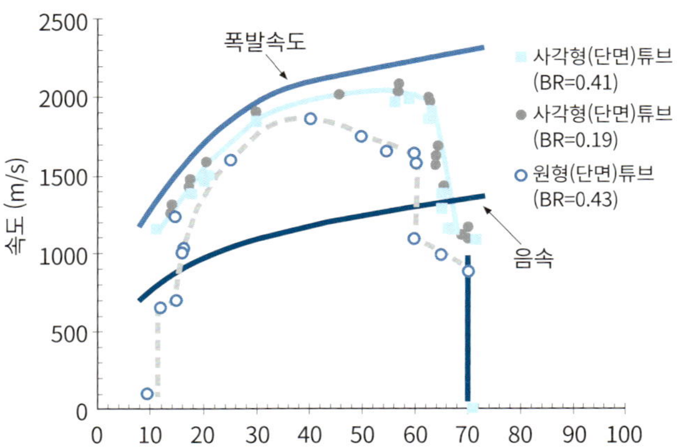

그림 6-13 수소-공기 혼합물 중 수소에 대한 최적 난류 폭연 속도의 의존성[14]

좀 더 민감한 혼합물에서 폭연(deflagration)은 폭굉(detonation)으로 전환될 수 있다. 데토네이션 과정에서 벽에 의한 강도로 인해 속도가 Chapman- Jouguet속도보다 확연히 줄어드는 경우가 발생하는데 이것을 quasi-detonation이라 한다. [그림 6-13]은 수소-공기 혼합물의 다양한 조건에서의 최적 폭연 속도를 보여준다. 그림에서 최대 난류 폭연 속도가 매우 높게 올라가는 것을 볼 수 있는데 이것은 전파 메커니즘의 영향을 받은 것이다. 그림에서 또 한가지 주목해야 할 점은 13% 미만의 수소의 경우 스스로 지속적인 폭굉이 발생 가능하다는 것이다. 이렇듯 난류 연소 속도들은 높은 속도의 난류 흐름에서 물리적 과정을 밝힐 수 있는 귀중한 자료로 쓰인다.

3 수소 폭굉

폭굉 파동(detonation wave)은 어떤 에너지가 폭발 혼합물에 누출된다면 언제든지 시작될 위험성이 있다. 이때 작은 에너지라도 점화에 이용된다면 폭연(deflagration)이 시작될 것이고 여기에 친 폭발 환경의 조건이 추가된다면, 폭연 파동은 가속되어 결국 폭굉으로 전이된다. 이러한 과정을 일컬어 DDT (Deflagration to Detonation Transition)라 한다.

DDT는 연소 특히 수소 연소 분야에서 실험적, 이론적으로 매우 풀기 어려운 문제 중 하나이다. DDT에 관한 많은 실험과 연구가 그간 진행되었음에도 불구하고 아직까지 이 현상에 대한 이론과 실제의 차이는 매우 크다. 하지만 다시 말하면 학문적으로 아직 개척해야 할 부분들이 많이 남아 있다는 것을 반증해 준다. 또한 산업체에서 사고 발생 시 DDT는 가장 위험하고 큰 피해를 주게 되는 폭굉의 시발점이 되므로 이에 대한 많은 연구 결과가 필요한 것이 사실이다.

DDT는 매끄러운 관이나 채널에서의 화염 전파, 장애물에 의한 화염 가속화, 제트 점화 등과 같이 아주 많은 상황에서 발생할 수 있다. 폭굉을 이끄는 과정은 크게 두 가지로 구분할 수 있는데 다음과 같다.

1. 쇼크 집중화 현상으로 인한 폭굉전이
2. 화염 앞부분의 불안전 현상이나, 화염과 쇼크 파동 혹은 다른 화염과의 결합으로 인한 불안정화 현상으로 인한 폭굉전이

일반적으로 첫 번째 경우는 쇼크 강도가 자동 점화를 일으키기에 충분한 에너지를 제공하기 때문에 직접적인 개시 과정을 통해 일어나며, 화염의 가속화로 인한 쇼크 집중화 현상이 잘 일어날 수 있는 건물의 코너나 오목한 면에서 더욱 더 잘 나타난다.

한편 DDT의 두 번째 분류는 좀 더 복잡한 과정을 통해 일어난다. 왜냐하면 여러 가지 혼합물의 결합으로 인해 메커니즘이 복잡하고 불안정해지기 때문이다.

이번 장에서는 과거 발표된 연구 결과들을 바탕으로 DDT 현상의 메카니즘 규명과 기본적인 이론 설명을 중심으로 전개해 나갈 것이다.

1) 매끈한 튜브(Smooth tube)에서의 DDT

화염 가속화로 인한 DDT 과정은 연료의 농도나 지형 등과 같은 변수에 영향을 받으며 진행한다.

또한 Shepherd와 Lee는 DDT의 과정을 [그림 6-14]와 같이 크게 4가지의 과정으로 나누어 설명하였다.

- Deflagration initiation - 전기 스파크와 같은 외부 에너지로 인해 화염이 개시되고, 이를 통해 압력과 밀도가 감소하는 아음속(subsonic)의 연소 파동을 이루게 된다. 화염은

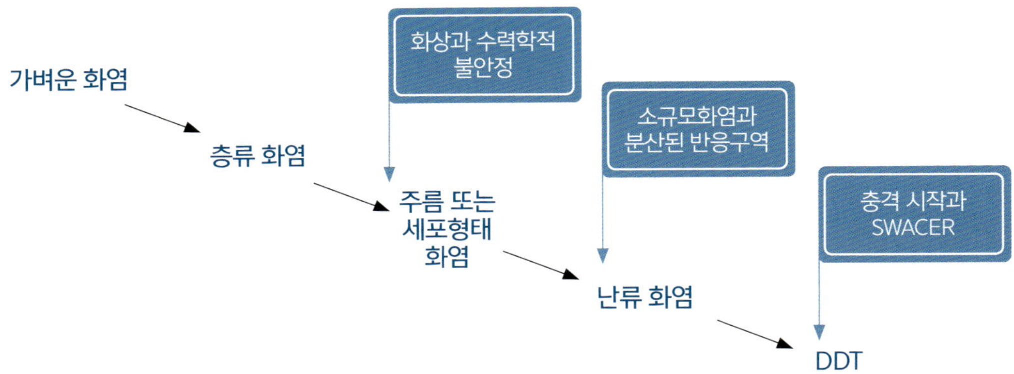

그림 6-14 DDT를 유발하는 화염 전파 영역[9]

반응 영역에서 연소 되지 않은 혼합물 영역으로 자유 라다칼과 에너지의 이동을 통해 가속되어지며, 초기 화염은 층류 흐름으로 진행되어 가지만, 시간이 흐른 뒤 여러 가지 요인으로 인해 난류 흐름으로 바뀌게 된다. 따라서 초기의 폭발 전파 속도는 층류 연소 속도인 와 같으며 이는 혼합물의 조성과 초기 열역학적 상태에 의해 결정된다. 또한 수소-공기 혼합물에서 층류 혼합 속도는 0.01MPa에서 3.5m/s정도의 값을 가지며, 층류 화염

표면은 곧 불안정 메커니즘(hydrodynamic, Rayleigh-Taylor, Thermal diffusive etc)과 교란 흐름에 의해 난류 흐름으로 바뀌게 되어 연소 속도는 보다 빨라지게 된다. 화염 앞쪽에 있는 타지 않은 가스에 대한 상대적인 파동 속도로 정의되지만, 화염 속도 는 튜브에 대한 상대적 속도로 정의된다. 수소-공기 혼합물의 경우 초기 개시 단계에서 이상화된 화염 전파 속도는 의 6배가 된다.

a) 매끄러운 불꽃과 전방의 층류 흐름을 보여주는 초기 구성
b) 불꽃의 첫 발생 및 상류 흐름의 불안정성
c) 난류 흐름 및 골판 화염으로 분해
d) 불꽃 앞에 압력파 생성
e) 불꽃 내 수직 구조물의 국소 폭발
f) 폭발로 전환 [6]

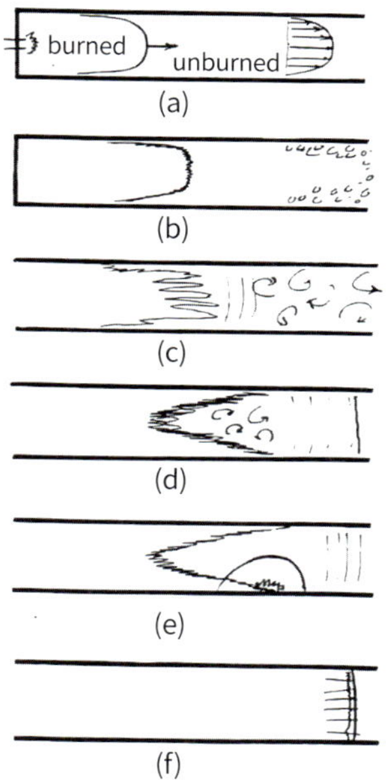

그림 6-15 부드러운 튜브에서의 DDT 흐름

난류 화염 브러시(brush)의 구조는 난류 강도와 연소와 난류의 시간 스케일에 따라 달라지며, 또한 Borghi 도표는 무차원군의 난류 화염의 분류법을 제공하여 준다.

- Flame acceleration – 앞에서 언급한 바와 같이 시간이 흐를수록 화염은 점점 더 난류 강도가 강해져 "corrugate flame" 상태가 된다. 또한 교란 속도는 점점 더 증가되어 가고 결국 화염은 분리되고 파편화되는 상태가 되어버린다. 폭발이 가속화 되는 물리적 메커니즘을 [그림 6-17]에서 나타내었다. 그림에서 가스역학 피드백은 화염의 초기 과정을 지배하며, 생성된 압력 파동이 화염 앞쪽의 팽창 흐름에서의 교란 생성보다 더 빨라지게 된다. 만약 그 시간에 에너지 누출이 있었다면 압력 파동은 화염의 앞부분에 의해 생성된다. 이러한 압력 파동은 연소 속도가 연소 속도가 온도, 압력, 연소 하지 않은 혼합물의 난류 강도 등에 영향을 받기 때문에 화염 앞부분에 피드백 과정에 영향을 미치게 된다.

유체 역학 피드백 과정을 보면, 연소 속도의 증가는 화염 앞부분의 팽창 흐름을 증가시킨다. 또한 난류 강도와 팽창 흐름 속도의 증가는 화염의 가속도를 높여 주게 된다. 따라서 화염의

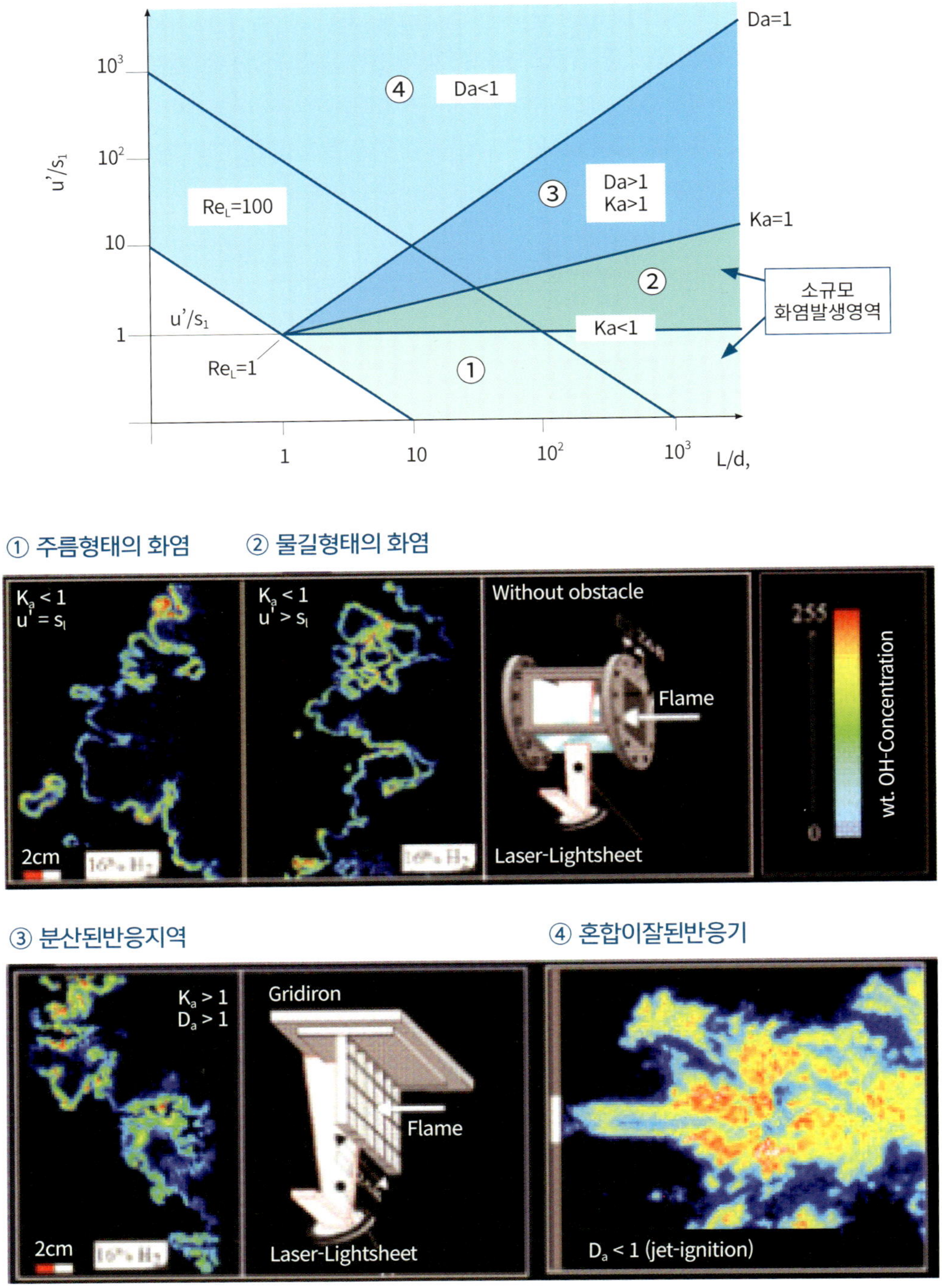

그림 6-16 난류 강도, u ', 층류 연소 속도, sl, 정수 길이 스케일, L, 층류 화염 두께, dl, Damköhler 수, 에 관한 화염 전파 체계를 분류 한 Borghi Diagram (위) , Ka, 그리고 난류 Reynolds 수 ReL. 다양한 지역에 대한 화염 구조의 LIPF 이미지 (아래).

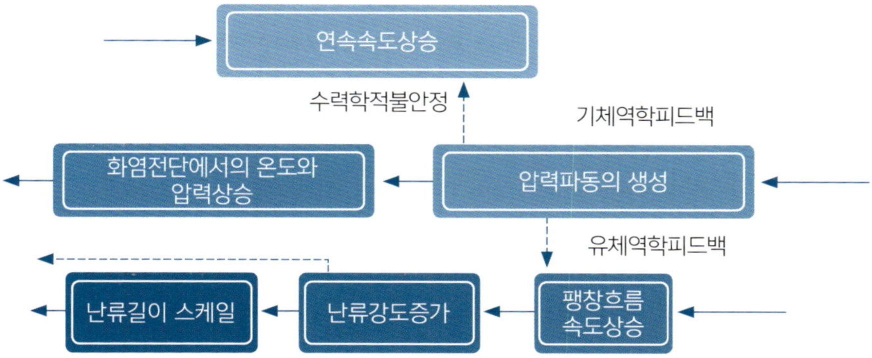

그림 6-17 화염 가속 과정의 기체 및 유체 역학 메커니즘

가속도를 높이는 가장 효율적인 방법은 화염의 진행 과정에 주기적인 장애물이 있는 것이다. [그림 6-18, 19]은 수소-산소 혼합물의 화염 전파 초기 단계를 보여주는 것이며, [그림 6-20]은 쇼크 파동의 생성을 보여준다.

- Formation and amplification of explosion centers - 한 개의 또는 그 이상의 국지적인 폭

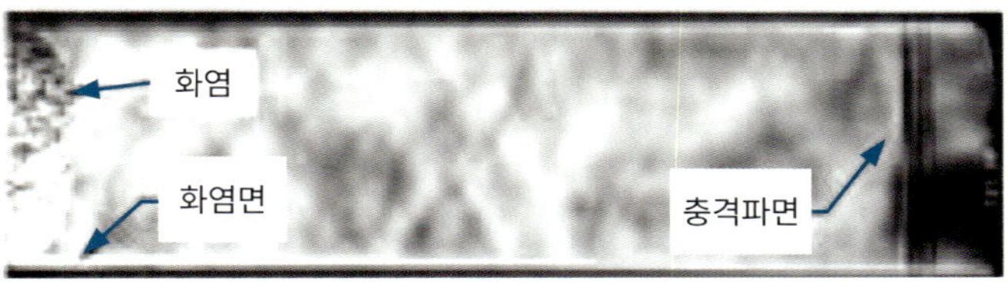

그림 6-18 화염 전파의 초기 단계의 그림자 사진 (p_0 = 0.075 MPa, 점화 지점에서 210-440 mm) 혼합물은 20mJ 에너지의 약한 전기 스파크에 의해 점화됨[2]

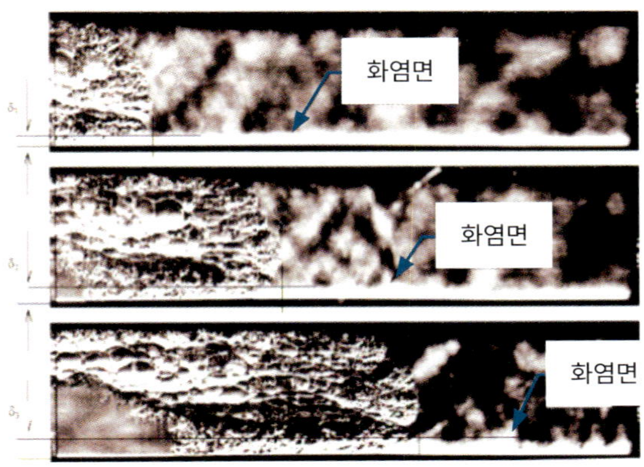

그림 6-19 난기류 화염의 후기 단계의 음영 사진

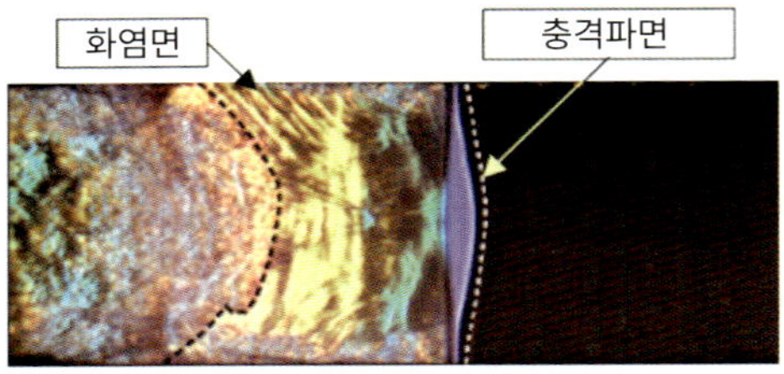

그림 6-20 빠른 폭파 파동 (22 % H_2 함유 공기), 화염 속도 1200m / s의 Schlieren 이미지

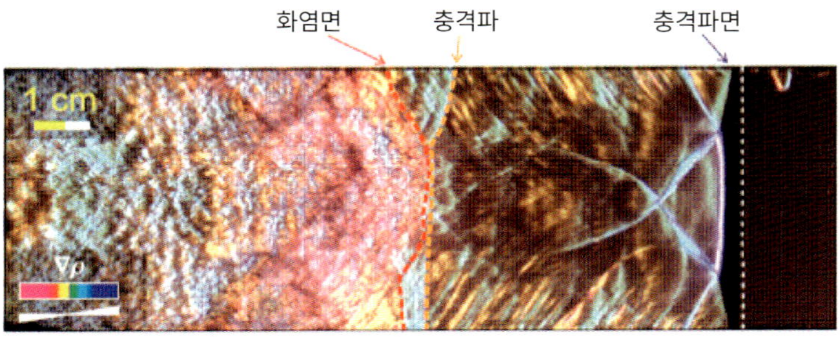

그림 6-21 난기류 불꽃 브러시 내에서 폭발. 수소 - 공기 혼합물 (ϕ = 0.65), 화염 전파 속도 : 1050m / s

발은 반응물이 임계 점화 조건에 이르도록 하는 구심점 역할을 한다. 이러한 현상을 흔히 폭발이라 하며, 임계 온도는 거의 1100~1500K에 이른다. 폭발의 중심에서는 주의 혼합물을 급속히 팽창시켜 주는 작은 blast wave를 생성한다. 하지만 이러한 파동은 너무 약해서 직접적인 폭굉을 일으키지는 못한다.

- Formation of a detonation wave – [그림 6-21]에서와 같이 확장된 blast wave는 국지적 폭발과 이미 존재하고 있는 쇼크 반응 지역을 융합해 자체적 유지 가능한 초음속 폭굉을 만들어 낸다.

또한 [그림 6-22]는 초기 화염 가속이 일어난 후의 DDT 과정의 마지막 단계를 설명해 놓은 것이다. 크게 4단계로 이루어져 있으며 다음과 같다.

a) 초기 쇼크-화염이 합성된다. 쇼크(S)와 난류 화염(R)이 함께 전파되며, 에너지의 누출은 쇼크(A)의 가속의 원인이 될 수 있다.
b) DDT의 원인이 되는 국부적 폭발
c) 폭굉
d) Steady-State 폭굉

또한 [그림 6-23]에서는 [그림 6-22]과정에서의 압력 변화 예상치를 보여준다.

또한 [그림 6-23]에서는 화염 가속과 폭굉 중의 실제 압력 변화를 보여주는 것으로 각각은 a) Slow deflagration, b) Fast deflagration, c) Overdriven detonation, d) Stable detonation을 나타낸다.

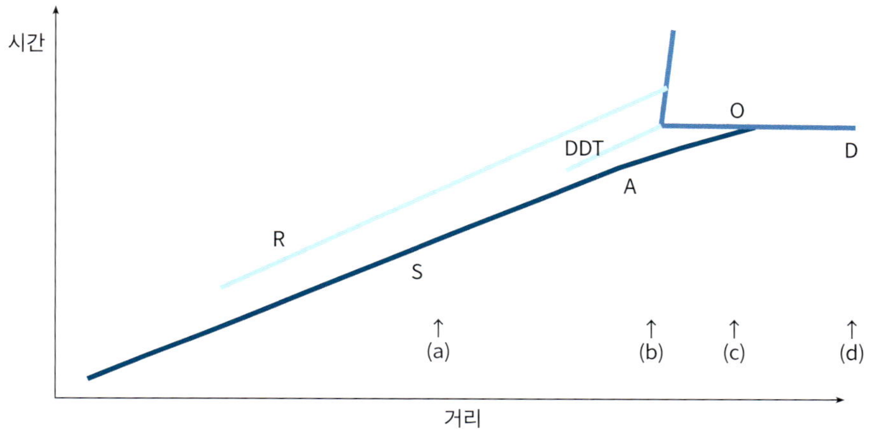

그림 6-22 난기류 화염 가속에 따른 폭발 사건으로의 전환 과정에서 관찰 된 일반적인 단계

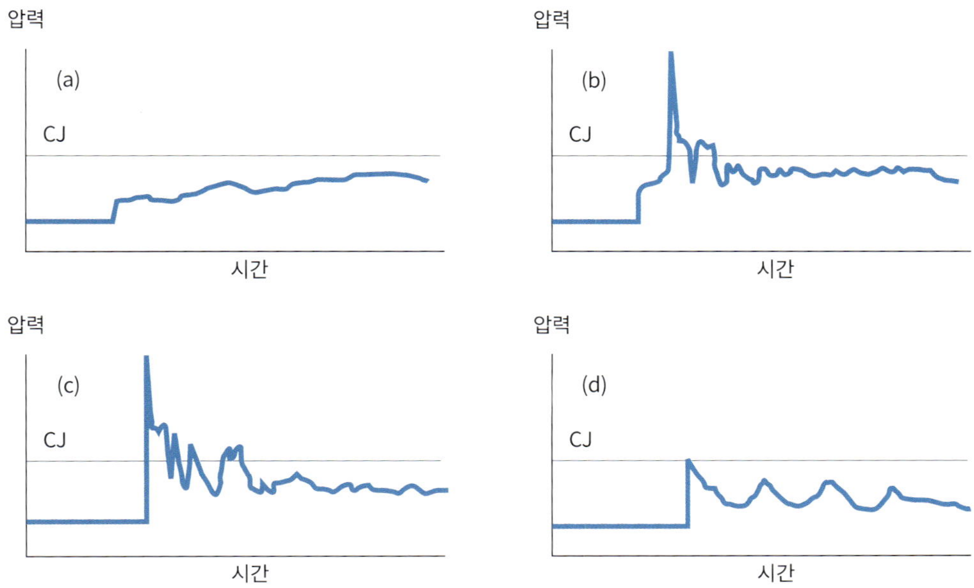

그림 6-23 난기류 화염 가속에 따른 폭발 사건으로의 전환 과정에서 관찰 된 일반적인 단계

2) 거친 튜브(Rough Tubes)에서의 DDT

지난 수십 년간 주기적 혹은 불규칙적인 장애물에 의해 발생되는 화염 전파 가속에 대한 많은 연구들이 진행되어 왔다. 이렇게 발생된 빠른 속력의 화염은 지속적인 과압을 지닌 쇼크 파동을 수반하게 되는데 이때 혼합물이 파동에 민감하게 반응하게 되면 DDT로 이어지게 된다. 또한 DDT가 발생하면 폭굉 파동은 안정된 속도로 장애물을 넘나들게 된다.

일반적으로 높은 속도의 화염은 전파가 연속적이고 주기적인 장애물이 있는 곳에서 주로 발견된다. 또한 화염은 장애물에 의해 급속히 가속되게 되며, 일정 시간 후에는 안정적인 정상상태가 도달해 전파가 종결된다. 만약 혼합물이 연소 한계에 너무 가깝게 있지 않다면, 화염 전파 속도는 음속에 가까워지게 된다.

[그림 6-24]은 Lee 등에 의해 수행된 수소-공기 혼합물의 농도에 따른 종결 전파 속도 결과를 나타낸 것이다. 화염의 자발적 소염은 이 실험에서 보이지 않았으며, 약한 난류 폭발과 DDT가 12.5%의 수소 농도에서 일어나는 것을 관찰하였다.

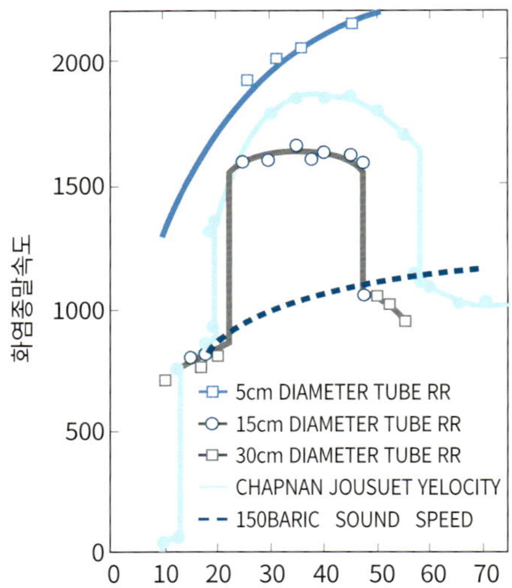

그림 6-24 장애물 (오리피스 판)이있는 내경 5cm, 15cm, 30cm의 긴 튜브 (11 ~ 10m)에서 H_2 공기 혼합물의 연료 농도 대 화염 속도.
BR = 1 - d2 / D2, 막 대형 비율, 여기서 d는 오리피스 지름이고 D는 관 지름

[그림 6-25]는 매우 작은 장애물을 가진 채널에서의 화염 전파 모습의 사진이며, [그림 6-26]은 같은 실험에서 발생된 DDT의 모습이다.

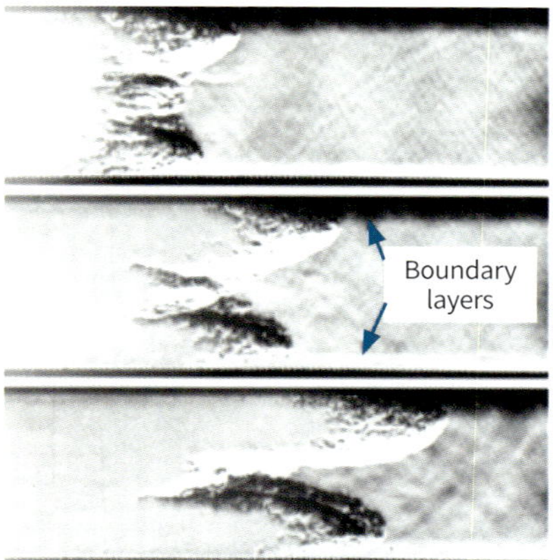

그림 6-25　가속 화염에 앞선 경계 층을 보여주는 음영 사진 시퀀스 (0.1ms) - 화염은 채널의 바닥 벽의 어두운 벽과 밝은 벽의 영역에 있고, 화염은 왼쪽에서 오른쪽으로 진행하며, 화염 가장자리의 속도는 약 320 m / s이고, 벽 거칠기는 1 mm이고, 혼합물은 0.06 MPa의 초기 압력에서 화학

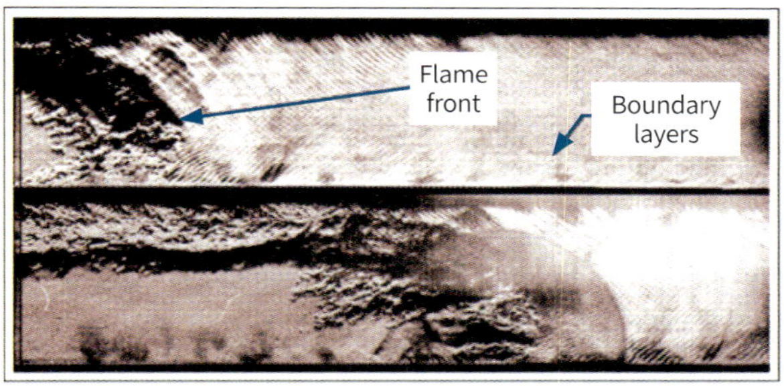

그림 6-26　음영사진(Shadow photographs of DDT (p_0=0.055 MPa, 1090-1320 mm)

그림 6-27　MINIRUT의 막힌 채널에서 빠르게 폭파한 경우 (a)와 DDT (b)가 나타나는 음영 사진.
a) 공기 중 24 % H_2, b) 공기 중 29.6 % H_2

수소-공기 혼합물의 다양한 난류 화염과 데토네이션 전파가 장애물로 채워진 튜브에서 발견되었다. 그 과정은 다음과 같다.

1. 화염의 전파가 실패가 곳에서 담금질이 일어난다.
2. 화염이 전파될 때의 속도는 음속 이하이며, 연소물의 속도보다 느리다.
3. Qausi-detonation의 속도는 음속과 CJ 속도 사이 정도의 값을 가진다.
4. CJ-detonation의 속도는 CJ 속도와 같다.

장애물로 채워진 튜브에서의 DDT과정을 [그림 6-27]에서 나타내었다.

3) 직접 개시 폭굉(Direct initiation of detonation)

직접 개시 폭굉은 아주 강력한 점화가 수반되어야 가능하며, 일정 시간 동안 쇼크 파동을 만들어 낼 수 있는 강한 에너지를 가지고 있어야 가능하다.

만약 이러한 요구 조건을 충족한다면 데토네이션 과정이 발생한다. 또한 [그림 6-30], [그림 6-31]은 수소-공기, 수소-산소 혼합물에서 직접적인 데토네이션이 발생하기 위한 에너지에 관한 실험 데이터를 보여준다.

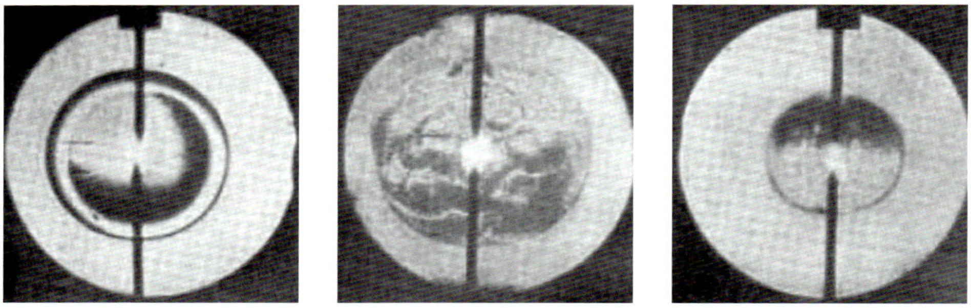

a) 아 임계 (subcritical) b) 임계 c) 초 임계

그림 6-28 화학 양론적 H_2-Cl_2 혼합물에서 폭발의 직접적인 개시를 보여주는 사진

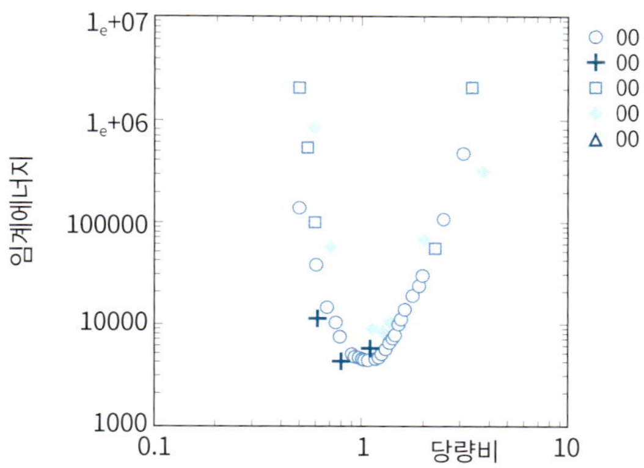

그림 6-29 직접 폭연 개시의 임계 에너지 대 H_2 공기 혼합물의 당량비

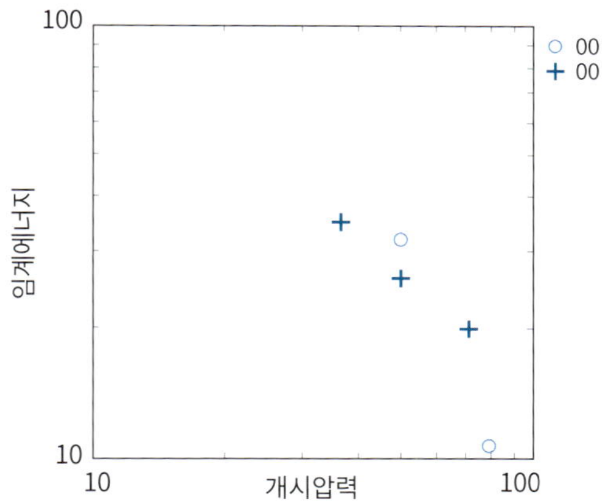

그림 6-30 화학 양론적 H_2-O_2 혼합물에 대한 초기 폭발 개시 압력 대 초기 압력의 임계 에너지; at49a : T = 293K; at49b : T = 123K

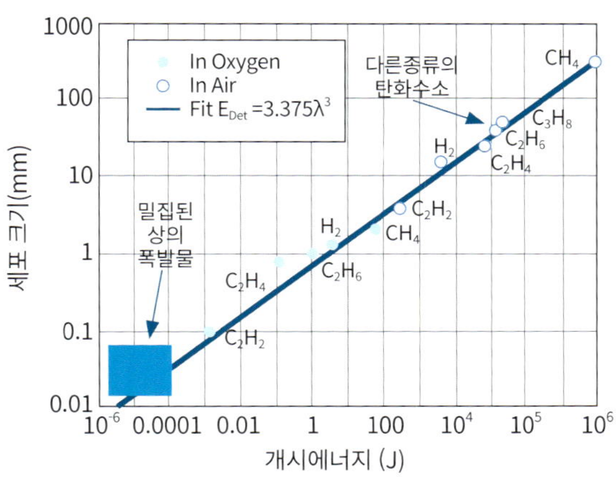

그림 6-31 산소와 공기 중의 수소와 탄화수소에 대한 직접 폭발 개시의 세포 크기와 임계 에너지 사이의 상관 관계

연습문제

Q1

다음 중 수소폭발의 특징으로 옳지 않은 것을 고르시오.

① 수소가스의 폭발범위는 4.0% ~ 75%으로 다른 기체보다 광범위한 농도에서 발생할수 있다.

② 수소는 매우 가벼운 기체이므로 저장 및 방출되는 환경과 무관하게 같은 형태의 폭발을 보인다.

③ 수소-산소 혼합물의 폭발 한계는 Z모양의 곡선으로 3번의 폭발 한계를 가진다.

④ 수소-산소 혼합물의 폭발 한계 중 수소 안전연구에 가장 중요한 영역은 3번째 단계이다.

A1

②

Q2

수소-공기 혼합물 폭발 및 연소 한계의 특징을 서술하시오.

A2

폭발 한계를 고려함에 있어서 우리는 오직 Chain-Branching 반응에 의해 속도가 빠른 반응만을 고려한다. 그러므로 폭발 한계라 함은 Chain-Branching과 Chain-Termination 반응의 결과로 이해할 수 있다. 폭발 한계는 Z모양의 곡선으로 3번의 폭발 한계를 가진다.

첫 번째 한계는 매우 낮은 압력 하에서 일어나며, 종결 반응이 지배하는 부분으로 일반적으로 수소 안전 연구에서는 잘 다루어지지 않는 부분이다. 두 번째 폭발 한계는 수소가 공기 중으로 퍼져갈 때의 압력 범위를 포함하고 있으며, 가스 상의 생성과 라디칼 종의 분해 반응으로 설명될 수 있다. 세 번째 폭발 한계는 높은 초기 압력을 가지는 수소 안전연구에 있어서 상당히 관심이 있는 영역이다.

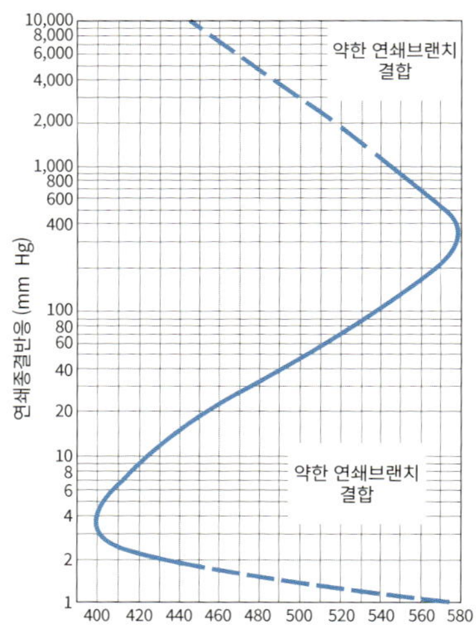

Q3

수소-공기 혼합물의 폭발 특징 중 난류가 존재할 때의 효과를 서술하시오.

A3

난류가 존재할 때 이의 영향으로 열과 물질의 전달율이 증가하기 때문에 화염의 전파 속도는 층류의 양상과 많은 차이를 보인다. 타는 속도의 증가 역시 화염의 구김 현상 때문에 화염 범위가 증가로 일어나게 된다. 또한 빠른 속도의 난류에서 Shock-wave는 shock와류와 shock과 shock 사이의 결합으로 더 많은 난류 흐름과 혼합을 만들어 낸다. 좀 더 민감한 혼합물에서 폭연(deflagration)은 폭굉(detonation)으로 전환될 수 있다.

Q4

수소의 폭굉을 이끄는 가장 대표적인 과정인 '쇼크 집중화 현상에 의한 폭굉전이'에 대해 서술하시오.

A4

쇼크 강도가 자동 점화를 일으키기에 충분한 에너지를 제공하기 때문에 직접적인 개시 과정을 통해 일어나며, 화염의 가속화로 인한 쇼크 집중화 현상이 잘 일어날 수 있는 건물의 코너나 오목한 면에서 더욱 더 잘 나타난다.

연습문제

Q5

매끈한 튜브에서의 DDT (Deflagration to Detonation Transition) 과정을 설명하시오.

A5

a) 매끄러운 불꽃과 전방의 층류 흐름을 보여주는 초기 구성

b) 불꽃의 첫 발생 및 상류 흐름의 불안정성

c) 난류 흐름 및 골판 화염으로 분해

d) 불꽃 앞에 압력파 생성

e) 불꽃 내 수직 구조물의 국소 폭발

f) 폭발로 전환

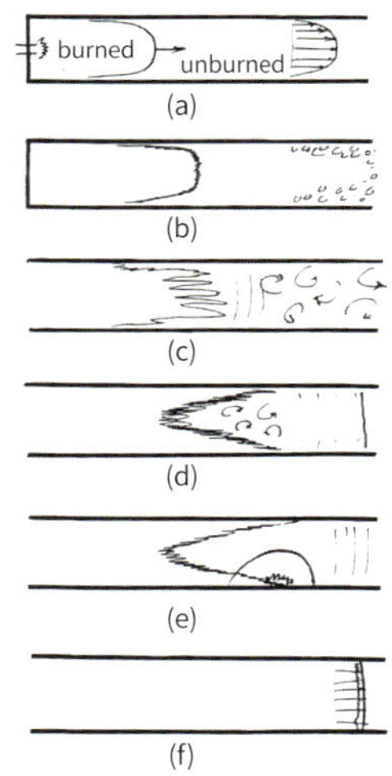

Q6

수소의 직접 개시 폭굉이 일어나기 위한 조건을 간략히 서술하시오.

A6

직접 개시 폭굉은 아주 강력한 점화가 수반되어야 가능하며, 일정 시간 동안 쇼크 파동을 만들어 낼 수 있는 강한 에너지를 가지고 있어야 가능하다.

Chapter

07

수소활용 시스템 안전성 평가기술

1 수소의 위험성

수소는 폭발범위가 넓고 폭발화염 전파속도가 매우 빠른 가연성 가스로서 수소의 제조, 수송, 저장 시 누출, 확산, 화재 및 폭발 등의 많은 위험성을 지니고 있다. 따라서 수소 시스템의 설계와 운전 시 이를 고려한 안전기술이 적용되어야 한다. 수소를 사용할 때 문제점은 크게 4가지로 요약될 수 있다. 첫째, 수소는 넓은 가연 범위, 낮은 점화 에너지, 빠른 연소속도 등으로 인해 화재 또는 폭발의 위험성이 높다. 둘째, 수소는 가장 가벼운 기체로서 공기에서 연소될 경우 열에너지보다 물질의 확산이 3배 정도 빨리 진행된다. 따라서 화염면으로 유입되는 화학에너지가 전도를 통해서 손실되는 열에너지보다 크기 때문에 일단 연소가 진행 될 경우 초과 엔탈피 현상에 의해서 화염을 소염시키기 매우 어렵다. 셋째, 수소는 누출 즉시 부양 확산되므로 개방 공간에서는 증기운이 매우 빠르게 소산되지만 폐쇄 공간에서는 천장 쪽에 증기운이 축적되어 큰 화재나 폭발로 이어질 수 있다. 마지막으로 수소는 다른 물질과 결합이 쉬워, 수소와 접촉하는 장치들은 부식의 위험성이 매우 크다. 수소의 흡수와 방출이 계속되면 장치의 팽창과 수축이 일어나 장치의 변형을 일으키고, 그 결과 수소 누출의 원인이 될 수 있다. 이러한 수소의 잠재적인 위험성을 극복하고, 효율적인 에너지원으로 이용 및 실용화하기 위해서는 수소에 대한 위험성 분석 및 안전성 평가가 선행되어야 한다. 수소 생산 및 이용설비에 적합한 위험성 평가 기법을 이용하고 적용함으로써, 수소 설비에 대한 위험성 감소 및 최적관리 시스템 구축을 위한 기반기술을 확보 할 수 있다.

1) 생체학적 위험성

(1) 질식

수소는 생체학적으로 독성이나 만성 농축으로 인한 위험성을 지닌 물질은 아니다. 흡입으로 인한 부작용으로는 오직 졸음이나 목소리 변성 등이 있을 뿐이지만 산소농도가 19.5% 이하이고, 수소가 공기를 대신한 공간에 들어갔을 때에는 질식현상이 일어날 수 있다. [표 7-1]은 공기 중 산소 농도에 따른 질식 현상을 보여준다.

표 7-1 공기 중 산소 농도에 따른 영향

공기 중 산소 농도(부피당 %)	영향 결과
15-19	일의 능률이 떨어지며, 심장, 폐, 혈액순환 문제의 초기증상이 발현됨
12-15	호흡이 가빠지며, 심장박동이 빨라짐
10-12	현기증이 생길 수 있으며, 판단력이 흐려지고, 입술이 파랗게 변함
8-10	메스꺼움, 구토, 의식불명, 창백한 안색, 기절 등이 일어남
6-8	8분 경과시 사망, 6분 경과시 50%사망, 50%는 치료를 통해 회복될 수 있으며, 4분 경과시 100% 치료를 통해 회복될 수 있음
4	40초 이내에 혼수상태가 올 수 있으며, 경기, 호흡곤란, 사망에 이를 수 있음

(2) 열에 의한 화상

열에 의한 화상은 수소화재가 발생하였을 때 직접 화상을 입거나 화염이 방출하는 열복사에너지에 의해 일어난다. 수소가 연소 될 때 탄소가 없고 열 흡수 수증기가 존재하기 때문에 수소 연소는 탄화수소 연소와 비교할 때 훨씬 작은 복사열을 갖는다. 흡수 된 복사열은 노출시간, 연소속도, 연소열, 연소표면의 넓이 및 대기조건(주로 바람과 습도)을 비롯한 많은 요인에 직접적으로 비례한다. 수소 불꽃은 낮에는 거의 눈에 보이지 않기 때문에 제트기류에 근접할 경우 치명적인 열화상을 입을 수 있다. 또한, 수소 화재는 일반적으로 탄화수소 화재 발생 시간의 1/5에서 1/10정도로 짧은 시간 동안 지속되고, 연소열이 낮아 일반 화재에 비해 피해가 적은 편이다. 수소의 최대 화염 온도는 다른 연료의 화염 온도와 크게 다르지 않지만 화염에서 방사되는 열 에너지는 천연 가스 화염에 비해 크지 않다.

화상에 의한 피해는 위치, 깊이 및 신체 표면적의 양에 따라 다르게 나타나며 화상은 상처의 깊이에 따라 다음과 같이 분류된다.

표 7-2 화상에 따른 특징

구분	특징
1도 화상	피상적이며 피부의 국소적인 염증을 일으킨다. 이 염증은 통증, 발적 및 가벼운 팽창이 특징이다.
2도 화상	1도 화상 보다 더 깊고 통증, 발적 및 염증과 더불어 피부의 물집이 생긴다.
3도 화상	피부의 모든 층을 포함하여 사실상 피부의 해당 영역을 괴사시키는 만큼 더 깊게 나타난다. 신경과 혈관이 손상되며 상대적으로 고통스럽다.

(3) 극저온에 의한 화상

극저온에 의한 화상(동상)은 극도로 차가운 액체 나 차가운 용기 표면에 닿으면 생길 수 있다. 수소를 극저온 액체 상태로 유지하기 위하여 용기를 이중 벽, 진공 재킷, 초 절연 컨테이너 등을 사용하여 저장하고 수소를 안전하게 가스 형태로 배출하도록 설계하고 있다. 견고한 구조와 여분의 안전 기능은 사람과의 접촉 가능성을 크게 줄이는 효과가 있다.

열로 인한 화상과 유사하게 극저온에 의한 화상 역시 화상의 깊이에 따라 아래와 같이 분류된다.

표 7-3 저온 화상에 따른 특징

구분	특징
1도 화상	표면 피부 만 동결 된 후 발생하며 그 다음에는 가려움증과 고통으로 시작하여 부상이 발생한다. 그 후, 피부가 희게 변하고 영역이 마비된다. 일반적으로 영구적인 손상은 유발하지 않으나 동상은 열과 추위 환경속에서는 장기간 지속될 수 있다.
2도 화상	피부가 얼고 단단해지며 피부 깊은 곳에 있는 조직에는 피해가 가지 않는다. 이러한 유형의 상해는 일반적으로 동결 후 1-2 일 동안 물집이 생긴다. 물집이 단단해지고 검게 변하고 이 부위의 대부분은 열과 추위에 영구적으로 걸릴 수 있지만 대부분이 부상은 3-4 주 후에 회복된다.
3-4도 화상	화상의 말단은 단단하고 나무표면과 같은 느낌을 주며 일시적으로 기능을 하지 못하고 심한 경우에는 영구적으로 사용이 중단된다. 해당 부위는 짙은 자주색이나 빨간색으로 보이며 물집이 피로 가득찬다. 이런 유형의 심한 동상은 손가락과 발가락이 손상 될 수 있다.

(4) 과압에 의한 사고

과압에 의한 영향은 직접적으로도 존재하지만 간접적으로 일어난다. 직접적인 피해는 급격한 압력 증가로 폐나 귀 같은 압력에 민감한 장기에 손상을 주는 사례가 있을수 있으며, 간접 효과는 폭발로 인한 파편, 구조물 붕괴 또는 폭발로 인한 충격 및 충돌에 의한 신체의 격렬한 흔들림 등 인체에 미치는 영향이 이에 해당한다. [표 7-4]는 과압에 따른 인체에 미치는 영향을 나타낸다. 폭발로 인한 압력증는 과압과 지속 기간의 조합의 결과로 과압 손상 또는 사망을 유발할 수 있다.

표 7-4 과압에 따른 인체 영향

과압(kPa)	인체에 미치는 영향
직접적인 영향	
13.8	고막 파열의 한계치
34.5-48.3	고막 파열 확률 50%
68.9-103.4	고막 파열 확률 90%
82.7-103.4	폐출혈의 한계치
137.9-172.4	폐출혈 확률 50%
206.8-241.3	폐출혈 확률 90%
48.3	과압에 의한 체내부 손상 한계치
482.6-1,379	즉각 사망
간접적인 영향	
10.3-20.0	압력 파에 의해 쓰러짐
13.8	압력에 버틸 경우 치명적인 부상 발생
55.2-110.3	서 있을 경우 멀리 날아갈수 있음

2) 물리학적 위험성

(1) 수소 취성

수소 취성 (hydrogen embrittlement)은 수소에 노출되어 금속에 작은 균열이 발생하는 과정을 의미하는데, 이것은 장기간 발생하는 특성으로 수소 시스템을 오랜 시간 사용하였을 때 발생한다. 금속 및 비금속 물질의 기계적 성질이 저하되어 누출이 발생할 경우 주변에 위험을 유발할 수 있다. 대부분의 피해는 파열 후 수소의 점화에 의해 발생한다. 따라서 수소를 취급하는 배관과 장비에 대한 모든 수리 및 개조는 신중하게 설계 및 테스트가 진행되어야 한다.

(2) 물리적 특성 약화

많은 금속과 합금은 수소 존재 하에 현저히 기계적 특성이 저하된다. 연구에 따른 물리적 특성 약화는 아래와 같다.

- 수소로 인한 금속 (또는 합금)의 민감성은 금속의 강도에 따라 증가한다.
- 내부 및 환경 수소 취성 속도는 200~300K (-73~27℃)의 온도 범위에서 최대이며, 수소 반응 취화는 실온 이상의 온도에서 발생한다.
- 수소 취성에 대한 강재의 민감성은 수소 순도와 함께 증가한다.
- 취성에 대한 민감성은 일반적으로 인장 응력에 따라 증가한다.
- 마모는 보통 균열 성장으로 인해 금속의 피로를 유발한다.

(3) 재료의 안정성

낮은 온도, 특히 극저온에서 대부분의 재료가 연성에서 취성으로 변한다. 이러한 이유로 수소 저장 용기 또는 배관에 손상으로 사고가 발생할 수 있는데 대표적인 사례 중 하나가 1944년 클리블랜드에서 4,248 m^3 용량의 니켈 3.5% 강으로 만든 액체 천연 가스 (LNG) 저장 용기에서 저온 취성으로 인한 사고였다.

선박은 4,163m^3의 LNG 탱크가 파열되면서 LNG가 인근 하수구로 누출된 후 점화되었으며, 도미노 효과로 인근 저장 용기가 화재로 인해 내용물이 분출되면서 약 850m 높이의 화염이 발생했다. 이 사고로 128명이 사망하고 200~400명이 부상을 입었으며 미화 680만달러의 재산손해가 발생했다.

이렇듯 재료의 연성은 일반적으로 Charpy impact test에 의해 결정되는데, 재료에 대한 다양한 온도에서 샤르피 충격 시험의 결과는 아래의 [그림 7-1]과 같다.

9% 니켈 강의 연성 손실은 그림과 같이 280 K (7℃) 이하의 온도에서 201스테인레스 강과 120K (-153℃) 이하의 C1020 탄소강의 단계적 취성이 분명하게 나타나고 있어, 이러한 재료는 액체수소 저장에 사용되어서는 안 된다는 점을 보여준다. 알루미늄 2024-T4의 연성은

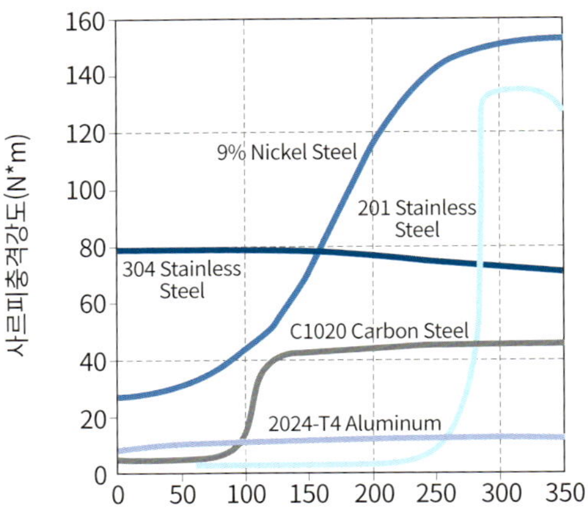

그림 7-1 물질 별 온도에 따른 사르피 충격 강도

저온에서 크게 변하지 않지만 저장 용기 설계 시 강도가 낮기 때문에 주의하여야 하고, 304 스테인레스 스틸의 샤르피 충격 강도는 온도가 낮아짐에 따라 증가하기 때문에 액화 수소 저장 용기 및 파이프의 건설에 적합한 재료로 판단할 수 있다.

소재의 항복 강도와 인장 강도의 차이를 사용하여 연성을 측정 할 수 있다. 일반적으로 이 두 값이 상당히 다른 경우에는 연성으로 간주한다. 따라서 5986 알루미늄의 경우 극저온 영역에서 온도가 낮아짐에 따라 수율 및 인장 강도 값이 두드러지며 이는 액화 수소에 적합한 재료임을 알 수 있다. 그러나 이 값은 AISI 430 스테인리스강의 극저온 영역에서 유사하며 액체수소와의 부적합성을 나타낸다.

구조 재료가 다르면 열 수축 계수가 다르므로 극저온에서 각기 다른 차원에 맞게 조정하지 않으면 누출, 폭발과 같은 안전관련 문제가 발생할 수 있다. 일반적으로 실온에서 수소 액화 온도 (20K)에 가까운 온도까지 대부분 금속의 수축은 1 % 미만이지만 가장 일반적인 구조용 플라스틱의 수축율은 2.5%에 달하기도 한다.

2 수소의 안전성 평가기술

안전성 평가는 사업장의 유해·위험 요인을 파악하고 해당 유해·위험요인에 의한 부상 또는 질병의 발생 가능성(빈도)와 중대성(강도)을 추정·결정하고 감소 대책을 수립하여 실행하는 일련의 과정을 말한다. 안전성평가 기법은 크게 정량적 기법과 정성적 기법으로 나누어진다.

1) 정성적 위험성 평가

(1) 위험과 운전분석(HAZOP, Hazard and Operability Study)

① 개요

위험과 운전분석(HAZOP Study)법은 공정에 존재하는 위험요인과 공정의 효율을 떨어뜨릴 수 있는 운전상의 문제점을 찾아내어 그 원인을 제거하는 방법으로 공장의 위험을 찾아 평가하고 위험이 아니더라도 공장의 안전성을 위태롭게 하는 운전상 문제점을 찾기 위해 개발되었다. HAZOP Study의 목적은 설계 운전 의도로부터 이탈하는 원인을 체계적으로 공정이나 운전을 면밀하게 검토하는 것이다. 이 기법은 연속 또는 회분식 공정에 사용할 수 있고 절차서 평가에 적용할 수 있다. HAZOP 팀은 이탈 방지를 위한 기존 방호장치 뿐만 아니라 이탈의 잠재 원인과 결과를 열거한다. 팀은 이탈에 대한 방호장치가 불충분하다고 밝혀질 때 위험도를 줄이는 조치를 제안한다. HAZOP 기법의 사용에는 공정설계와 운전에 관한 상세한 정보를 필요로 상세설계 중 또는 이후에 공정을 분석하는데 사용되어진다. HAZOP팀은 공정설계 의도의 이탈로부터 발생하는 위험과 운전상 문제를 찾아내기 위해 창조적이고 체계적인 접근법을 사용한다. 경험 있는 팀 리더는 가이드워드(변수의 질이나 영양을 표현하는 간단한 용어를 말한다)를 사용해 팀을 체계적으로 이끈다. 가이드워드는 공장운전 의도로부터 잠재적 이탈(가이드 워드와 변수가 조합되어 유체흐름의 정지 또는 과잉상태와 같이 설계의도로부터 벗어난 상태를 말한다)을 찾기 위해 공정변수와 조합하여 특정 검토구간에 대하여 적용된다.

예를 들어 공정변수 "Flow"와 조합한 가이드워드 "No"는 이탈 "No Flow"가 된다.

표 7-5 이탈의 원인, 결과, 방호장치의 예시

이탈의 원인	이탈의 결과	이탈에 적용된 방호장치
운전원 실수로 펌프를 차단	펌프 과열	펌프 토출배관의 압력방출용 밸브

원인과 결과가 중대한데 방호장치가 불충분하면 팀은 후속 조치를 제안할 수 있다.

HAZOP과 연관된 브레인스토밍의 주요 장점은 창의성을 자극해 새로운 아이디어를 만들어내는 것이다. 이러한 창의성은 다양한 경험을 가진 팀원간의 상호작용으로부터 나온다. 결과적으로 HAZOP의 성공은 모든 참석자가 자유롭게 자신의 견해를 표현하되 참석자 간 상호 비방을 삼가는 것이 필요하다. 위험상황 검토를 위한 프로토콜 사용과 창조적 접근법은 HAZOP의 완성도를 높이는데 도움이 된다. HAZOP Study는 공정부분 또는 운전단계인 '검토구간'(Study Node)이라 불리는 공정 또는 운전의 특정 포인트에 집중한다. HAZOP 팀은 일련의 가이드워드로부터 얻은 공정이탈에 대해 각 부분이나 단계를 한 번에 하나씩 조사한다. 가이드워드의 목적은 모든 공정매개변수의 이탈이 평가되도록 하는 것이다. 팀은 각 부분이나 단계에 대해 상당히 많은(예, 10~20개 이상) 이탈들을 고려하여 그것들의 잠재원인과 결과를 찾는다. 주어진 각 부분이나 단계에 도출된 모든 이탈은 다음 단계로 진행하기 전에 분석한다. 효과적인 HAZOP Study를 위해서는 공정이탈을 설계나 운전의도로부터 벗어난 비정상상태로 간주하여야 하고 Study 팀에 의해 모든 안전한계와 운전절차 단계로부터의 이탈이 평가되도록 하여야 한다. HAZOP Study는 기존 시설 뿐만 아니라 신규 프로젝트에서도 수행할 수 있으며 신규 프로젝트에서 공정설계가 어느 정도 확정되었을 때 HAZOP을 수행하는 것이 최적이다. 시스템 배관·계장도(P&ID)를 이용해서 팀이 HAZOP에서 제기된 질문에 대한 의미 있는

응답을 할 수 있으나 아직 큰 비용 부담없이 설계를 변경하는 것이 가능하다. HAZOP Study는 분석에 필요한 충분한 공정자료와 지식을 가지면 공정 수명주기 초기 단계에 수행할 수 있으나 초기 단계에 수행되는 HAZOP Study가 설계검토용 대체물이 되어서는 안된다.

표 7-6　HAZOP Study에서 일반적으로 사용되는 용어

용어	정의
검토구간(Study Node)	이탈 배관계장도 상의 위치
설계의도(Design Intent)	이탈 없는 운전 정의
Guide Words	설계의도를 정성화 또는 정량화하고 공정위험을 확인하는 브레인스토밍 과정을 이끌고 촉진하는데 사용하는 단어
공정변수(Process Parameter)	공정과 관련된 물리적 또는 화학적 성질. 반응, 혼합, 농도, pH 같은 일반적 항목과 온도, 압력, 상태와 흐름과 같은 특정 항목
이탈(Deviation)	정상운전 상태에서 벗어남
원인(Cause)	개시 원인, 왜 이탈이 발생했는지의 이유
결과(Consequence)	이탈의 결과(예, 독성물질의 누출) 예방 방호장치가 실패하여 손실사건으로 인한 결과와 영향을 검토한다. HAZOP Study 목적과 무관한 미미한 결과는 고려하지 않는다.
조치항목(Action)	설계변경, 절차변경 또는 추가 HAZOP Study 등을 제안 (예, 압력경보기 추가설치 또는 운전단계 순서 변경 등)

다음의 가이드워드는 관련 공정변수와 결합하여 공정의 각 포인트(검토구간, 공정부분 또는 운전단계)에 적용된다.

표 7-7　HAZOP Study의 가이드워드

가이드워드		공정 변수
가이드워드	의미	
No 또는 Not Less 또는 Less of More 또는 More of Part of As well as 또는 More Than Reverse Other than	설계 의도의 부정 정량적 감소 정량적 증가 정성적 감소 정성적 증가 의도의 논리적 반대 완전한 대체	유량(Flow), 압력(Pressure), 온도(Temperature), 액위(Level), 시간(Time), 조성(Composition), pH, 속도(Speed), 빈도(Frequency), 점도(Viscosity), 전압(Voltage), 정보(Information), 혼합(Mixing), 추가(Addition), 분리(Separation), 반응(Reaction)

가이드워드는 일반 공정변수(예, 반응, 혼합)와 특정 공정변수(예, 압력, 온도) 둘 다 적용된다. 일반 공정변수에 하나의 가이드워드에 하나 이상의 이탈을 갖는 것이 드물지 않다. 예를 들어 “more reaction”은 반응이 급속하게 일어나거나 다량의 반응물이 생기는 것을 의미할 수 있다. 특정 공정변수에 있어 가이드워드의 몇몇은 수정이 필요할 수 있다. 예를 들어 온도변수를 고려하면 가이드워드 “more” 또는 “less”는 단지 가능성 일 수 있다.

HAZOP 결과는 시스템 개선을 위한 위험 및 운전문제의 발견, 설계 변경권고, 절차 등을 포함한 팀 결과이다. 정보 부족으로 결론을 낼 수 없는 지역의 검토 수행 권고, 원인, 영향 및 방호장치에 관한 팀 토론 결과를 열 서식표에 기재한다. HAZOP Study는 최신본 배관·계장도 또는 동등한 도면과 운전절차서와 같은 다른 상세 공정정보와 공정 및 계기와 관련된 운전지식을 필요로 한다. 훈련받은 경험 있는 리더는 효율적이고 고품질 HAZOP 결과 도출에 있어 필수적이다.

대규모 공정의 HAZOP 팀은 설계, 엔지니어링, 운전 및 정비 등 다양한 경험을 가진 5 내지 7명으로 구성할 수 있다. 팀 구성원 1명이 분석을 이끌고 다른 사람(서기)이 팀의 검토 결과를 기록한다. 단순공정이나 한정된 범위의 경우 검토 팀이 필요한 기술과 경험을 가진 3내지 4명이 할 수 있다. 다음은 HAZOP 기법을 사용한 위험성평가에 소요되는 예상시간이다.

표 7-8 HAZOP Study 기법을 사용한 위험성평가의 예상 소요시간

범위	준비	평가	기록
소규모 시스템	8 ~ 12시간	2 ~ 6시간	2 ~ 6일
대규모 공정	2 ~ 4일	2 ~ 6주	2 ~ 6주

② 분석 절차

HAZOP을 수행할 경우 사전 준비의 범위는 분석할 공정의 규모와 복잡도에 달려있다. Study의 목적, 목표와 범위는 가능한 명백하게 해야 한다. 목적은 공장 또는 프로젝트를 책임지고 있는 사람에 의해 설정되어야 하고 Study 방향과 목적을 위해 팀이 함께 일하는 것과 특정결과가 무엇인지 정의하는 것이 중요하다. 예로 주민안전에 영향을 최소화하기 위한 HAZOP을 수행할 경우 공장을 어디에 건설해야지를 결정하는 등 장외영향의 이탈에 집중해야 한다. HAZOP 팀은 리더와 서기, 검토할 시설 또는 그와 유사한 시설의 운전 경험자, 공정설계 및 운전을 이해하는 자로 구성하여야 한다. 단순하고 덜 위험한 공장은 작은 규모의 팀이면 충분하지만 5명 내지 7명이 이상적이다. 데이터는 배관·계장도(P&ID), 흐름도, 공장배치도, 운전지침, 계기순서제어차트, 논리도 및 컴퓨터 프로그램, 공장매뉴얼, 장치제조자 매뉴얼 등으로 구성된다. 중

요 도면과 데이터는 HAZOP Study 전에 팀 구성원에게 제공되어야 한다. 리더는 회의 시 고려할 이탈목록을 개발하고 팀 활동 결과를 기록할 Worksheet를 준비한다. 리더는 이전에 모아둔 목록의 사용을 피해야 한다. 이는 공정위험을 찾는 팀의 창조적 활동을 억제하고 현실안주로 위험이탈을 놓칠 수 있다. 팀이 공장과 운전에 체계적으로 접근하도록 리더는 Study 계획을 준비한다. 이것은 특정공장이 어떻게 운전되는지를 기초로 하여 최적의 Study 순서를 확정하기 위해 회의 전에 팀 리더가 일정 시간을 소비해야 한다는 의미이다. 팀 리더는 데이터와 도면이 취합되면 검토회의를 개최한다. 첫째로 Study에 필요한 회의시간을 추정한다. 대략 각 공정부분 또는 검토구간이 평균 20내지 30분 소요된다. 리더는 공정 부분 또는 검토구간의 수를 감안하여 HAZOP 회의 시간을 추정할 수 있다. 필요한 회의시간 추정 후 팀 리더는 검토 회의

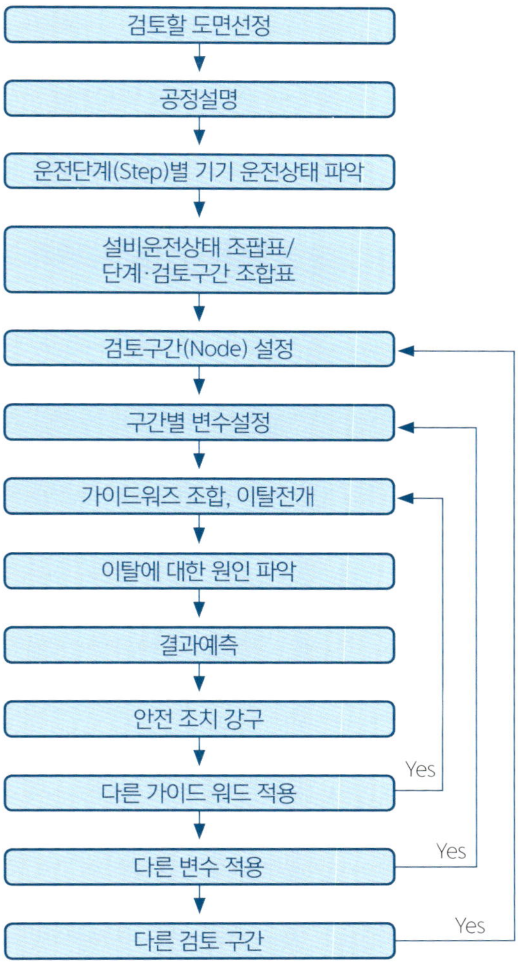

그림 7-2 HAZOP의 전형적 흐름도(KOSHA 기술지침)

를 가진다. 각 회의는 4 내지 6시간이상 지속되지 않도록 한다. 장시간 회의는 효율성을 떨어뜨려 바람직하지 않다. 큰 프로젝트 배정된 시간 내에 팀이 모든 대상공정을 평가할 수 없다. 몇 개의 팀과 리더를 운영할 필요가 있으며 이 경우 리더 중의 1명이 전체 조정자로서 역할을 해야 한다. 조정자는 공정을 논리적 세트로 나누어 공정의 각 부분을 서로 다른 팀에게 할당하고 Study 전체 일정을 준비해야 한다. HAZOP Study에서는 Guide word를 사용하여 공정 위험이 다루어지고 공정 도면이나 절차를 검토 구간, 공정부분이나 운전단계로 나눌 필요가 있다. HAZOP 회의의 전형적 흐름도는 다음과 같다.

모든 Guide word를 각 공정부분 또는 운전단계에 적용하고 원인 결과, 방호장치 및 조치와 이탈, 이탈에 따른 평가 필요성을 기록한다. 팀 리더는 위험 상황을 발견하여 참여자 모두가 이해하도록 한다. HAZOP 팀 리더는 팀 회의 도중에 생기는 문제해결의 수준을 조정하는 것이 중요하다. 또한, 기록과정이 HAZOP Study의 중요한 부분이다. 회의록을 기록하는 서기는 회의 도중 발생하는 수많은 대화에서 적절한 내용을 추출할 수 있어야 한다. 회의에서 나온 모든 내용을 수기하는 것이 불가능하지만 중요한 아이디어를 보존하는 것은 매우 중요하다. 평가자가 중요하지 않은 이탈 원인은 작성하기 않음으로서 문서작성의 노력을 최소화할 수 있고 핵심 현안의 검토는 결론을 미세조정하고 다른 문제점도 알아낼 수 있다. HAZOP 회의 결과는 다음 서식에 기록하고 조치사항은 별개로 정리할 수 있다.

표 7-9 HAZOP 회의 결과에 따른 조치사항 정리 예시

번호	이탈	원인	결과(영향)	방호장치	조치사항
1.1					

(2) 사고예상질문분석(What-If Analysis)

① 개요

사고예상질문분석 기법은 대상 공정에 익숙한 경험 있는 집단이 상호 질문을 하거나 원하지 않은 위험 사건에 대한 서로 말하는 브레인스토밍 접근법이다. 사고예상질문분석의 목적은 원하지 않는 결과를 낳는 위험, 위험한 상태나 특정사건 순서(sequence)를 확인하는 것이다. 경험있는 사람은 비정상적 상황이나 결과, 기존의 방호장치를 확인하여 확실한 개선이 이루어지는 지 확인되거나 방호장치가 부족하다고 판단되는 곳의 위험도를 줄일 수 있는 대안을 제시한다. 이 방법은 설계, 건설, 개조 또는 정상 운전에서의 이탈의 검토를 포함하며 공정의도에 대한 기본적인 이해가 필요하다. 이 방법은 충분한 경험이 있는 사람에겐 효과적인 기법이나 그렇지 않다면 결과가 불완전할 수 있다. 사고예상질문분석은 위험과

운전분석(HAZOP Study)이나 고장형태와 영향분석(FMEA) 등의 기법같이 본질적으로 구조화되어 있지 않으므로 분석가가 이 기법적용에대한 특정한 기본개념을 가지고 적용하여야 한다. 사고예상질문분석 기법은 공정수명주기의 모든 단계에서 사용되며 숙련된 사용자들 사이에 평판이 좋다. 이 기법은 위험성평가팀이 What-If(~라면 어떻게 될까?)로 시작하는 질문을 하게 한다. 예를 들어

- 시운전 시 '펌프 A'가 멈추면 어떻게 될까?
- 운전원이 '밸브 A' 대신 '밸브 B'를 열면 어떻게 될까?

서기는 모든 질문을 차트 패드, 마킹보드나 컴퓨터에 기록하고 질문들을 가스, 전기, 소방 또는 보건과 같이 특정 분야로 분류할 수 있다. 질문은 경험, 기존도면과 공정설명을 기초로 해서 만들어진다. 운전 중인 공장의 조사는 위험성평가 팀원이 아닌 공정의 담당 직원면담을 포함할 수 있다. 리더가 논리적인 패턴을 제시하지 않는 한 질문에 대한 특정 패턴이나 순서는 없다. 질문은 단지 기기고장이나 공정변화가 아닌 공장과 관련한 비정상적인 조건을 다루게 된다. 사고예상질문분석 기법은 공정에 대한 질문과 응답 목록을 만든다. 그리고 위험상태, 그 결과, 방호장치와 위험도 감소를 위한 개선사항을 표형식의 목록으로 만들 수 있다. 사고예상질문분석은 매우 유연해서 가용한 공정정보와 지식을 사용하여 공정 운전 중 어느 단계에서나 사용할 수 있다. 분석을 위해서는 각 공정지역별로 2내지 3명이 인력이 필요하다. 전체 공정을 소규모 팀으로 장시간동안 운영하는 것 보다 공정을 적은 규모로 나누어 더 많은 팀의 운영이 때로는 더 나을 수 있다. 사고예상질문분석의 시간과 비용은 분석할 공정의 수와 복잡도에 비례한다. 다음은 사고예상질문분석 기법을 사용한 위험성평가에 소요되는 예상시간이다.

표 7-10 체크리스트에 따른 예상 질문

범위	준비	평가	기록
소규모 시스템	4 ~ 8시간	4 ~ 8시간	1 ~ 2일
대규모 공정	1 ~ 3일	3 ~ 5일	1 ~ 3주

② 분석 절차

사고예상질문분석(What-If Analysis)에 필요한 정보는 화학물질 데이터, 공정설명, 도면 및 운전절차서이다. 시설수명주기 단계, 충족해야 할 법적요건 및 What-If 질문에 대한 응답에 필요한 특정정보에 따라 다른 정보도 필요로 할 수 있다. 모든 정보는 최신 본으로 회의에 앞서 위험성평가팀이 이용 가능해야 한다. 기존 공장을 검토한다면 검토팀이 운전, 정비 유틸리

티나 다른 서비스를 맡고 있는 사람과 면담을 할 수 있다. 검토팀이 회사 밖에서 What-If 회의를 갖는다면 배치, 건설과 운전에 관한 더 좋은 아이디어를 얻기 위해 회사를 방문하여야 한다. 검토준비의 마지막은 분석회의를 촉진할 예비 What-If 질문을 준비 것이다. 분석이 이전 검토서의 갱신이나 공장변경에 따른 검토라면 이전 검토 보고서에 열거된 질문을 사용할 수 있다. 신규공장이나 최초 적용의 경우 검토회의 중에 추가질문이 만들어지더라도 회의 전 팀 리더와 팀 구성원이 예비 질문을 개발하여야 한다. HAZOP Study에서 사용되는 원인과 영향이 질문을 만드는데 도움이 될 수 있다. 검토 회의는 검토지역과 관련된 전체 공장과 공정 지식 및 전문성을 가진 공장직원의 공정설명으로 시작한다. 설명에는 공장 안전예방책, 안전장치 및 보건관리절차를 포함해야 한다. 안전상 문제점을 말하는 팀 구성원에 의해 대상공정들이 검토되어야 하나 준비된 What-If 질문에 한정하거나 질문에 대한 발언을 제한하지 않아야한다. 팀은 급히 서두르거나 연속해서 오랜시간 회의해서는 안된다. 이상적으로는 하루 4 ~ 6시간 이상 회의를 해서는 안되며 1주일 이상 연속하는 What-If 회의는 바람직하지 않다. 회의에는 2가지 방식이 있는데 하나는 우선 모든 안전 문제와 질문을 차트패드나 마킹보드에 열거하고 생각해 보는 것이고 다른 하나는 팀으로부터 다른 질문이나 문제를 구하기 전에 각 상황의 중요성을 정함과 함께 각 질문과 현안을 한 번에 하나씩 생각하는 것이다. 두 방식을 사용할 수 있으나 팀의 창조적 모멘텀을 이끌기 위해 질문에 답하기 전에 모든 질문을 열거하는 것이 필요하다. 공정이 복잡하거나 크면 작은 부분으로 나누어 팀이 단지 질문을 열거하는데 수일을 소모하지 않도록 한다.

초기에 팀 리더는 검토 범위를 설명하고 팀이 이에 동의하여야 한다, 위험성평가팀 리더가 적절하다고 여기는 논리적인 방식으로 분석가에게 지시할지라도 팀은 대상공정의 시작부터 끝까지 계속 진행한다. 팀은 각 질문에 답하고 각 문제를 다루어 위험, 잠재적 결과, 방호장치 및 가능한 해결책을 찾는다.

사고예상질문분석 기법은 본질적인 안전검토 시 위험을 평가하는데 사용된다. 이 기법은 팀 구성원이 본질적 안전 원칙에 정통해야 효과적이다. 팀은 공정이탈 시나리오를 떠올려 시나리오의 잠재위험을 줄이거나 제거하기 위한 본질 안전 개선안을 찾는다. 대체, 최소화, 완화 및 간소화 전략이 안전성 개선안을 도출하는데 사용된다.

기록은 팀이 발견한 위험을 제거하거나 감소시키는 대책의 핵심이다. 사고예상질문분석 서식의 예시는 다음과 같다.

표 7-11 사고예상질문분석 서식 예시

What-If	위험	결과(영향)	방호장치	개선 권고안

표 7-12 정성적 위험성 평가의 종류별 특징

구분	HAZOP	What if
정의	미리 주어진 가이드워드에 따라 자유토론방식으로 위험성을 평가하고 개선 권고 사항을 도출하는 정성적 분석 기법	질문의 형태로 문제점 제기 자유토론 방식으로 위험성을 인식하고 개선 권고 사항을 도출
방법	대상 시스템, Node 설정 설계의도 설명 가이드워드에 따른 Cause와 Consequence 토론 위험성에 대한 Recommendation 작성	공정설명 공정 서류 및 현장 방문 질문의 형태로 문제점 제기 위험성에 대한 토론 개선 권고 사항 도출
특징	구조적, 체계적으로 빠짐없이 공정 검토가능 평가자의 자질에 따라 결과가 달라질 수 있음 시간과 노력이 많이 소요됨	분석이 용이해 시간과 경비를 줄일 수 있음 질문에 따라 평가가 달라질 수 있음

2) 정량적 위험성 평가

(1) 결함수분석(FTA, Fault tree analysis)

① 개요

결함수 분석 기법은 사고의 원인되는 장치의 이상이나 고장의 다양한 조합 및 작업자실수 원인을 규명하는 방법으로서 설계 또는 운전단계에 있는 공정의 위험성평가 시 사고의 발생빈도와 예상 사고 시나리오를 추정하는데 적용한다. 결함수 분석(FTA)는 하나의 특정사고 또는 주 시스템 고장에 맞춘 연역적 기법으로 사건의 원인을 판단하는 방법을 제공한다. FTA의 목적은 사고가 될 수 있는 장치고장과 인간 실수의 조합을 찾는 것이다. 사고를 초래하는 단일고장에 특히 취약한 시스템에는 고장형태와 영향분석(FMEA)이나 위험과 운전분석(HAZOP Study) 같은 단일고장에 중점을 둔 기법을 사용하는 것이 좋다. 결함수는 주요 시스템 고장을 일으키는 장치고장과 인간실수의 다양한 조합을 보여주는 도식 모형인데 FTA의 강점은 사고를 일으키는 기본 장치고장과 인간실수의 조합을 찾는 능력이다. 결함수는 정상사상(재해의 위험도를 고려하여 결함수 분석을 하기로 결정한 사고나 결과를 말한다.)이라고 불리는 하나의 특정 고장을 초래하는 고장들의 조합을 보여주는 도식모형이다.

FTA는 Boolean 논리 기호(예, AND gate, OR gate)를 사용하여 정상사상의 원인을 기본사상(더 이상 원인을 독립적으로 전개할 수 없는 기본적인 사고의 원인으로서 기기의 기계적 고장, 보수와 시험 이용 불능 및 작업자 실수사상 등을 말한다.)이라고 불리는 기본 장치고장과 인간실수로 나누는 연역적 기법이다. 결함사상이라 불리는 직접적인 원인은 평가자가 각 결함사상의 기본사상을 찾거나 평가의 경계에 이를 때까지 같은 방식으로 검토한다. 결함수 모형은 기본사상과 선택된 정상사상 간의 논리적 관계를 보여주게 된다. 정상사상은 What-If Analysis나 HAZOP Study와 같은 개괄적 위험성평가 기법을 통해 확인된 특정 위험상황이다. 결함수 모형은 컷세트(Cut Set)이라고 알려진 정상사상을 일으키는 고장조합(고장형태) 목록을 만드는데 사용될 수 있다. 최소 컷세트(정상사상을 발생시키는 기본사상의 최소집합을 말한다.)은 모두 발생하거나 동시에 존재한다면 정상사상의 발생을 일으키는 구성요소 고장의 가장 작은 조합이다. 최소 컷세트에서 정상사상이 특정 최소 컷세트의 결과로서 정상사상이 발생한다면 최소 컷세트에서 모든 고장이 일어나야 한다.

표 7-13 결함수 기법을 사용한 위험성평가의 예상소요시간

범위	준비	모델 구성	정성적 평가	기록
소규모 시스템	1 ~ 3일	3 ~ 6일	2 ~ 4일	3 ~ 5일
대규모 공정	4 ~ 6일	2 ~ 3주	1 ~ 4주	3 ~ 5주

② 분석 절차

결함수 분석을 수행하는 절차는 1) 문제 정의, 2) 결함수 작성, 3) 결함수 모델의 정량적 분석, 4) 결과 기록 순으로 이루어진다.

㉮ 문제 정의

문제를 정의하기 위해 정상사상(Top Event)과 분석의 경계조건을 선정해야한다. 경계조건은 시스템 물리적 한계, 허용되지 않는 사상, 해결 수준, 기존 조건, 개시 조건 등을 포함한다. 정상사상은 광범위하거나 불명확하게 정의된 정상사상을 분석하는 것이 종종 비효율적인 분석을 초래하기 때문에 평가될 시스템 또는 공장을 위해 정확하게 정의되어야 한다. 예를 들어 공장 화재의 정상사상은 결함수 분석에 있어 너무 막연하므로 적절한 정상사상은 정상운전 중 공정 산화반응기의 폭주반응이 되어야 한다. 이런 사상의 표현은 무엇을, 어디에 보여주기 때문에 이해하기 쉽고 적절한 표현이다. 무엇(폭주반응)은 사고의 종류를 알려주고 어디(공정 산화반응기)는 사고를 포함한 시스템 또는 공정을 알려 준다. 보다 나은 것은 특정 지속되는 폭주반응에 의한 용기 파손과 같은 손실사건으로 정상사상을 정의하는 것이다.

㉯ 결함수 작성

결함수 작성은 정상사상에서 시작하여 모든 결함사상이 기본사상으로 거슬러 올라갈 때까지 수준별로 진행한다. 평가자는 정상사상으로 시작하여 정상사상이 되는 충분한 원인을 파악하

기 위해 연역적인 원인과 영향 추론을 사용한다. 평가자가 즉각적으로 정상사상의 기본 원인을 즉각 알아내면 문제는 매우 간단하고 FMEA 와 같은 다른 기법으로 평가할 수도 있다.

정상사상의 직접원인은 결함수 분석으로 알 수 있다. 직접원인의 하나가 정상사상이 된다면 그것이 OR 로직 게이트로 정상과 연결될 수 있다. 직접원인이 모두 발생하여야 만 정상사상에 이른다면 그것들은 AND 게이트로 정상사상과 연결되어 있다.

㉰ 결함수 모델의 분석

완성된 결함수는 고장이 어떻게 상호작용하여 사고가 되는지를 보여줌으로서 유용한 정보를 제공한다. 그러나 경험 있는 평가자라도 결함수로부터 사고를 초래하는 모든 고장의 조합을 직접 발견할 수 없다. 따라서 각 단계에서 최소 cut set을 얻는 하나의 방법을 토의 한다. 최소 cut set은 결함수 정상사상이 될 수 있는 사고의 모든 조합이다. 최소 컷세트(cut set)은 사고가 일어날 수 있는 평가에 유용하고 적정한 데이터가 주어진다면 결함수를 정량화할 수 있다. 최소 컷세트을 위해 결함수 모델을 푸는데는 수기 또는 전산화 방법이 있다. 큰 결함수는 최소 컷세트(cut set)을 알아내는데 컴퓨터 프로그램이 필요하게 된다. 결함수 분석은 1)모든 게이트와 기본사상을 발견한다 2) 모든 게이트를 기본사상 세트로 분해한다 3) 세트 내 중복 사상을 제거한다 4) 모든 확대세트(다른 세트를 포함하는 세트)를 지운다. 절차의 결과는 결함수의 최소 컷세트(cut set) 목록이 된다.

㉱ 평가결과 기록

결함수분석의 마지막 단계는 검토결과를 기록하는 것이다. 위험분석가는 분석할 시스템 서술, 문제 정의 토론, 가정 목록, 전개된 결함수 모델, 최소 컷세트 목록 최소 컷세트의 중요성 평가를 제공하고 더하여 결함수 분석결과 생긴 권고안을 제공하여야 한다.

표 7-14 FTA의 논리기호 및 정의

논리 기호	명칭	정의
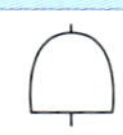	AND 게이트	출력사상은 모든 입력사상의 동시 발생율을 요구함
	OR 게이트	출력사상은 어느 개별적인 입력사상의 발생을 요구함
	기본사상	더 이상 정의가 필요 없는 결함사상
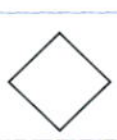	생략사상	적절한 정보부족으로 더 나갈 수 없는 사상
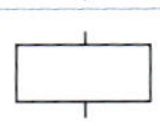	중간사상	많은 다른 사상의 상호작용에 의해 일어나는 사상

AND 논리함수는 병렬적으로 상호작용하는 공정을 기술하기 위해서 매우 중요하다. AND 논리함수의 출력상태는 오직 입력상태 모두 활동적일 때 활동적인 것을 의미한다. 억제함수는 어느 특정시간에 결함으로 되게 하기 위한 사상을 위해서 유용하다.

실제 결함수를 그리기 위해서는 많은 예비단계가 필요하다.

- 정상사상을 상세히 정의한다.
- 존재하는 사상을 정의한다.
- 현재 발생확률이 없거나 또는 고려하지 않은 사상을 정의한다.
- 공정의 물리적인 영역을 정의한다.
- 장비의 형태 및 상태를 정의한다.
- 분석결과의 수준을 정의한다.

분석절차의 다음 단계는 결함수를 그리는 것이다. 가장 먼저 가장 상부에 정상사상을 그린다. 결함수가 몇 장의 용지로 확장하여 그릴 때, 나중에 오는 혼란은 피하기 위해서 정상사상에 라벨을 붙인다.

두 번째, 정상사상에 기여하는 주요사상을 정의한다. 양식에 기본, 중간, 생략 또는 외부사상을 적는다. 만일 이 사상이 병렬이라면(정상사상이 일어나기 위해서는 모든 사상이 발생되어야 할 경우) 이것은 AND 게이트에 의해 정상사상과 연결되어야 한다. 만일 이 사상이 직렬이라면(어떤 사상도 정상사상을 발생시킬수 있다면) 이것은 OR 게이트에 의해 정상사상과 연결되어야 한다. 만일 새로운 사상이 단순 논리함수에 의해 정상사상과 관련될 수 없다면, 새로운 사상은 아마 부적절한 것이 될 것이다. 결함수의 목적은 정상사상을 만들기 위하여 발생하여야 하는 개별 사상단계를 결정하는데 있다.

③ 최소 컷셋 결정

일단 결함수가 완성되면 여러 가지 계산이 필요하다. 첫 번째 계산은 최소컷셋을 결정해야 한다. 최소컷셋은 정상사상을 발생하게 하는 여러 가지 사상의 집합이다. 일반적으로 정상사상은 여러 가지 사상의 서로 다른 조합에 의해 발생 될 수 있다. 정상사상으로 이끄는 유일한 사상의 집합이 최소컷셋이다.

최소컷셋은 정상사상을 발생시키기 위한 다양한 방법을 결정하기 위해 매우 유용하다. 어떤 최소컷셋은 다른 것보다 높은 확률을 가지고 있을 것이다. 예를 들면, 단지 두 사상을 수반하는 셋은 세 사상을 수반하는 것보다 더 높은 확률을 가진다. 비슷하게, 인간 상호작용을 수반하는 셋은 하드웨어 하나를 수반하는 것보다 더 실패할 학률이 높다. 이러한 간단한 법칙을 기초로 하는 최소컷셋은 고장확률 즉, 위험성을 표시한다. 만일 추가로 안전시스템이 요구된다면, 더 높은 확률 셋을 결정하기 위해 검토되어야한다.

④ 결함수 분석의 장·단점

결함수 분석의 주요 장점은 정상사상을 가지고 시작한다는 것이다. 이 정상사상은 사용자가 관심을 갖는 어떤 특정한 고장으로 선정된다. 이는 사용자가 특별히 관심 갖는 이벤트가 아닐 수 있는 단일 고장에 대해 이벤트를 갖는 사건수 분석의 접근법과는 반대 된다.

결함수분석을 이용할 때 주요 단점은 아주 복잡한 공정에서는 결함수가 매우 거대해지는 것이다. 이러한 공정에 대한 결함수는 수천개의 게이트와 중간사상을 수반하는 것이 일반적이다. 이러한 크기의 결함수를 완성하는데는 수많은 시간을 필요로 하고, 수년이 소요되기도 한다. 또한 결함수 작성자가 모든 고장형태를 고려했다고 결코 확신할 수는 없다. 일반적으로 보다 완벽한 결함수를 만들기 위해서는 좀더 경험이 풍부한 기술자가 필요하다.

결함수분석은 또한 최소 컷셋을 결정하는데 이용된다. 최소 컷셋은 발생하는 정상사상에 대해 다양한 방업을 통해 넓은 식견을 제공한다.

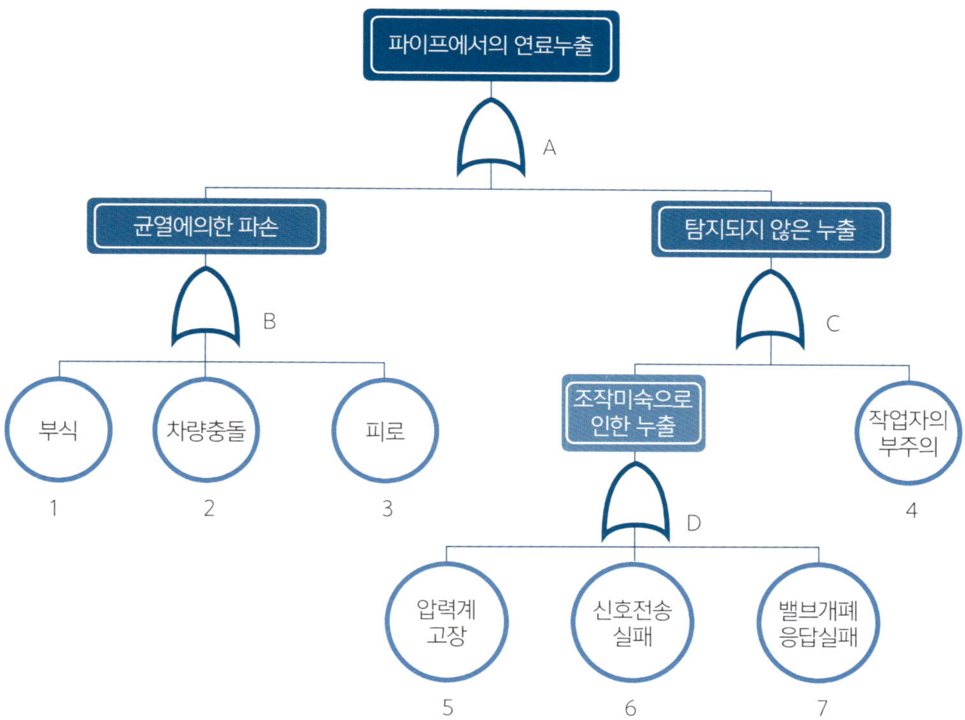

그림 7-3 수소 저장 시스템에서의 FTA 예시

(2) 사건수분석(ETA, Event tree analysis)

① 개요

사건수 분석 기법은 공정의 실패나 혼란 등의 초기사건으로 인하여 발생할 수 있는 사고를 규명하는 방법으로서 설계 또는 건설 중인 공장에 대하여는 공정의 개발단계나 초기 시운전 단계에 적용하며 기존공장에 대하여는 공정 또는 운전절차의 변경이나 개선이 필요한 경우 등에 적용하고 사고의 종류와 발생빈도 및 예상사고 시나리오를 도출하는데 사용할 수 있다

사건 수는 복잡한 공정에서 발생하는 다양한 사고를 확인하는데 사용된다. 각각의 개별 사건의 내용이 확인된 후 사고를 초래할 수 있는 고장의 특정 조합이 결함수 분석을 통해서 밝혀질 수 있다. 사건수 분석의 결과는 사건 배열 즉, 사고를 야기하는 일련의 고장 또는 실수이다.

사건수에서 사건배열은 사건의 논리 AND 조합을 보여준다. 이러한 배열은 정성적 분석을 위한 결함수 모델 형식으로 표현된다. 결과 분석을 통해 설계와 절차상의 결함을 찾고 잠재적 사고의 발생가능성과 피해를 줄이기 위한 권고안을 도출하게 된다.

사건수 분석은 평가자가 시스템에 대한 상세 지식이 있으면 혼자 수행할 수 있으나 2 내지 4 명의 팀이 구성되어 실시하는 것이 좋다. 완전한 사건수분석이 될 수 있도록 브레인스토밍을 방식이 효과적이다. 팀은 사건수분석의 지식을 가진 사람이 적어도 1명이상 포함되어야 하고 다른 팀원들도 분석 시스템에 대한 경험과 공정지식을 가져야 한다.

사건수 분석에 소요되는 시간과 비용은 분석에 포함된 개시원인과 방호장치의 수와 복잡도에 달려 있다. 평가소요 기간은 단순공정의 경우 수일이면 충분하나 복잡한 공정은 여러 주가 필요할 수 있다.

표 7-15 사건수 분석기법을 사용한 위험성평가의 예상소요시간

범위	준비	모델 구성	정성적 평가	기록
소규모 시스템	1 ~ 2일	1 ~ 3일	1 ~ 2일	3 ~ 5일
대규모 공정	4 ~ 6일	1 ~ 2주	1 ~ 2주	3 ~ 5주

② 분석절차

사건수 분석의 일반절차는 1) 사건의 형태가 될 수 있는 개시원인 또는 손실사건의 확인, 2)개시원인 또는 손실사건에 대응하도록 설계된 방호장치의 확인, 3) 사건수의 작성, 4) 사건 순서 결과의 작성, 5) 사건 순서 최소 컷세트(Cut set)의 확인, 6) 결과 기록 순으로 이루어진다.

㉮ 개시사건 발견(Identifying a starting event of interest)

초기사건 또는 손실사건은 사건수 분석에 있어 중요한 부분이다. 초기원인(초기사상)은 개시사상으로 개시사상은 공정 상황조건과 같은 중간사상이 될 수 있다. 개시사상이 초기원인이면 시스템이나 장치의 고장 또는 종사자 실수이어야 한다. 선정된 사상이 특정사고가 된다면 결함수 분석이 원인 파악에 더 적합할 수 있다.

㉯ 개시사상에 대응되도록 설계된 방호장치의 발견
(Identifying the safeguards designed to respond to the starting event)

초기원인이나 손실사상에 대응하는 방호장치가 개시사상의 잠재적 결과에 대한 공장의 방호시설로서 간주될 수 있다. 이런 방호장치는 개시사상으로 발생한 사고의 최종결과에 영향을 준다. 평가자는 개시사상의 영향으로부터 보호하거나 완화할 수 있는 모든 방호장치를 다음의 예와 같이 예상되는 발생순서대로 찾아내야한다.

- 초기 원인 발생을 운전원에게 알리는 경보
- 경보에 대응한 운전원 행동
- 초기원인에 자동적으로 대응 한 방호시스템
- 냉각시스템, 압력방출시스템과 세정시스템과 같은 최후 수단 안전시스템
- 손실사상 영향을 제한하는 자동 차단 또는 완화 방호장치

㉰ 사건수 구성(Constructing the Event Tree)

사건수 구성의 첫 단계는 분석 대상 개시사건과 방호장치로 시작한다. 초기원인과 손실사상은 지면의 좌측에 기재하고 방호장치는 지면의 상단 가로로 기재한다. 다음으로 초기원인으로 시작한 사고의 첫 번째 완성단계를 기재한다. 다음 단계는 방호장치를 평가하는 것이다. 이 경우 방호장치의 성공이냐 실패냐 두 개의 가능성만 고려한다. 평가자는 초기원인이 발생했다고 가정하고 방호장치의 성공/성패 기준을 정의하고 방호장치의 성공이나 실패가 사고의 전개에 영향을 주는지를 밝혀야 한다. 사고가 영향을 받으면 사건수는 방호장치의 성공과 실패를 구분하는 두 경로로 나뉜다. 성공은 위 경로에 나타내고 가능의 실패는 아래 경로에 나타낸다. 방호장치가 사고 전개에 영향을 미치지 않으면 사고경로는 다음 방호장치로 진행하다. 방호장치의 성공(예, A)과 기능의 실패(예, $\bar{A}$)를 특정한 문자를 사용하여 나타낸다.

㉱ 사고 순서 결과의 작성(Describing the resulting incident sequence outcomes)

사건수 분석의 다음 단계는 다양한 사고순서의 결과를 작성하는 것이다. 사고순서는 초기원인이 나타날 수 있는 다양한 결과를 보여준다. 이러한 결과는 안전 회복과 정상 운전으로 복귀 또는

순차적 가동정지로 이어질 수 있다.

㉤ 사건순서 최소 컷세트의 확인(Determining incident sequence minimal cut sets)

사건수의 사고순서는 결함수가 분석되어 최소 컷세트을 구하는 것과 같은 방법으로 분석될 수 있다. 각 사고 순서는 초기원인과 안전 시스템 실패의 논리 AND게이트로 나타낸다.

㉥ 결과 기록(Documenting the results)

사건수 분석의 마지막 단계는 검토의 결과를 기록하는 것이다. 위험 분석가는 분석할 시스템의 서술, 분석될 사고 초기원인을 포함한 문제 정의 토론, 전개할 사건수 모델, 사고순서 최소 컷세트 목록, 다양한 사고순서의 결과 토론 및 사고순서 최소 컷세트의 중요성 평가 뿐만아니라 사건수 분석에서 생긴 권고사항도 함께 제시되어야 한다.

(3) 원인결과 분석(CCA, Cause-consequence analysis)

① 개요

원인과 결과분석(CCA)기법은 FTA 및 ETA를 결합한 것으로 잠재된 사고의 결과 및 근본적인 원인을 찾아내고 사고결과와 원인사이의 상호관계를 예측하며 리스크를 정량적으로 평가하는 리스크 평가기법이다. CCA는 사건수 분석의 귀납적 추리 특성과 결함수 분석의 연역적 특성을 결합한다. 이 기법은 동일 도표 상에 결함수와 사건수를 결합한 도표 형식이 자세하기 때문에 분석된 사고의 고장논리가 단순할 때 가장 보편적으로 사용된다.

CCA는 사고순서와 잠재적 사고 결과의 정성적 표현을 보여주는 도표를 만들고 사고를 일으킬 수 있는 요소고장 또는 공정문제의 지식, 사고결과에 영향을 주는 안전 시스템 또는 비상절차의 지식, 그리고 모든 고장의 잠재적 영향에 관한 지식 등이 필요하다.

CCA는 경험이 있는 2 내지 4명으로 이루어진 팀으로 수행된다. 최소 한 명은 CCA(또는 결함수 분석과 사건수 분석)에 경험이 있는 반면에 나머지 팀원은 분석하고자 하는 시스템의 설계와 운전 경험이 있어야 한다. 시간과 비용 소요는 분석하고자 하는 사고의 해결책의 수, 복잡성과 수준에 달려 있다.

다음은 CCA 기법을 사용한 위험성평가 수행에 필요한 예상 시간이다.

표 7-16 원인과 결과분석 기법을 사용한 위험성평가의 예상소요시간

범위	준비	모델 구성	정성적 평가	기록
소규모 시스템	1~2일	1~3일	1~3일	3~5일
대규모 공정	4~6일	1~2주	1~2주	3~5주

② **분석 절차**

CCA 일반적인 절차는 1) 사건 또는 평가할 사고상황의 형태 선정, 2) 사건에서 발생한 사고과정에 영향을 주는 방호장치(시스템, 운전원 행위 등) 확인, 3) 사건에서 발생한 사건 순서경로 개발, 4) 근본원인을 밝히는 중간사건과 방호장치 고장의 결합 개발, 5) 사건 순서 최소 Cut set의 평가, 6) 결과 기록 등의 순으로 이루어진다.

㉮ 평가할 사건 선정(Selecting an event to be evaluated)

원인·결과분석(CCA)에서 분석할 사상은 결함수 분석이나 사건수 분석에 적합한 결함사상 또는 장치고장이다.

㉯ 방호장치 확인 및 사건순서 경로 개발(Identifying safeguards and developing event sequence paths)

2단계는 사건수 분석에서 수행한 것들과 같다. 여러 사상 순서 경로는 적절한 방호장치의 성공과 실패에 기초하여 구성된다.

㉰ 근본원인을 결정할 방호장치 사건 개발(Developing the intermediate and safeguard failure events to determine basic causes)

셋째 단계에서 평가자는 원인결과 다이어그램의 사건수 부분에서 나타나는 개시사상과 방호장치 실패 사상에 대해 결함수 분석 기법을 적용한다. 평가자는 원인·결과 모델에 각 사고 순서의 결과를 서술해야 한다.

㉱ 사고순서 최소 컷세트 평가(Evaluating the incident sequence minimal cut sets)

사고 순서 최소 컷세트은 결함수 최소 컷세트와 유사한 방식으로 나타난다. 사상 순서는 원인결과 다이어그램의 부분인 결함수의 정상사상들로 구성된다. 모든 사상이 순서대로 발생해야 한다. 사고순서 결함 수는 새로운 정상사상으로서 사고순서 발생과 함께 모든 방호장치 실패와 AND 논리 게이트로 연결하여 구성된다.

㉲ 결과서 작성(Documenting the results)

CCA의 마지막 단계는 평가결과를 기록하는 것이다. 위험 평가자는 분석할 시스템의 서술, 분선할 사고 초기원인을 포함한 문제점에 관한 토의, 가정 목록, 전개된 원인결과 다이어그램, 사고 순서 최소 컷세트의 목록, 다양한 사고 순서의 결과에 관한 토의 및 사고순서 최소 컷세트의 중요성 평가 등을 기록한다. 또한 CCA에서 도출된 개선권고사항도 함께 제시한다.

표 7-17 정량적 위험성 평가의 종류별 특징

구분	FTA	ETA	CCA
정의	결함 폭발과 같은 재해 연역적으로 원인을 찾아내어 분석	사건 가스누설과 같은 장치나 시스템의 이상 귀납적으로 최종 결과를 평가	FTA 와 ETA의 결합 원인과 결과의 상호관계를 단수화 하여 FT와 ET를 동일한 도면으로 결합시켜 그림으로 나타내어 의사 전달력이 좋음
방법	평가할 재해 선정 재해확률 목표치 설정 원인대상물의 고장률, 휴먼에러 등 조사 결함 트리 작성 AND & OR 게이트 구함 발생확률 결정 기록 방지대책 수립	초기 사건의 설정 초기 사건에 대한 안전기능 검증 사건 트리 작성 사건 경로 및 결과 작성	사건이나 결함 설정 발생 원인과 결과를 ETA, FTA를 통해 분석 원인 결과를 그림으로 나타내고 공정변경이나 권장사항 제시
특징	정량적 평가 가능 결함의 원인 파악에 도움 평가자의 지식 정도에 따라 결과 다르다 결함 원인이 많은 경우 평가가 어렵다.	정략적 평가가 가능하다. 위험을 계량화 할수 있다. 시간이 오래걸린다. 평가자의 지식정도에 따라 결과가 다르다.	전달매체로서 사용이 가능 원인과 결과의 상호관계를 잘 보여줌 숙련된 수행자가 요구됨

3 비상대응조치

1) 정량적 위험성 평가와 비상대응계획

정량적 위험성 평가란 공정에서의 잠재위험을 확인하여 시나리오에 대한 사고빈도와 사고결과 분석을 통하여 위험성을 표현하는 것으로 화재나 폭발 또는 독성물질로 인한 중대사고에 의해서 인체나 건물에 미칠 수 있는 영향을 정량적으로 평가하는 것이다

비상대응 계획 수립은 예방, 대비, 대응, 복구의 4단계의 사이클 통하여 구축된다.

(1) 예방(Prevention)

비상사태를 예방하기 위해서는 공정 위험성을 파악하여 적합한 운전절차, 교육훈련, 예방관리, 변경관리 그리고 인적오류 분석을 체계적으로 구성하고 수행하여야 한다.

또한 공정설계는 근본적으로 화재, 폭발, 누출 등의 사고를 예방할 수 있도록 안전성을 고려하여 설계되어야 하며, 사고원인 및 결과의 사전확인이 가능하다면, 수립된 비상대책은 사고 가능성을 최소화하고 공장및 주변지역에 대한 사고의 피해 영향을 감소시킬 수 있다.

(2) 대비(Preparation)

예방, 완화 대책 그리고 제어 시스템의 실패에 의해서 일어날 수 있는 비상사태에 대해서 준비하는 단계이다. 사고시나리오의 확인은 공정의 잠재적 위험 분석을 통하여 확인될 수 있다.

(3) 대응(Response)

대응단계에서는 비상대응을 위한 대응전략 및 상호지원 시스템을 확인하는 것으로 사고명령체계(incident command system)를 정의하고 사고명령 체계를 어떻게 이행할 것인가를 확인하며, 사고를 완화하기 위해서 요구되는 중요한 대책에 대해서 토의한다. 또한 화재, 폭발 등을 완화하기 위해서 효과적인 대응대책을 구축 한다.

(4) 복구(Recovery)

비상대응 계획의 마지막 단계로서 시간, 사람, 재원과 관리자의 리더십이 필요하다. 복구를 위해서는 사전에 계획된 능력을 복구하는데 소요되는 시간과 비용의 상관관계가 주요한 요소 중 하나로 취급되고 있다[2].

- 피해의 크기 및 규제기관의 요구
- 복구를 위한 사람, 재원/재정 책임과 유효성
- 기타(날씨, 중요 품목에 대한 전달 등)

(5) 비상대응 시스템

비상대응 시스템은 에너지 시설물에서 발생할 수 있는 사고를 총괄적으로 예측, 예방, 대응, 관리할 수 있는 비상대응 시스템을 구축할 수 있는 소프트웨어로써 활용할 수 있어야 하며, 비상대응 시스템의 목적은 다음과 같다.

- 중대사고 발생의 예방과 사고발생시 효과적인 비상조치 방법 제시
- 사고발생시 파생되는 주변지역의 인적·물적 피해를 사전에 예측할 수 있는 모델 제시
- 현장에서 체계적인 비상조치 계획 시스템 구축

현장의 비상대응 계획을 수립하기 위해서는 현장의 비상조치 체계의 전반적인 사항을 명확하게 알고 있어야 한다[15].

공장 및 공정정보, 공정에서 사용하는 물질정보, 운전조건을 토대로 정량적 위험성 평가를

실시한다. 그리고 정량적 위험성 평가 및 분석을 통해서 사고시나리오를 선정, 확인하고 비상대응 체계를 구축할 수 있도록 구성되어야 한다.

공장 및 공정정보는 비상대응 계획을 수립할 공정의 일반적인 정보 즉, 공정의 위치, 주소, 본사, 안전정보, 규제물질 등으로 구성되어 있으며, 공정정보에는 공정개요, 공정설명, 공정조건, 사용물질 등의 정보가 데이터베이스로 구축되며, 사고결과 분석은 공정의 정보를 기초로 하여 현장의 정량적 위험성 평가를 통하여 최악의 사고시나리오와 대안적인 사고시나리오에 대한 사고결과 분석을 통하여 선정된 사고시나리오에 대한 대책을 수립하기 위해서 트리(tree) 구조로 구성하여 원인에 의한 사고결과의 대응체계를 수립할 수 있다.

2) 물질안전보건 자료(MSDS)[16]

(1) 수소

표 7-18 수소 물질안전보건 자료(MSDS)

물질명	수소(Hydrogen)	관용명	HYDROGEN GAS
분자식	H_2	CAS No.	1333-74-0
분자량	2	KE No.	KE-20137

유해성·위험성	가. 유해성·위험성 분류 - 인화성 가스 : 구분1 - 고압가스 : 압축가스

유해성·위험성

나. 예방조치문구를 포함한 경고표지 항목

<table>
<tr><td colspan="2" rowspan="2"></td><td>극인화성 가스</td></tr>
<tr><td>고압가스 포함 ; 가열하면 폭발할 수 있음</td></tr>
<tr><td rowspan="4">예방
조치
문구</td><td>예방</td><td>열·스파크·화염·고열로부터 멀리하시오 - 금연</td></tr>
<tr><td>대응</td><td>- 누출성 가스 화재 시 누출을 안전하게 막을 수 없다면 불을 끄려하지 마시오.
- 안전하게 처리하는 것이 가능하면 모든 점화원을 제거하시오.</td></tr>
<tr><td>저장</td><td>- 환기가 잘 되는 곳에 보관하시오
- 직사광선을 피하고 환기가 잘 되는 곳에 보관하시오.</td></tr>
<tr><td>폐기</td><td>자료없음</td></tr>
</table>

	다. 유해·위험성 분류기준에 포함되지 않는 기타 유해·위험성(예. 분진폭발 위험성) 보건 0 화재 4 반응성 0
응급 조치 요령	가. 눈에 들어갔을 때 - 긴급 의료조치를 받으시오 나. 피부에 접촉했을 때 - 긴급 의료조치를 받으시오 - 불편함을 느끼면 의료기관(의사)의 진찰을 받으시오. - 액화가스에 접촉한 경우 미지근한 물로 해당 부위를 녹이시오 - 피부에 얼어붙은 옷은 제거하기전 해동하시오 - 화상의 경우 즉시 찬물로 가능한 오래 해당부위를 식히고, 피부에 들러붙은 옷은 제거하지 마시오 다. 흡입했을 때 - 과량의 먼지 또는 흄에 노출된 경우 깨끗한 공기로 제거하고 기침이나 다른 증상이 있을 경우 의료 조치를 취하시오. - 긴급 의료조치를 받으시오 - 호흡이 힘들 경우 산소를 공급하시오 - 호흡하지 않는 경우 인공호흡을 실시하시오 라. 먹었을 때 - 긴급 의료조치를 받으시오 마. 기타 의사의 주의사항 - 의료인력이 해당물질에 대해 인지하고 보호조치를 취하도록 하시오
폭발· 화재 시 대처 방법	가. 적절한(부적절한) 소화제 - 이 물질과 관련된 소화시 알콜 포말, 이산화탄소 또는 물분무를 사용할 것 - 질식소화시 건조한 모래 또는 흙을 사용할 것 나. 화학물질로부터 생기는 특정 유해성 - 가열시 용기가 폭발할 수 있음 - 격렬하게 중합반응하여 화재와 폭발을 일으킬 수 있음 - 고압가스 포함 ; 가열하면 폭발할 수 있음 - 공기와 폭발성 혼합물을 형성함 - 극인화성

폭발· 화재 시 대처 방법	- 극인화성 가스 - 수소(UN No. 1049)/중수소(UN No. 1957)/압축수소메탄혼합물(UN No. 2034)는 화염이 눈에 보이지 않음 - 열, 스파크, 화염에 의해 쉽게 점화함 - 일부 물질은 고농도로 흡입시 자극적일 수 있음 - 증기는 자각 없이 현기증 또는 질식을 유발할 수 있음 - 증기는 점화원까지 이동하여 역화(flash back)할 수 있음 - 화재시 자극성, 부식성, 독성 가스를 발생할 수 있음 - 화재에 노출된 실린더는 가연성 가스를 방출할 수 있음 다. 화재진압시 착용할 보호구 및 예방조치 - 구조자는 적절한 보호구를 착용하시오. - 누출성 가스 화재 시 누출을 안전하게 막을 수 없다면 불을 끄려하지 마시오. - 누출이 중지되지 않는다면 누출가스화재를 소화하지 마시오 - 안전하게 처리하는 것이 가능하면 모든 점화원을 제거하시오. - 액화가스 증기는 공기보다 무겁기 때문에 지면을 따라 확산하니 주의하시오 - 위험하지 않다면 화재지역에서 용기를 옮기시오 - 지역을 벗어나 안전거리를 유지하여 소화하시오 - 탱크 화재시 결빙될 수 있으므로 노출원 또는 안전장치에 직접주수하지 마시오 - 탱크 화재시 대규모 화재의 경우 무인 소화장비를 이용하고 불가능하다면 물러나 타게 놔두시오 - 탱크 화재시 소화가 진화된 후에도 다량의 물로 용기를 식히시오 - 탱크 화재시 압력 방출장치에서 고음이 있거나 탱크가 변색할 경우 즉시 물러나시오 - 탱크 화재시 최대거리에서 소화하거나 무인 소화장비를 이용하시오 - 탱크 화재시 화염에 휩싸인 탱크에서 물러나시오 - 파손된 실린더는 날아오를 수 있으니 주의하시오
누출 사고 시 대처 방법	가. 인체를 보호하기 위해 필요한 조치사항 및 보호구 - (분진·흄·가스·미스트·증기·스프레이)의 흡입을 피하시오. - 가능하다면 누출용기를 돌려 액체보다는 가스로 방출되도록 하시오 - 가스가 완전히 확산되어 희석될 때까지 오염지역을 격리하시오 - 냉동액체와의 접촉 물질은 쉽게 깨질 수 있음 - 노출물을 만지거나 걸어다니지 마시오 - 누출성 가스 화재 시 누출을 안전하게 막을 수 없다면 불을 끄려하지 마시오. - 누출원에 직접주수하지 마시오 - 매우 미세한 입자는 화재나 폭발을 일으킬 수 있으므로 모든 점화원을 제거하시오. - 모든 점화원을 제거하시오 - 물분무를 이용하여 증기를 줄이거나 증기구름을 흩뜨려서 물이 누출물과 접촉되지 않도록 하시오 - 물질 취급시 모든 장비를 반드시 접지하시오 - 엎질러진 것을 즉시 닦아내고, 보호구 항의 예방조치를 따르시오. - 위험하지 않다면 누출을 멈추시오 - 피해야할 물질 및 조건에 유의하시오 나. 환경을 보호하기 위해 필요한 조치사항 - 증기가 하수구, 환기장치, 밀폐공간을 통해 확산되지 않도록 하시오 다. 정화 또는 제거 방법 - 공기성 먼지를 제거하고 물로 습윤화하여 흩어지는 것을 막으시오. - 불활성 물질(예를 들어 건조한 모래 또는 흙)로 엎지른 것을 흡수하고, 화학폐기물 용기에 넣으시오. - 소화를 위해 제방을 쌓고 물을 수거하시오. - 액체를 흡수하고 오염된 지역을 세제와 물로 씻어 내시오.

물리 화학적 특성

외관	기체, 무색	증기압	1240000 mmHg (25°C)
냄새	무취	용해도	0.000162 g/100mℓ (21°C)
냄새 역치	자료없음	증기밀도	0.07
pH	자료없음	비중	해당없음
녹는점/어는점	-259 °C	n-옥탄올/물분배계수(Kow)	0.45 (추정치)
초기끓는점과 끓는점 범위	-253 °C	자연발화온도	(500-571°C)
인화점	인화성 가스	분해온도	자료없음
증발속도	자료없음	점도	0.008957 (26.8°C)
인화성 (고체, 기체)	인화성 가스	분자량	2
인화 또는 폭발 범위의 상한/하한	76 / 4 %		

안전성 및 반응성

가. 화학적 안정성 및 유해 반응의 가능성
- 극인화성 가스
- 고압가스 포함 ; 가열하면 폭발할 수 있음
- 화재시 자극성, 부식성, 독성 가스를 발생할 수 있음
- 증기는 자각 없이 현기증 또는 질식을 유발할 수 있음
- 격렬하게 중합반응하여 화재와 폭발을 일으킬 수 있음
- 가열시 용기가 폭발할 수 있음
- 공기와 폭발성 혼합물을 형성함
- 극인화성
- 수소(UN No. 1049)/중수소(UN No. 1957)/압축수소메탄혼합물(UN No. 2034)는 화염이 눈에 보이지 않음
- 열, 스파크, 화염에 의해 쉽게 점화함
- 증기는 점화원까지 이동하여 역화(flash back)할 수 있음
- 화재에 노출된 실린더는 가연성 가스를 방출할 수 있음
- 일부 물질은 고농도로 흡입시 자극적일 수 있음

나. 피해야 할 조건
- 열·스파크·화염·고열로부터 멀리하시오 - 금연

다. 피해야 할 물질
- 자료없음

라. 분해시 생성되는 유해물질
- 자극성, 부식성, 독성 가스

(2) 불화수소

표 7-19 불화수소 물질안전보건 자료(MSDS)

물질명	불화 수소	관용명	플루오르화수소 플루오르화 수소 불화수소(불산)
분자식	HF	CAS No.	7664-39-3
분자량	20.01	KE No.	KE-20798

<table>
<tr><td rowspan="6">유해성·
위험성</td><td colspan="3">가. 유해성·위험성 분류
- 금속부식성 물질 : 구분1
- 급성 독성(경피) : 구분1
- 급성 독성(흡입: 가스) : 구분2
- 피부 부식성/피부 자극성 : 구분1
- 심한 눈 손상성/눈 자극성 : 구분1
나. 예방조치문구를 포함한 경고표지 항목</td></tr>
<tr><td colspan="2"></td><td>금속을 부식시킬 수 있음
피부와 접촉하면 치명적임
피부에 심한 화상과 눈 손상을 일으킴
눈에 심한 손상을 일으킴
흡입하면 치명적임</td></tr>
<tr><td rowspan="4">예방
조치
문구</td><td>예방</td><td>- 원래의 용기에만 보관하시오
(분진·흄·가스·미스트·증기·스프레이)를(을) 흡입하지 마시오
- 눈, 피부, 의복에 묻지 않도록 하시오
- 취급 후에는 취급 부위를 철저히 씻으시오
- 이 제품을 사용할 때에는 먹거나, 마시거나 흡연하지 마시오
- 옥외 또는 환기가 잘 되는 곳에서만 취급하시오
(보호장갑·보호의·보안경·안면보호구)를(을) 착용하시오
- 환기가 잘 되지 않는 경우 호흡기 보호구를 착용하시오</td></tr>
<tr><td>대응</td><td>- 삼켰다면 입을 씻어내시오. 토하게 하려 하지 마시오
- 피부에 묻으면 다량의 물/(...)로 씻으시오
- 피부(또는 머리카락)에 묻으면 오염된 모든 의복은 벗으시오. 피부를 물로 씻으시오/샤워하시오
- 흡입하면 신선한 공기가 있는 곳으로 옮기고 호흡하기 쉬운 자세로 안정을 취하시오
- 눈에 묻으면 몇 분간 물로 조심해서 씻으시오. 가능하면 콘택트렌즈를 제거하시오. 계속 씻으시오
- 즉시 의료기관(의사)의 진찰을 받으시오
- 오염된 모든 의복은 즉시 벗고 다시 사용 전 세척하시오
- 다시 사용전 오염된 의복은 세척하시오
- 물질손상을 방지하기 위해 누출물을 흡수시키시오</td></tr>
<tr><td>저장</td><td>- 용기는 환기가 잘 되는 곳에 단단히 밀폐하여 저장하시오
- 잠금장치가 있는 저장장소에 저장하시오
- 금속부식성 물질이므로 (제조자 또는 행정관청에서 정한) 내부식성 용기에 보관하시오</td></tr>
<tr><td>폐기</td><td>- (관련 법규에 명시된 내용에 따라) 내용물 용기를 폐기하시오</td></tr>
</table>

유해성·위험성	다. 유해·위험성 분류기준에 포함되지 않는 기타 유해·위험성(예. 분진폭발 위험성)

보건	3
화재	자료없음
반응성	1

응급 조치 요령

가. 눈에 들어갔을 때
- 긴급 의료조치를 받으시오
- 눈에 묻으면 몇 분간 물로 조심해서 씻으시오. 가능하면 콘택트렌즈를 제거하시오
- 계속 씻으시오
- 불화수소(UN No. 1052)와 접촉한 경우 5분간 물로 피부와 눈을 씻어낸 후 피부는

나. 피부에 접촉했을 때
- 가스 또는 액화 가스와 접촉 시 화상, 심각한 상해, 동상을 유발할 수 있음
- 긴급 의료조치를 받으시오
- 다시 사용전 오염된 의복은 세척하시오
- 뜨거운 물질인 경우, 열을 없애기 위해 영향을 받은 부위를 다량의 차가운 물에 담그거나 씻어내시오
- 불화수소(UN No. 1052)와 접촉한 경우 5분간 물로 피부와 눈을 씻어낸 후 피부는 칼슘/젤리 배합으로 문지르고, 눈은 15분간 물/칼슘 용액으로 씻어내시오
- 액화가스에 접촉한 경우 미지근한 물로 해당 부위를 녹이시오
- 오염된 옷과 신발을 제거하고 오염지역을 격리하시오
- 피부(또는 머리카락)에 묻으면 오염된 모든 의복은 벗으시오. 피부를 물로 씻으시오/샤워하시오

응급 조치 요령

다. 흡입했을 때
- 과량의 먼지 또는 흄에 노출된 경우 깨끗한 공기로 제거하고 기침이나 다른 증상이 있을 경우 의료 조치를 취하시오
- 즉시 의료기관(의사)의 진찰을 받으시오

라. 먹었을 때
- 긴급 의료조치를 받으시오
- 물질을 먹거나 흡입하였을 경우 구강대구강법으로 인공호흡을 하지 말고 적절한 호흡의료장비를 이용하시오
- 삼켰다면 입을 씻어내시오. 토하게 하려 하지 마시오

마. 기타 의사의 주의사항
- 의료인력이 해당물질에 대해 인지하고 보호조치를 취하도록 하시오
- 접촉·흡입하여 생긴 증상은 지연될 수 있음
- 환자를 관찰하시오

폭발·화재 시 대처 방법

가. 적절한(부적절한) 소화제
- 이 물질과 관련된 소화시 알콜 포말, 이산화탄소 또는 물분무를 사용할 것
- 질식소화시 건조한 모래 또는 흙을 사용할 것

나. 화학물질로부터 생기는 특정 유해성
- 가열시 용기가 폭발할 수 있음
- 고압가스 포함 ; 가열하면 폭발할 수 있음
- 금속을 부식시킬 수 있음
- 일부 물질은 흡입, 섭취, 피부흡수 시 유독하거나 치명적일 수 있음
- 일부는 탈 수 있으나 쉽게 점화하지 않음
- 증기는 매우 자극적이고 부식성이 있음
- 타는 동안 열분해 또는 연소에 의해 자극적이고 매우 유독한 가스가 발생될 수 있음
- 화재에 노출된 실린더는 가연성 가스를 방출할 수 있음

다. 화재진압시 착용할 보호구 및 예방조치
- 구조자는 적절한 보호구를 착용하시오.

폭발·화재 시 대처 방법

- 액화가스 증기는 공기보다 무겁기 때문에 지면을 따라 확산하니 주의하시오
- 용기 내부에 물이 들어가지 않도록 하시오
- 위험하지 않다면 화재지역에서 용기를 옮기시오
- 지역을 벗어나 안전거리를 유지하여 소화하시오
- 탱크 화재시 결빙될 수 있으므로 노출원 또는 안전장치에 직접주수하지 마시오
- 탱크 화재시 소화가 진화된 후에도 다량의 물로 용기를 식히시오
- 탱크 화재시 압력 방출장치에서 고음이 있거나 탱크가 변색할 경우 즉시 물러나시오
- 탱크 화재시 최대거리에서 소화하거나 무인 소화장비를 이용하시오
- 탱크 화재시 화염에 휩싸인 탱크에서 물러나시오
- 파손된 실린더는 날아오를 수 있으니 주의하시오
- 파손된 실린더는 전문가에 의해서만 취급하게 하시오

누출 사고 시 대처 방법

가. 인체를 보호하기 위해 필요한 조치사항 및 보호구
- 구조자는 적절한 보호구를 착용하시오.
- 액화가스 증기는 공기보다 무겁기 때문에 지면을 따라 확산하니 주의하시오
- 용기 내부에 물이 들어가지 않도록 하시오
- 위험하지 않다면 화재지역에서 용기를 옮기시오
- 지역을 벗어나 안전거리를 유지하여 소화하시오
- 탱크 화재시 결빙될 수 있으므로 노출원 또는 안전장치에 직접주수하지 마시오
- 탱크 화재시 소화가 진화된 후에도 다량의 물로 용기를 식히시오
- 탱크 화재시 압력 방출장치에서 고음이 있거나 탱크가 변색할 경우 즉시 물러나시오
- 탱크 화재시 최대거리에서 소화하거나 무인 소화장비를 이용하시오
- 탱크 화재시 화염에 휩싸인 탱크에서 물러나시오
- 파손된 실린더는 날아오를 수 있으니 주의하시오
- 파손된 실린더는 전문가에 의해서만 취급하게 하시오

누출 사고 시 대처 방법

나. 환경을 보호하기 위해 필요한 조치사항
- 누출물은 오염을 유발할 수 있음
- 수로, 하수구, 지하실, 밀폐공간으로의 유입을 방지하시오

다. 정화 또는 제거 방법
- 공기성 먼지를 제거하고 물로 습윤화하여 흩어지는 것을 막으시오.
- 물질손상을 방지하기 위해 누출물을 흡수시키시오.
- 불활성 물질(예를 들어 건조한 모래 또는 흙)로 엎지른 것을 흡수하고, 화학폐기물 용기에 넣으시오.
- 소화를 위해 제방을 쌓고 물을 수거하시오.
- 액체를 흡수하고 오염된 지역을 세제와 물로 씻어 내시오.

물리 화학적 특성

외관	기체, 무색	증기압	917 ㎜Hg (25°C)
냄새	강한 자극적인 냄새	용해도	수용성
냄새 역치	0.5 ppm	증기밀도	0.7
pH	강염기성	비중	1
녹는점/어는점	-83.53 °C	n-옥탄올/물분배계수(Kow)	자료없음
초기끓는점과 끓는점 범위	19.51 °C	자연발화온도	자료없음
인화점	자료없음	분해온도	자료없음
증발속도	자료없음	점도	0.256 (0°C, 액체)
인화성 (고체, 기체)	불연성 가스	분자량	20.1
인화 또는 폭발 범위의 상한/하한	자료없음		

안전성 및 반응성	가. 화학적 안정성 및 유해 반응의 가능성 - 고압가스 포함 ; 가열하면 폭발할 수 있음 - 금속을 부식시킬 수 있음 - 고온에서 분해되어 독성가스를 생성할 수 있음 - 가열시 용기가 폭발할 수 있음 - 일부는 물과 격렬히 반응함 - 일부는 탈 수 있으나 쉽게 점화하지 않음 - 증기는 매우 자극적이고 부식성이 있음 - 일부 물질은 흡입, 섭취, 피부흡수 시 유독하거나 치명적일 수 있음 - 화재에 노출된 실린더는 가연성 가스를 방출할 수 있음 나. 피해야 할 조건 - 열 다. 피해야 할 물질 - 물 라. 분해시 생성되는 유해물질 - 타는 동안 열분해 또는 연소에 의해 자극적이고 매우 유독한 가스가 발생될 수 있음

(3) 염화수소

표 7-20 염화수소 물질안전보건 자료(MSDS)

물질명	염화 수소	관용명	염화수소
분자식	HCl	CAS No.	7647-01-0
분자량	36.5	KE No.	KE-20189

<table>
<tr><td rowspan="2">유해성·
위험성</td><td>가. 유해성·위험성 분류
- 고압가스 : 액화가스
- 급성 독성(경구) : 구분3
- 급성 독성(흡입: 가스) : 구분3
- 피부 부식성/피부 자극성 : 구분1
- 심한 눈 손상성/눈 자극성 : 구분1
- 급성 수생환경 유해성 : 구분1
나. 예방조치문구를 포함한 경고표지 항목</td></tr>
<tr><td><table>
<tr><td rowspan="5"></td><td>고압가스 포함 ; 가열하면 폭발할 수 있음</td></tr>
<tr><td>삼키면 유독함</td></tr>
<tr><td>피부에 심한 화상과 눈 손상을 일으킴</td></tr>
<tr><td>눈에 심한 손상을 일으킴</td></tr>
<tr><td>수생생물에 매우 유독함</td></tr>
</table></td></tr>
</table>

유해성·위험성

예방조치문구	예방	- (분진·흄·가스·미스트·증기·스프레이)의 흡입을 피하시오. - 취급 후에는 취급 부위를 철저히 씻으시오. - 이 제품을 사용할 때에는 먹거나, 마시거나 흡연하지 마시오. - 옥외 또는 환기가 잘 되는 곳에서만 취급하시오. - 환경으로 배출하지 마시오. - (보호장갑·보호의·보안경·안면보호구)를(을) 착용하시오.
	대응	- 삼켰다면 즉시 의료기관(의사)의 진찰을 받으시오. - 삼켰다면 입을 씻어내시오. - 토하게 하려 하지 마시오. - 피부(또는 머리카락)에 묻으면 오염된 모든 의복은 벗으시오. 피부를 물로 씻으시오/샤워하시오. - 흡입하면 신선한 공기가 있는 곳으로 옮기고 호흡하기 쉬운 자세로 안정을 취하시오. - 눈에 묻으면 몇 분간 물로 조심해서 씻으시오. 가능하면 콘택트렌즈를 제거하시오. 계속 씻으시오. - 즉시 의료기관(의사)의 진찰을 받으시오. - 의료기관(의사)의 진찰을 받으시오. - 입을 씻어내시오. - 다시 사용전 오염된 의복은 세척하시오. - 누출물을 모으시오.
	저장	- 용기는 환기가 잘 되는 곳에 단단히 밀폐하여 저장하시오. - 잠금장치가 있는 저장장소에 저장하시오. - 직사광선을 피하고 환기가 잘 되는 곳에 보관하시오.

예방조치문구	저장	- 용기는 환기가 잘 되는 곳에 단단히 밀폐하여 저장하시오. - 잠금장치가 있는 저장장소에 저장하시오. - 직사광선을 피하고 환기가 잘 되는 곳에 보관하시오.
	폐기	- (관련 법규에 명시된 내용에 따라) 내용물 용기를 폐기하시오.

다. 유해·위험성 분류기준에 포함되지 않는 기타 유해·위험성(예. 분진폭발 위험성)

보건	3
화재	자료없음
반응성	1

응급조치요령

가. 눈에 들어갔을 때
- 긴급 의료조치를 받으시오
- 눈에 묻으면 몇 분간 물로 조심해서 씻으시오. 가능하면 콘택트렌즈를 제거하시오.
- 계속 씻으시오.

나. 피부에 접촉했을 때
- 가스 또는 액화 가스와 접촉 시 화상, 심각한 상해, 동상을 유발할 수 있음
- 긴급 의료조치를 받으시오
- 다시 사용전 오염된 의복은 세척하시오.
- 뜨거운 물질인 경우, 열을 없애기 위해 영향을 받은 부위를 다량의 차가운 물에 담그거나 씻어내시오
- 액화가스에 접촉한 경우 미지근한 물로 해당 부위를 녹이시오
- 오염된 옷과 신발을 제거하고 오염지역을 격리하시오
- 피부(또는 머리카락)에 묻으면 오염된 모든 의복은 벗으시오. 피부를 물로 씻으시오/샤워하시오.

응급 조치 요령	다. 흡입했을 때 - 과량의 먼지 또는 흄에 노출된 경우 깨끗한 공기로 제거하고 기침이나 다른 증상이 있을 경우 의료 조치를 취하시오. - 즉시 의료기관(의사)의 진찰을 받으시오. 라. 먹었을 때 - 긴급 의료조치를 받으시오 - 물질을 먹거나 흡입하였을 경우 구강대구강법으로 인공호흡을 하지 말고 적절한 호흡의료장비를 이용하시오 - 삼켰다면 입을 씻어내시오. 토하게 하려 하지 마시오. 마. 기타 의사의 주의사항 - 물질을 먹거나 흡입하였을 경우 구강대구강법으로 인공호흡을 하지 말고 적절한 호흡의료장비를 이용하시오 - 삼켰다면 입을 씻어내시오. 토하게 하려 하지 마시오. - 삼켰다면 즉시 의료기관(의사)의 진찰을 받으시오.
폭발·화재 시 대처 방법	가. 적절한(부적절한) 소화제 - 이 물질과 관련된 소화시 알콜 포말, 이산화탄소 또는 물분무를 사용할 것 - 질식소화시 건조한 모래 또는 흙을 사용할 것 나. 화학물질로부터 생기는 특정 유해성 - 가열시 용기가 폭발할 수 있음 - 고압가스 포함 ; 가열하면 폭발할 수 있음 - 일부 물질은 흡입, 섭취, 피부흡수 시 유독하거나 치명적일 수 있음 - 일부는 탈 수 있으나 쉽게 점화하지 않음 - 증기는 매우 자극적이고 부식성이 있음 - 타는 동안 열분해 또는 연소에 의해 자극적이고 매우 유독한 가스가 발생될 수 있음 - 화재에 노출된 실린더는 가연성 가스를 방출할 수 있음 다. 화재진압시 착용할 보호구 및 예방조치 - 구조자는 적절한 보호구를 착용하시오. - 액화가스 증기는 공기보다 무겁기 때문에 지면을 따라 확산하니 주의하시오 - 용기 내부에 물이 들어가지 않도록 하시오 - 위험하지 않다면 화재지역에서 용기를 옮기시오 - 지역을 벗어나 안전거리를 유지하여 소화하시오 - 탱크 화재시 결빙될 수 있으므로 노출원 또는 안전장치에 직접주수하지 마시오 - 탱크 화재시 소화가 진화된 후에도 다량의 물로 용기를 식히시오 - 탱크 화재시 압력 방출장치에서 고음이 있거나 탱크가 변색할 경우 즉시 물러나시오 - 탱크 화재시 최대거리에서 소화하거나 무인 소화장비를 이용하시오 - 탱크 화재시 화염에 휩싸인 탱크에서 물러나시오 - 파손된 실린더는 날아오를 수 있으니 주의하시오 - 파손된 실린더는 전문가에 의해서만 취급하게 하시오
누출 사고 시 대처 방법	가. 인체를 보호하기 위해 필요한 조치사항 및 보호구 - (분진·흄·가스·미스트·증기·스프레이)의 흡입을 피하시오. - 가능하다면 누출용기를 돌려 액체보다는 가스로 방출되도록 하시오 - 가스가 완전히 확산되어 희석될 때까지 오염지역을 격리하시오 - 노출물을 만지거나 걸어다니지 마시오 - 누출원에 직접주수하지 마시오 - 물분무를 이용하여 증기를 줄이거나 증기구름을 흩뜨려서 물이 누출물과 접촉되지 않도록 하시오 - 엎질러진 것을 즉시 닦아내고, 보호구 항의 예방조치를 따르시오. - 위험하지 않다면 누출을 멈추시오 - 피해야할 물질 및 조건에 유의하시오 - 화재가 없는 누출시 전면보호형 증기 보호의를 착용하시오

누출 사고 시 대처 방법

나. 환경을 보호하기 위해 필요한 조치사항
- 누출물은 오염을 유발할 수 있음
- 수로, 하수구, 지하실, 밀폐공간으로의 유입을 방지하시오
- 환경으로 배출하지 마시오.

다. 정화 또는 제거 방법
- 공기성 먼지를 제거하고 물로 습윤화하여 흩어지는 것을 막으시오.
- 누출물을 모으시오.
- 불활성 물질(예를 들어 건조한 모래 또는 흙)로 엎지른 것을 흡수하고, 화학폐기물 용기에 넣으시오.
- 소화를 위해 제방을 쌓고 물을 수거하시오.
- 액체를 흡수하고 오염된 지역을 세제와 물로 씻어 내시오.

물리 화학적 특성

외관	기체, 무색	증기압	88 mmHg (-115.5°C)
냄새	자극적인 냄새	용해도	67 g/100mℓ (30°C)
냄새 역치	7 mg/m³	증기밀도	1.3
pH	0.10 ((1.0 N HCl))	비중	1.27
녹는점/어는점	-114 °C	n-옥탄올/물분배계수(Kow)	0.25
초기끓는점과 끓는점 범위	-85 °C	자연발화온도	자료없음
인화점	자료없음	분해온도	자료없음
증발속도	자료없음	점도	0.405 cP
인화성(고체, 기체)	자료없음	분자량	36.5
인화 또는 폭발 범위의 상한/하한	자료없음		

안전성 및 반응성

가. 화학적 안정성 및 유해 반응의 가능성
- 고압가스 포함 ; 가열하면 폭발할 수 있음
- 가열시 용기가 폭발할 수 있음
- 일부는 물과 격렬히 반응함
- 일부는 탈 수 있으나 쉽게 점화하지 않음
- 화재에 노출된 실린더는 가연성 가스를 방출할 수 있음
- 일부 물질은 흡입, 섭취, 피부흡수 시 유독하거나 치명적일 수 있음
- 화재시 자극성, 부식성, 독성 가스를 발생할 수 있음
- 증기는 매우 자극적이고 부식성이 있음

나. 피해야 할 조건
- 열

다. 피해야 할 물질
- 물

라. 분해시 생성되는 유해물질
- 타는 동안 열분해 또는 연소에 의해 자극적이고 매우 유독한 가스가 발생될 수 있음

3) 비상대응매뉴얼

(1) 수소의 비상대응매뉴얼[17]

표 7-21 수소사고에서의 비상 대응 매뉴얼

잠재 위험	가. 화재·폭발 - 극인화성 - 열, 스파크, 불꽃에 의해 쉽게 발화될 수 있다. - 공기와 섞여 폭발성 혼합물을 형성할 수 있다. - 액화가스의 증기는 공기보다 무거워 지면을 타고 확산된다. ※ 경고 : 수소(UN1049), 중수소(UN1957), 냉장 액화수소(UN 1966)와 메탄(UN1971)은 공기보다 가벼워 위로 뜨게 된다. 특히, 수소와 중수소 화재의 경우 눈에 보이지 않는 불꽃을 내며 연소하므로 식별하기가 어렵다. 이 경우 열화상카메라 등을 이용하여 식별하도록 한다. - 증기가 점화원으로 이동하여 역인화 될 수 있다. - 화재에 노출된 실린더의 비상압력방출장치를 통하여 인화성 가스가 새어 나올 수 있다. - 용기는 가열되면 폭발할 수 있다. - 파열된 용기는 빠른 속도로 비산할 수 있다. 나. 건강 - 증기의 흡입은 갑작스런 현기증 또는 질식을 일으킬 수 있다. - 일부는 고농도로 흡입 시 자극적일 수 있다. - 가스 또는 액화가스에 접촉 시 화상, 심한 상해 및/또는 동상을 입을 수 있다. - 화재 시 자극성 및/또는 독성 가스가 발생할 수 있다.
공공 안전	가. 보호의 - 공기호흡기를 착용한다. - 화재 진압복은 제한적인 보호를 해 줄 수 있다. - 냉장/극저온의 액체를 취급할 때에는 반드시 방열복을 착용하여야 한다. 나. 소개, 대피 · 대량 유출시 - 풍하(風下)측 최소 800mm 이상의 초기 대피를 고려한다. · 화재시 - 탱크, 화물열차 또는 탱크트럭 화재시 반경 1,600m 이내 지역을 격리시킨다. 또한, 반경 1,600m 이내 지역에 대한 초기 대피를 고려한다. - 우선 운송장의 비상 대응 전화번호로 연락한다. 운송장이 없거나 연락이 되지 않으면 도움을 받을 수 있는 대응기관이나 관계회사에 연락하여 필요한 정보를 얻도록 한다. - 즉각적인 예방조치로서 누출 또는 유출지점으로부터 최소 반경 100m이내 지역을 격리시킨다. - 관계자외 출입을 통제한다. - 풍상(風上)에 위치하도록 한다. - 지지대에 머물지 않도록 한다.

비상 대응

가. 화재
- 누출 중인 가스에 불이 붙은 경우 누출을 멈출 수 없다면 화재 진압을 하지 않는다.

※ 경고 : 수소(UN1049), 중수소(UN1957), 냉장 액화수소(UN1966)는 눈에 보이지 않는 불꽃을 내며 연소한다. 수소와 메탄압축 혼합물(UN2034)은 눈에 보이지 않는 불꽃을 내며 연소한다.

<소형화재>
- · 분말 소화약제 또는 이산화탄소를 사용한다.

<대형화재>
- · 분무 또는 안개상 주수를 한다.
- · 위험하지 않다면 용기를 화재 지역으로부터 옮기도록 한다.

<탱크용기 화재>
- · 최대한 먼 곳에서 화재를 진압하거나 무인 호스 지지대 또는 방수포를 사용한다.
- · 불이 꺼진 후 에도 다량의 물로 용기를 상당기간 냉각시킨다.
- · 누출원 또는 안전장치에는 결빙 우려가 있으므로 직접 주수를 하지 않는다.
- · 안전장치에서 배출 소리가 들리거나 탱크가 변색된 경우 즉시 철수한다.
- · 탱크가 화재에 휩싸였을 경우에는 절대 접근하지 않는다.
- · 대규모 화재인 경우, 무인호스 지지대 또는 방수포를 사용한다. 불가능할 경우 타도록 방치하고 해당지역에서 철수한다.

나. 유출·누출
- 모든 점화원을 제거한다(주변지역에서의 흡연 금지 및 화염, 스파크 또는 불꽃제거)
- 물질을 다룰 때 사용하는 모든 장비는 반드시 접지 시켜야 한다.
- 유출물과 접촉하거나 가로질러 다니지 않는다
- 위험하지 않다면 누출을 차단한다.
- 가능하면 액체보다는 가스 상태로 누출될 수 있도록 용기를 돌려준다.
- 분무 주수를 하여 증기의 발생을 줄이거나 분산시킨다. 사용된 물이 유출물에 접촉하지 않도록 한다.
- 유출물 또는 누출원에 대한 직접 주수는 금한다.
- 증기가 하수구, 환기장치 및 밀폐된 장소로 확산되지 않도록 한다.
- 가스가 흩어져 없어질 때까지 오염지역을 격리시킨다.

※ 경고 : 냉장/극저온 액체와 접촉한 물질은 부서지기 쉬우므로 갑자기 깨질 수 있다.

다. 응급처지
- 피해자를 신선한 공기가 있는 곳으로 옮긴다.
- 119 또는 응급의료 기관에 연락한다.
- 피해자가 호흡이 없으면 인공호흡을 실시한다
- 호흡이 곤란하면 산소를 공급한다.
- 오염된 의복과 신발은 벗겨서 격리시킨다.
- 피부에 얼어붙은 옷은 녹인 후 제거한다.
- 액화가스에 접촉되어 언 부위는 미지근한 물로 녹인다
- 화상을 입었을 경우 즉시 접촉 부위를 가능한 오랜 시간동안 찬물에 담그도록 한다. 피부에 붙은 옷은 떼어내지 않는다.
- 피해자를 따뜻하게 해주고 안정시킨다.
- 물질의 위험성을 의료 관계자에게 알리고, 적절한 보호조치를 취하도록 한다.

(2) 불화수소, 염화수소의 비상대응매뉴얼[16]

표 7-22 불화수소, 염화수소 사고에서의 비상 대응 매뉴얼

잠재 위험	가. 화재·폭발 - 일부는 불에 탈수는 있으나 어느것도 쉽게 점화되지 않는다. - 액화가스의 증기는 공기보다 무거워 지면을 타고 확산된다. - 이 물질들 중 일부는 물과 격렬히 반응을 할 수 있다. - 화재에 노출된 실린더는 압력배출장치를 통해 독성 및/또는 부식성 가스를 배출할 수 있다. - 용기는 가열되면 폭발할 수 있다. - 파열된 용기는 빠른 속도로 날아갈 수 있다. - UN1005: 밀폐공간에서 고농도 무수 암모니아는 점화원이 있다면 인화 위험이 존재한다. 나. 건강 - 독성; 흡입, 섭취 또는 피부 흡수시 시명적일 수 있다. - 증기는 자극성과 부식성이 매우 강하다. - 가스 또는 액화가스에 접촉시 화상, 심한 상해 및/또는 동상을 입을 수 있다. - 화재 시 자극성, 부식성 및/또는 독성 가스가 발생하게 된다. - 화재진압에 사용된 물은 환경오염을 일으킬 수 있다.
공공 안전	- 가장 먼저 운송장의 비상대응전화번호로 연락한다. 운송장이 없거나 연락이 되지 않으면 도움을 받을 수 있는 대응기관이나 관계회사에 연락하여 필요한 정보를 얻도록 한다. - 즉시 사전예방조치로 누출 또는 유출지점으로부터 최소 반경 100m 지역을 격리시킨다. - 관계자외 출입을 통제한다. - 풍상(風上)에 위치하도록 한다. - 대부분의 가스는 공기보다 무겁기 때문에 지면을 따라 퍼져 지지대나 밀폐된 장소(하수 구, 지하실, 탱크)에 모인다. - 지지대에 머물지 않도록 한다. - 밀폐된 장소는 진입 전에 반드시 환기 시킨다. 가. 보호의 - 양압의 자급식 공기호흡기를 착용한다(SCBA). - 제조업자가 권장하는 화학보호복을 착용한다. 방열효과는 거의 없을 수 있다. - 화재진압복은 화재 시에 한하여 제한적인 보호를 해 줄 수 있으나, 물질과 직접 접촉 가능성이 있는 유출 상황에 대해서는 효과적이지 못하다. 나. 소개, 대피 <유출시> · 녹생으로 음영이 되어있는 물질은 제3장 「초기이격 및 방호활동거리표」를 참조한다. 녹색음영이 없는 물질은 풍하방향으로 필요한 만큼 「공공안전」에 명시된 이격거리 이상으로 증가시키도록 한다. <화재시> · 탱크, 철도차량 또는 탱크트럭 화재시, 반경 800m를 초기이격거리로 설정하고, 반경 800m 지역의 초기대피를 고려한다.
비상 대응	가. 화재 · 소형화재 - 분말 소화약제 또는 이산화탄소를 사용한다. · 대형화재 - 분무주수, 무상주수 또는 일반 포말을 한다. - 위험 없이 할 수 있다면 화재지역으로부터 용기를 옮긴다. - 용기 내부로 물이 들어가지 않도록 한다. - 파손된 실린더는 전문가가 처리해야 한다. · 탱크용기 화재 - 최대한 먼 곳에서 화재를 진압하거나 무인호스지지대 또는 방수포를 사용한다. - 불이 꺼진 후에도 다량의 물로 용기를 냉각시킨다.

비상 대응	- 배출안전장치에서 가스배출소리가 커지거나 탱크가 변색된 경우는 즉시 철수한다. - 탱크가 화재에 휩싸였을 경우에는 절대 접근하지 않는다. 나. 유출·누출 - 화재를 동반하지 않은 유출 또는 누출사고시에는 완전밀폐형 증기보호의를 착용한다. - 유출물과 접촉하거나 가로질러 다니지 않는다 - 위험하지 않다면 누출을 차단한다. - 가능하면 액체보다는 가스 상태로 누출될 수 있도록 용기의 밸브를 열어준다. - 수로, 하수구, 지하실 또는 밀폐된 장소로 유입되지 않도록 한다. - 유출물 또는 누출원에 대한 직접 주수는 금한다. - 증기를 줄이고 증기구름의 이동 억제를 위해 분무주수한다. 처리수가 유출물과 접촉하지 않도록 한다. - 가스가 분산될 때까지 오염지역을 격리시킨다. 다. 응급처지 - 피해자를 신선한 공기가 있는 곳으로 옮긴다. - 119 또는 응급의료 기관에 연락한다. - 피해자가 호흡이 없으면 인공호흡을 실시한다 - 만약 물질을 섭취 또는 흡입한 피해자라면 구강 대 구강 인공호흡은 피한다; 편도 밸브 또는 기타 적절한 호흡의료기기를 갖춘 포켓마스크를 이용하여 인공호흡을 실시하도록 한다. - 호흡이 곤란하면 산소를 공급한다. - 오염된 의복과 신발은 벗겨서 격리시킨다. - 피부에 얼어붙은 옷은 녹인 후 제거한다. - 액화가스에 접촉되어 언 부위는 미지근한 물로 녹인다 - 물질에 노출된 피부와 눈은 즉시 흐르는 물에 20분 이상 씻어준다. - 무수 플루오르화수소(UN1052)에 피부와 눈이 노출된 경우에는 먼저 물로 5분 동안 씻어낸 후, 피부에는 젤리형 칼슘을 바르고 눈은 칼슘 수용액으로 15분동안 씻어낸다. - 화상을 입었을 경우 즉시 접촉 부위를 가능한 오랜 시간동안 찬물에 담그도록 한다. - 피부에 붙은 옷은 떼어내지 않는다. - 피해자를 따뜻하게 해주고 안정시킨다. - 접촉 또는 흡입에 의한 영향이 지연되어 나타날 수 있다. - 물질의 위험성을 의료 관계자에게 알리고, 적절한 보호조치를 취하도록 한다.

연습문제

Q1

수소를 이용하는데 있어 안전상으로 고려되어야 하는 대표적인 문제점 4가지를 서술하시오.

A1

① 수소는 넓은 가연 범위, 낮은 점화 에너지, 빠른 연소속도 등으로 인해 화재 또는 폭발의 위험성이 높다.

② 수소는 가장 가벼운 기체로서 공기에서 연소될 경우 열에너지보다 물질의 확산이 3배 정도 빨리 진행된다. 따라서 화염면으로 유입되는 화학에너지가 전도를 통해서 손실되는 열에너지보다 크기 때문에 일단 연소가 진행 될 경우 초과 엔탈피 현상에 의해서 화염을 소염 시키기 매우 어렵다.

③ 수소는 누출 즉시 부양 확산되므로 개방 공간에서는 증기운이 매우 빠르게 소산되지만 폐쇄 공간에서는 천장 쪽에 증기운이 축적되어 큰 화재나 폭발로 이어질 수 있다.

④ 수소는 다른 물질과 결합이 쉬워, 수소와 접촉하는 장치들은 부식의 위험성이 매우 크다. 수소의 흡수와 방출이 계속되면 장치의 팽창과 수축이 일어나 장치의 변형을 일으키고, 그 결과 수소 누출의 원인이 될 수 있다.

Q2

수소의 생체학적 위험성의 한 예를 선택하여 영향을 서술하시오.

A2

예) 질식

산소의 농도가 19.5% 이하로 존재하고, 수소가 공기를 대신한 공간에 들어갔을 때에는 질식현상이 일어날 수 있다.

공기 중 산소 농도 (부피당 %)	영향 결과
15-19	일의 능률이 떨어지며, 심장, 폐, 혈액순환 문제의 초기증상이 발현됨
12-15	호흡이 가빠지며, 심장박동이 빨라짐
10-12	현기증이 생길 수 있으며, 판단력이 흐려지고, 입술이 파랗게 변함
8-10	메스꺼움, 구토, 의식불명, 창백한 안색, 기절 등이 일어남
6-8	8분 경과시 사망, 6분 경과시 50%사망, 50%는 치료를 통해 회복될 수 있으며, 4분 경과시 100% 치료를 통해 회복될 수 있음
4	40초 이내에 혼수상태가 올 수 있으며, 경기, 호흡곤란, 사망에 이를 수 있음

Q3

수소의 물리학적 위험성 중 수소 취성으로 인한 물리적 특성약화를 서술 하시오.

A3

많은 금속과 합금은 수소 존재 하에 기계적 특성이 크게 저하된다.

① 수소로 인한 금속 (또는 합금)의 민감성은 금속의 강도에 따라 증가한다.

② 내부 및 환경 수소 취성 속도는 200~300K (-73~27°C)의 온도 범위에서 최대이며, 수소 반응 취화는 실온 이상의 온도에서 발생한다.

③ 수소 취성에 대한 강재의 민감성은 수소 순도와 함께 증가한다.

④ 취성에 대한 민감성은 일반적으로 인장 응력에 따라 증가한다.

⑤ 마모는 보통 균열 성장으로 인해 금속의 피로를 초래한다.

Q4

수소의 물리학적 위험성 중 수소 취성의 주요 원인을 서술 하시오.

A4

① 방전 가공의 효과 : 금속의 구멍, 노치, 슬롯 또는 다른 공동을 생성하는 데 일반적으로 사용되는 방전 가공을 통해 수소 취성을 증가시킬 수 있다. 이러한 방식으로, 전기 방전은 가공 된 부품에 수소를 도입할 수 있다. 수소는 전기 방전에 의해 이온화 될 때 사용 된 유전성 유체 (보통 오일 또는 등유)의 분해에 의해 생성된다.

② 포집 사이트의 효과 : 수소는 전위, 입자 및 상 경계, 틈새 또는 공공 덩어리, 기포 또는 기포, 산소 또는 산화물 계 개재물, 탄화물 입자 및 기타 재료 결함을 포함하여 금속 구조 내의 사이트에 포획 될 수 있다. 트래핑은 저온에서 가장 두드러지며 수소 취성이 뚜렷한 주변 온도에서 중요하다.

Q5-6) 안전성 평가기술은 크게 정성적 위험성 평가와 정량적 위험성 평가로 분류할 수 있다.

Q5

정성적 위험성 평가의 한 가지 예를 선택하여 서술하시오.

A5

예) 위험과 운전분석 (HAZOP)

위험과 운전분석(HAZOP Study)법은 공정에 존재하는 위험요인과 공정의 효율을 떨어뜨릴 수 있는 운전상의 문제점을 찾아내어 그 원인을 제거하는 방법으로 공장의 위험을 찾아 평가하고 위험이 아니더라도 공장의 안전성을 위태롭게 하는 운전상 문제점을 찾기 위해 개발된 위험성 평가 기법이다. HAZOP Study의 목적은 설계 운전 의도로부터 이탈하는 원인을 체계적으로 공정이나 운전을 면밀하게 검토하는 것이다.

Q6

정량적 위험성 평가의 한 가지 예를 선택하여 서술하시오.

A6

예) 원인과 결과 분석(CCA)

원인과 결과분석(CCA)기법은 FTA 및 ETA를 결합한 것으로 잠재된 사고의 결과 및 근본적인 원인을 찾아내고 사고결과와 원인사이의 상호관계를 예측하며 리스크를 정량적으로 평가하는 리스크 평가기법이다. CCA는 사건수 분석의 귀납적 추리 특성과 결함수 분석의 연역적 특성을 결합한다. 이 기법은 동일 도표 상에 결함수와 사건수를 결합한 도표 형식이 자세하기 때문에 분석된 사고의 고장논리가 단순할 때 가장 보편적으로 사용된다.

Q7

아래의 표는 정성적 위험성 평가의 종류별 특징을 나타낸 표이다. 다음의 표를 완성하시오.

구분	HAZOP	What if
정의	a	질문의 형태로 문제점 제기 자유토론 방식으로 위험성을 인식하고 개선 권고 사항을 도출
방법	대상 시스템, Node 설정 설계의도 설명 가이드워드에 따른 Cause와 Consequence 토론 위험성에 대한 Recommendation 작성	b
특징	c	d

A7

a : 미리 주어진 가이드워드에 따라 자유토론방식으로 위험성을 평가하고 개선, 권고 사항을 도출하는 정성적 분석 기법

b : 공정설명, 공정 서류 및 현장 방문, 질문의 형태로 문제점 제기, 위험성에 대한 토론개선 권고 사항 도출

c : 구조적, 체계적으로 빠짐없이 공정 검토가능, 평가자의 자질에 따라 결과가 달라질 수 있음, 시간과 노력이 많이 소요됨

d : 분석이 용이해 시간과 경비를 줄일 수 있음, 질문에 따라 평가가 달라질 수 있음

Q8

아래의 표는 정량적 위험성 평가의 종류별 특징을 나타낸 표이다. 다음의 표를 완성하시오.

구분	FTA	ETA	CCA
정의	결함 폭발과 같은 재해 연역적으로 원인을 찾아내어 분석	사건 가스누설과 같은 장치나 시스템의 이상 귀납적으로 최종 결과를 평가	a
방법	평가할 재해 선정 재해확률 목표치 설정 원인대상물의 고장률, 휴먼에러등 조사 결함 트리 작성 AND & OR 게이트 구함 발생확률 결정 기록 방지대책 수립	b	사건이나 결함 설정 발생 원인과 결과를 ETA, FTA를 통해 분석 원인 결과를 그림으로 나타내고 공정변경이나 권장사항 제시
특징	c	정략적 평가가 가능하다. 위험을 계량화 할수 있다. 시간이 오래걸린다. 평가자의 지식정도에 따라 결과가 다르다.	전달매체로서 사용이 가능 원인과 결과의 상호관계를 잘 보여줌 숙련된 수행자가 요구됨

A8

a : FTA 와 ETA의 결합, 원인과 결과의 상호관계를 단수화 하여 FT와 ET를 동일한 도면으로 결합시켜 그림으로 나타내어 의사 전달력이 좋음

b : 초기 사건의 설정, 초기 사건에 대한 안전기능 검증, 사건 트리 작성, 사건 경로 및 결과 작성

c : 정량적 평가 가능, 결함의 원인 파악에 도움, 평가자의 지식 정도에 따라 결과 다르다, 결함 원인이 많은 경우 평가가 어렵다.

Q9

아래의 표는 정성적 위험성 평가의 종류별 특징을 나타낸 표이다. 다음의 표를 완성하시오.

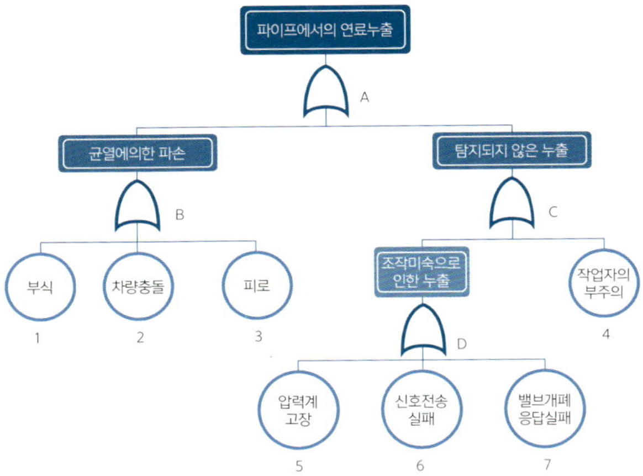

Basic Event	Description	Failure Frequency($yera^{-1}$)
1	Corrosion	4.4×10^{-3}
2	Vehicles collision	8.8×10^{-4}
3	Fatigue defect	8.8×10^{-4}
4	Operator distracted	1.8×10^{-3}
5	Pressure probe failure	4.1×10^{-2}
6	Signal transmission failure	8.8×10^{-1}
7	Value shut-off response failure	2.2×10^{-1}

A9

정상 사상 A가 발생하기 위한 Equation system은 다음과 같다.

- A = B + C = 1 + 2 + 3 + 4*(5 + 6 +7)　(B = 1 + 2 + 3,　C = D * 4,　D = 5 + 6 + 7)

이에 따라

Basic Event	Description	Failure Frequency($yera^{-1}$)
D	Failure control leakage	1.14×10^{0}
C	Undetected leak	2.0×10^{-3}
B	Breakage caused by cracking	6.1×10^{-3}
A=B+C	Top event	8.1×10^{-3}

Chapter

08

수소 재료의 특성 및 안전장치

1 수소재료의 안전

수소가 산업에 이용되면서, 적절한 장치 재료의 선택은 가스 산업 현장 작업자와 관련 연구자들에게 지속적인 관심의 대상이 되고 있다. 따라서 수소의 제조 과정에서부터 수소의 저장, 수소의 충전 및 사용자 시설에서의 사용과정까지 수소 사용 시의 안전을 위하여 수소와 금속 물질과의 분자 상호작용에 대한 연구가 활발히 진행되고 있다.

"내부 수소 취화" 현상은 철의 생산 과정에서 유입된 과도한 수소의 양 때문에 일어난다는 것은 19세기 말부터 알려져 왔다. 철을 용접할 때 일어나는 내부 수소취화의 현상은 그 후에 밝혀졌다.

1) 수소취화(Hydrogen Embrittlement)

금속 속에 흡수된 수소에 의해서 강재에 연성 또는 인성이 발생하는 현상이다. 즉, 수소의 흡수에 의해 금속재료가 취화되는 현상을 의미한다. 이 현상은 산세척, 전기 도금 등의 경우에 생기는 경우가 많으며 인장응력이 있을 경우 균열에 이르는 경우가 많다. 또한, 산소를 포함한 구리가 고온 가열되었을 때 산화구리의 환원에 의해 생기는 공극으로 인하여 연성 또는 인성이 저하되는 현상이다.

수소는 금속과 접촉하면 원자상태 또는 이온상태가 되어 크기가 극히 작아져 쉽게 금속 내부로 침입, 확산하여 금속의 물리적, 화학적 성질에 영향을 미친다.

수소 취화란 이렇게 금속 내부에 수소가 침입하면서 발생하는 것으로 금속 내에 수소가 존재하면 금속의 강도와 연성이 현저히 저하된다.

수소 취화는 내부가역 수소취화, 수소환경 취화, 수소반응 취화의 3가지로 분류한다.[1]

가. 내부가역 수소취화

흡수된 수소에 의한 취화로 주로 백점이나 지연파괴 등의 현상으로 나타나며, 반대로 수소를 제거하면 취화가 회복되는 현상

나. 수소환경 취화

수소가스 환경 하에서 응력을 받으면 일어나는 특유한 현상으로 변형에 의해 가스 상태로 흡수된 수소에 의한 취화

다. 수소반응 취화

수소 가스와 재료가 탈산, 탈탄, 수소화물 형성 등의 화학반응을 일으켜 금속조직에 기포, 수소화물 형성 등의 불가역적 손상을 받는 것에 의한 취화. 특히, 수소반응 취화에서는 강재 재료의 200~수백℃에서 생성된 수소침식이 중요하고, 실제로 장치의 손상 사례에서 얻은 온도 및 수소분압에 따라 발생하는 탈탄한계를 정리한 넬슨(Nelson) 선도[2]를 참고한다.

(1) 고압수소저장 설비에서의 수소취화

고압으로 수소를 저장하는 금속재료의 수소 취화는 금속재료가 수소가스 내에 노출된 상태에서 응력을 지속적으로 받은 경우에 발생하고, 수소취화 발생은 온도에 대한 의존성이 크게 나타나고 있다.

현재 수소를 사용하는 시설에 사용 가능한 재료는 오스테나이트계 스테인리스강 SUS316L과 알루미늄 합금 A6061이 있다.[3]

[그림8-1]은 각종 오스테나이트계 스테인리스 강의 사용 환경의 온도에 따른 단면 수축률을 나타낸 것으로 SUS 316L과 SUS 310S는 수소 환경 취화 감수성이 낮음을 알 수 있다.

[그림 8-2]는 수소압력에 따른 각종 스테인리스 강의 단면 수축율을 비교하였다. Ni 당량이 큰 재료는 수소의 영향을 적게 받는 것으로 나타났다.

(2) 수소취화로 인한 사고 사례

첫 번째 수소 취화로 인한 사고는 1960년대 말로 기록되어 있는데, 이 사고는 높은 압력의 수소배관 및 수소저장 용기에서 발생하였다.[그림 8-3, 8-4, 8-5]

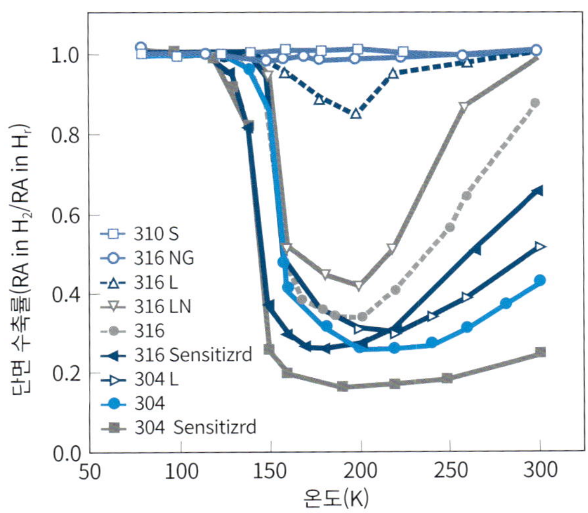

그림 8-1 오스테나이트계 스테인리스 강의 단면 수축률에 미치는 영향[4]

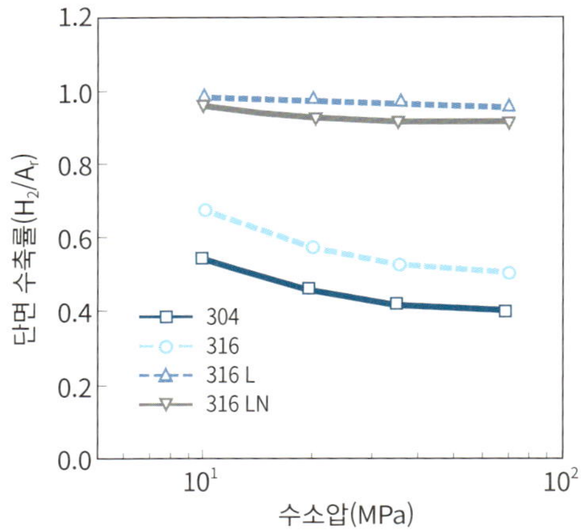

그림 8-2 오스테나이트계 스테인레스 강의 단면 수축률에 미치는 수소압력의 영향[4]

그림 8-3 수소 수송 용기의 손상

그림 8-4 수소 수송 용기의 손상. 내부의 부식으로 생긴 홈에서 시작된 수소 균열

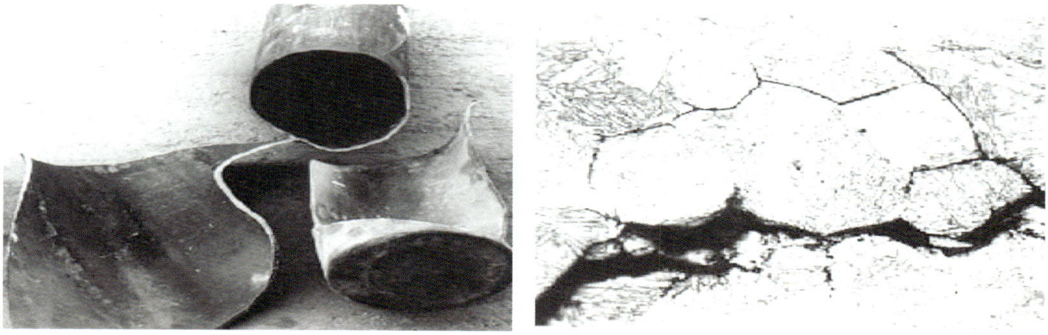

그림 8-5 수소 용기 폭발, 입간 균열[5]

용접된 고압의 금속배관에서 발생한[그림 8-6, 7] 사고를 통해 금속에만 부식이 발생하는 것이 아니라 용접 부위의 금속도 영향을 받을 수 있다는 것이 확인되었다. 사고 조사 결과 스테인리스 이외에도 스프링, 밸브, 압축기의 진동판과 같이 극저온의 상태에 노출되는 장치들에서 가능성이 높다고 알려져 있다. 수소에너지 설비에 사용되는 장치의 대부분은 수소와의 안전성이 검증되어야 한다.

그림 8-6 수소 저장 용기의 격렬한 파열[6]

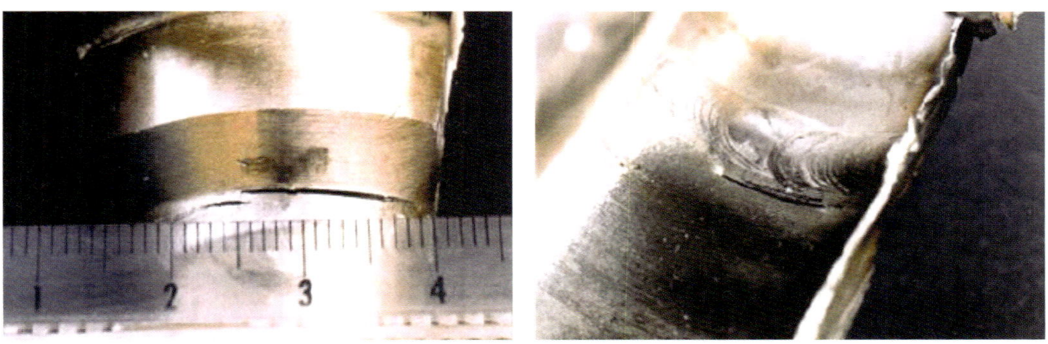

그림 8-7 스테인리스 관에서의 수소 균열[6]

2) 수소취화 영향 인자

(1) 운전 조건

가. 수소의 순도 및 압력

일반적으로 수소의 순도가 높을수록 더 부식효과가 크다. 이것은 [그림 8-8]에서 보는 것과 같이 수소에 들어가 있는 불순물들 특히 산소와 수증기가 부식을 억제하는 효과가 있기 때문이다. 또한 SO_2는 부식 효과를 억제하지만, 메탄이나 질소와 같은 물질들은 별다른 효과가 없는 것으로 밝혀졌다. 반면, [그림 8-9]에서는 CO_2, H_2S 같은 일부 물질들은 수소 부식효과에 가속을 가져옴을 보여준다.

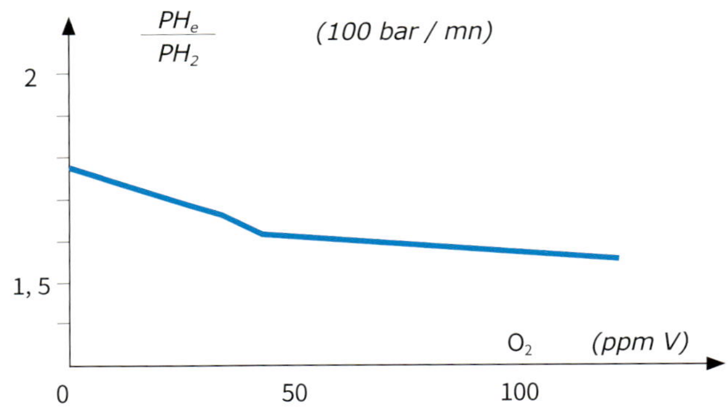

그림 8-8 산소 오염의 영향[5]

(Rm = 1500 MPa)

I_1	I_2	I_3	I_4
3,88	3,67	4,36	4,73

$$I_1 = \frac{\overline{p\ He}}{(p\ H_2\ pur)_{mini}} \qquad I_1 = \frac{\overline{p\ He}}{[p\ (H_2 + He)]^{*}_{mini}} \qquad I_1 = \frac{\overline{p\ He}}{[p\ [(H_2 + H_2S) + He]\ ]_{mini}}$$

$$I_4 = \frac{\overline{p\ He}}{[p\ [(H_2S + He)]\ ]^{**}_{mini}}$$

* H_2 pressure = 50 bar
** H_2S pressure = 18 bar

그림 8-9 H_2S 오염의 영향(Influence of H_2S contamination)[5]

일반적으로 수소의 부분압력 증가에 따라 취화 현상이 선형적으로 증가할 것으로 생각되지만 취화 값은 특정 압력에서 상한값을 가진다. 상한값은 2MPa(20bar)에서 10MPa(100bar)까지 그 범위가 다양하지만 수소 취화에 민감한 철의 경우, 매우 낮은 압력에서도 취화현상이 두드러지게 나타난다. [2]

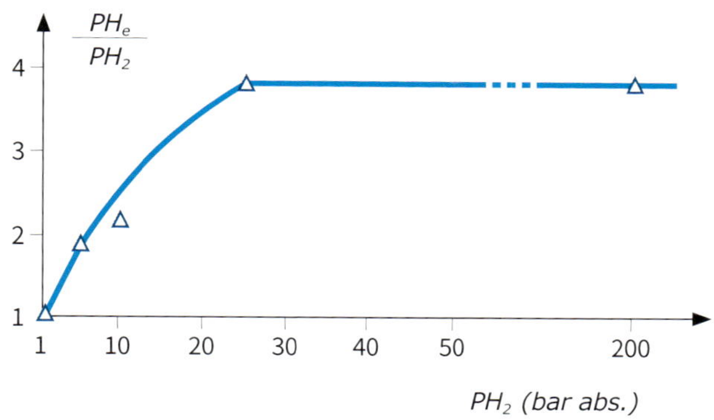

그림 8-10 AISI(미국철강협회) 321강(steel)에 대한 수소 부분압력의 영향[5]

나. 온도

스틸과 관련해서 위에서 언급한 것과 같이 수소의 부식 효과는 주로 대기온도에서 이루어지며, 100℃ 이상의 온도에서는 무시될 수 있다. 하지만 불안정한 오스틴 스테인레스강의 경우, 최대 부식 효과는 -100℃이며, -150℃ 이하에서는 무시될 수 있다.

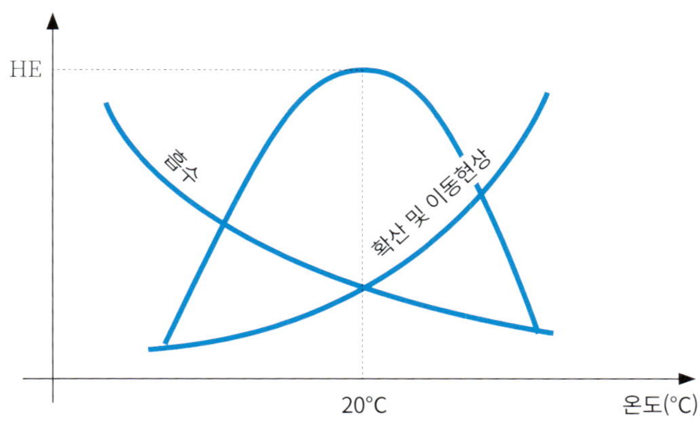

그림 8-11 스테인리스강에 대한 온도의 영향(Influence of temperature)[5]

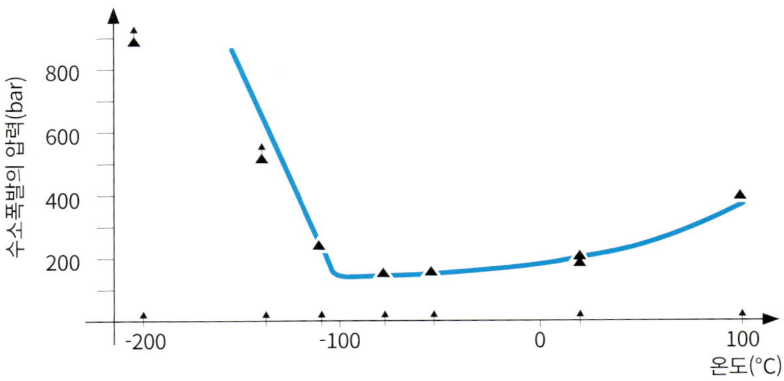

그림 8-12 스테인리스강에 대한 온도의 영향

(2) 설계와 표면 조건(Design and surface condition)

장치의 디자인과 표면 조건은 수소 부식에 매우 중요한 역할을 한다. 일반적으로 [그림 8-13, 14]에서 보는 것과 같이 응력이 집중되는 디자인은 피하는 것이 좋으며, 표면 결함 또한 수소 부식을 촉진 시켜는 역할을 하므로 반드시 제거해야 한다.

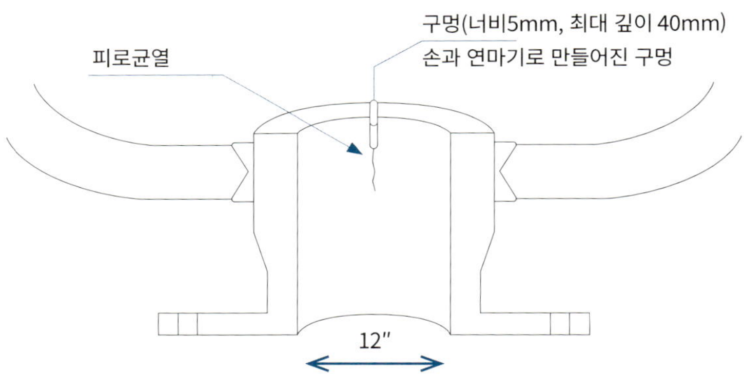

그림 8-13 기하학적 불연속성에서 시작된 균열

사전테스트, 숏블라스트, 보호코팅 또는 수소투과율 제한 등의 처리를 통하여 부식억제의 효과를 거둘 수 있다.

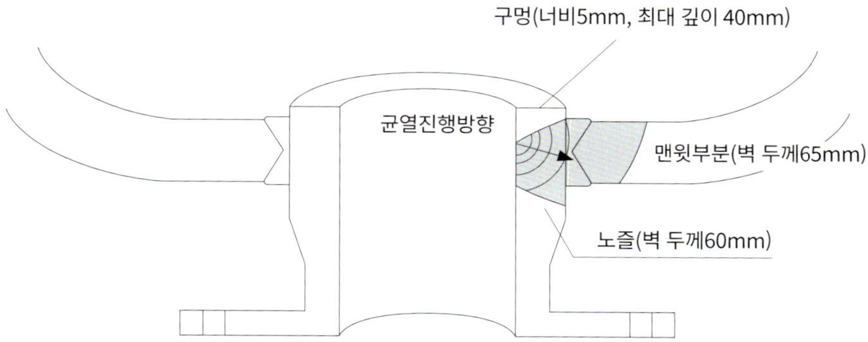

그림 8-14 기하학적 불연속성에서 시작된 균열

(3) 물질(Materials)

가. 미세 구조(Microstructure) 및 화학조성(Chemical composition)

화학조성과 열처리의 결과로 인한 강의 미세구조는 수소 부식을 유발하는데, 일반적으로 마르텐사이트 구조는 가장 나쁜 영향을 끼치며, 페라이트계 구조는 중간적인 영향, 그리고 안정한 오스테나이트 강은 가장 좋은 영향을 미친다.

일반적으로 특정 화학 물질이 수소 부식에 직접적으로 영향을 끼친다고 단정하기는 어렵고, 미세구조가 더 영향을 미치기 때문에 화학 조성이 수소 부식에 주는 영향은 상대적으로 적다. 그러나 니켈, 탄소, 망간과 같은 원자로 된 오스테나이트 스테인레스의 경우 미세구조의 영향과는 독립적으로 화학 물질이 수소 부식에 영향을 미친다. 또한 페라이트 강의 경우, 미세구조의 영향이 강하기 때문에 화학적 조성은 상대적으로 작은 영향을 미치나, 바나듐 또는 작은 양의 토륨 첨가는 수소로 인한 부식의 위험을 감소시켜 준다.

나. 열처리 및 용접(Welding)

[그림 8-15]에서 보는 것과 같이 열처리와 기계적 물성 효과는 특히 낮게 열처리된 합금강에서 중요한 요소로 작용하며, 강한 담금질(quenching)은 좋은 효과를 준다. 또한 카본스틸에 있어서 마지막 상태의 정상화 처리는 좋은 효과를 가져다주며 수소 부식의 위험을 줄여 줄 수 있다.

철의 용접은 수소 부식에 큰 영향을 미칠 수 있다. 카본스틸에 있어서 용접된 부분과 열이 영향을 미친 부분의 강도는 특별히 관리 되어야 하며, 오스테나이트 스테인레스강의 경우는 페라이트의 형성을 제한하여야 한다.

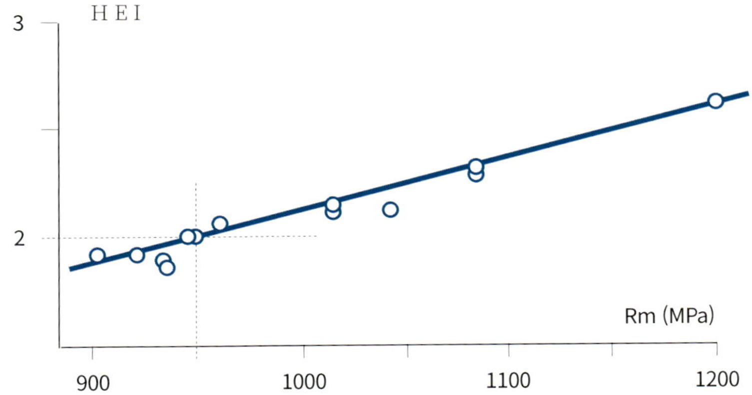

그림 8-15 Cr-Mo강. 기계적 특성의 영향

표 8-1 Ferrite 함량이 부식에 미치는 영향 지수[5]

Ferrite content	0 %(No weld)	2.5 %	8 %	25 %
Embitterment index	1.9	1.9	2.0	4.2

3) 수소침식(Hydrogen Attack)

수소침식은 고온, 고압상태의 수소에 의한 침식을 말하며, 상온 부근에서 발생하는 수소취화와는 다르다. 철 합금이 일어나는 수소침식은 고온, 고압 조건에서 수소가 철합금에 침입하여 Fe_3 +4[H] → 3Fe + H_4의 반응에 의해 강의 세멘타이트(cementite)를 환원하며, 메탄을 발생하여 강을 현저하게 탈탄함과 동시에 발생한 메탄의 압력에 의해서 입계(grain boundary)가 분리하는데 따라서 일어난다.

수소침식을 예방하기 위해서는 C와 친화력이 강한 Ti, V, Cr 또는 Mo 등의 원소를 첨가하는 것이 효과적인데 예를 들면 Cr-Ni 스테인레스 강이 있다.

수소침식과 관련해서 가장 널리 알려진 파라미터는 온도와 압력 그리고 크롬과 몰리브덴의 함량이다. 이것들의 효과는 [그림 8-16]에서 나타난 “Nelson curves”로 설명 할 수 있다. 이 곡선은 경험적인 방법에 의해 작성되었으며, 수소침식의 위험은 온도와 압력이 증가함에 따라 증가한다. Cr과 Mo 양이 많을수록 탄소의 구속력이 좋아져 탈탄소 또는 메탄의 형성으로 인한 수소 공격의 위험을 줄여준다.

넬슨 곡선은 산업에서 50년 이상 성공적으로 사용되고 있으며, 최근의 실험적인 연구와 새로운 기기에 의한 사건의 분석을 통해 다른 중요한 인자 또한 고려되어야 한다는 것이 밝혀졌다.

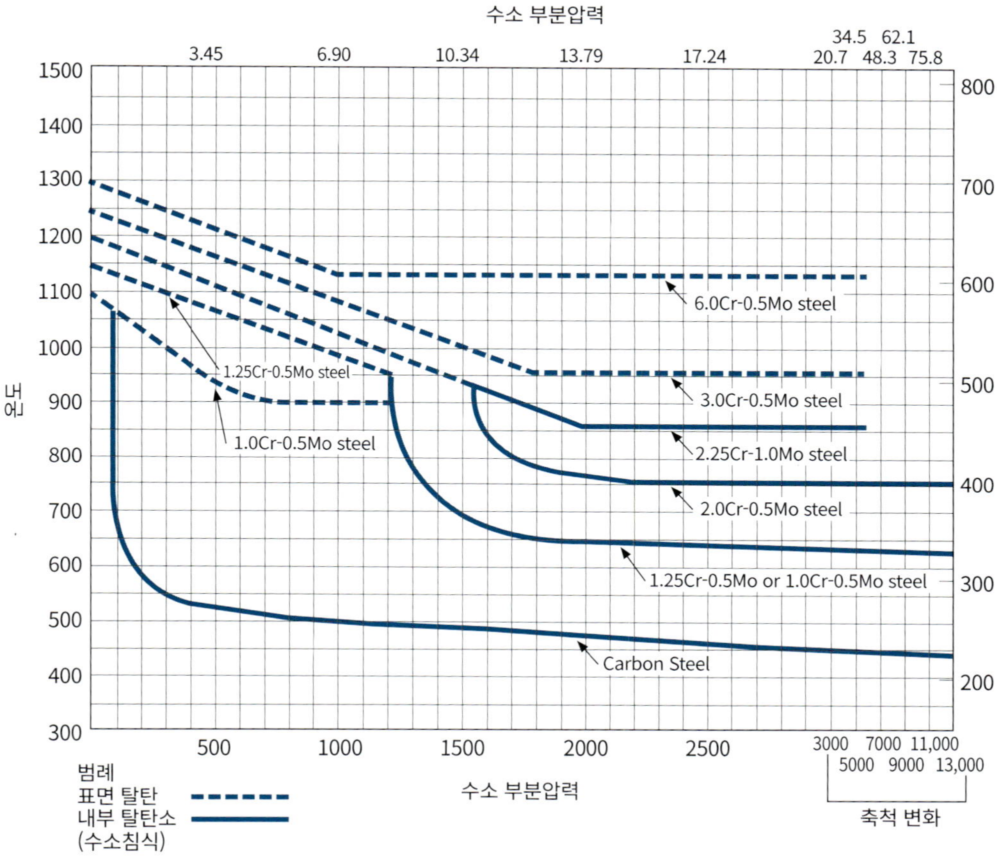

그림 8-16 넬슨 커브(Nelson curves)[7]

Cr과 Mo 이외에 Ti, W와 같이 안정적인 금속 탄화물 형태에 있는 물질들은 부식에 좋은 효과를 갖는 반면 높은 탄소량과 알루미늄, Ni 또는 과도한 망간은 용접에 좋지 않은 영향을 끼친다. 또한 비금속 결합의 형태를 이끄는 원소는 좋지 않다. 수소침식의 위험을 예방하기 위해서는 650℃ 또는 그 이상의 온도에서 응력 완화 처리가 필요하다. 이러한 처리의 유형들은 안전 표준(safety standard)으로 정해져 있다.

수소침식의 위험은 기계적 응력의 정도가 증가할 때 나타난다. 수소부분압력은 단독으로 고려하지 않고 총 압력과 작동할 때의 응력 또는 열처리에 의해 완전히 제거되지 않는 잔류응력 또한 계산되어야 한다.

2 수소누출 검지센서

수소는 가연성 가스로서 공기 또는 산소와는 매우 넓은 범위에서 가연성 혼합 가스를 만들며, 산소와 혼합될 경우 점화되거나 폭발이 발생한다. 공기 중에서 수소의 최소 발화에너지는 대기압에서 0.017mJ으로 이는 메탄 0.29mJ, 가솔린 0.24mJ 에 비해 굉장히 작은 값으로 사람의 몸에서 발생하는 정전기와 같은 작은 에너지에서도 발화할 가능성이 높다.[2] 또한, 화염의 전파 속도도 LPG나 LNG에 비해 수 배 이상 빠르기 때문에 수소가 점화될 경우 사고로 발전하기도 한다.

수소의 안전한 제조, 저장, 충전 및 활용에 있어서의 안전관리는 수소의 대중화, 보급화를 위해서 기본적으로 선행되어져야 할 필수 요소이다.

수소의 특이한 물성중 하나는 수소의 취성을 들 수 있다. 수소는 일반금속을 침투해서 최초에는 없었던 핀홀이나 크랙 등을 유발한다. 수소폭발의 원인으로는 저장/수송 파이프의 충격, 굴절로 인한 핀홀 또는 크랙의 위험성등이 있는데 이는 수소센서를 설치하지 않았을 경우 대량의 수소의 누출을 사전에 예방하기 어렵다.

수소는 용기와 배관 등의 연결부분에서 누출이 가장 많이 발생되며, 폭발 농도 범위가 4~75 %로 크기 때문에 제조/수송/저장/이용 시 누출 사고를 각별히 조심하여야 한다. 한편, 수소연료 자동차(Fuel Cell Vehicle)는 고압으로 압축된 수소를 자동차 용기에 저장하는 방식이 가장 널리 보급되고 있어 수소 누출을 검지할 수 있는 센서는 매우 중요한 역할을 할 것으로 보고 있다.

1) 센서 종류

수소센서는 전 세계적으로 상용화된 센서를 기준으로 크게 전기화학식 센서, 반도체식 센서, 광학식 및 접촉 연소식 센서로 구분되고 있으며, [표 8-2]과 같이 각각의 장단점을 지니고 있어 이에 맞는 응용 분야에 활용이 가능하다. 이러한 센서는 측정 농도 범위, 사용온도 범위, 압력 범위, 불순물에 의한 간섭효과에 따른 선택성, 고정밀도의 민감성, 짧은 응답시간, 재현성, 장기 안정성, 가역성, 크기 및 사용 환경에 따른 적절한 가격 등이 중요한 성능 지표이다. 2007년 DOE(Department of Energy)는 수소 안전 센서에 대한 목표 성능은 [표 8-3]과 같다.

표 8-2 센서의 종류별 작동원리 및 특징[8]

센서종류	작동원리	특징	수소감도(△V)의 농도(C)의존성	작동조건
열선형 반도체식	▪ 수소의 금속산화물 반도체표면상에서 산화반응에 의한 전도 전자의 증가 ▪ 소자표면의 『분자체』 효과에 의한 수소 선택성 발현	▪ 고농도·고선택성 ▪ 온도·습도 의존성적음 ▪ 90%응답: ~20초	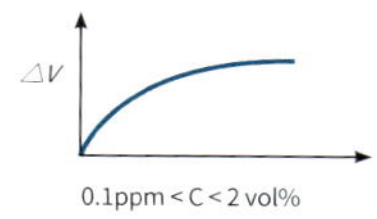	2.30V 108mA 480°C 고정저항
접촉연소식	▪ 수소촉매(Pd, Pt/ Al_2O_3)연소에 의한 소자온도상승	▪ 수소촉매감도는 비교적 높으나, 선택성은 없다. ▪ 온도·습도 의존성은 적음 ▪ 90%응답:5~10초	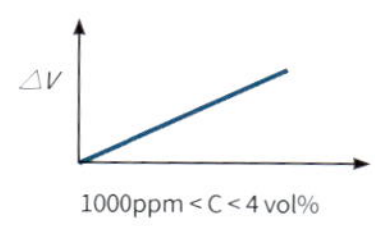	1.70V 98mA 400°C 온도보상 소자
기체열 전도식	▪ 수소혼합에 따른 기체 열전도율 변화를 가열된 소자의 방열량(온도)변화로 본다	▪ 감도가 낮으나 수소선택성은 비교적 높다. ▪ 온도·습도 의존성적음. ▪ 90%응답: 5~10초	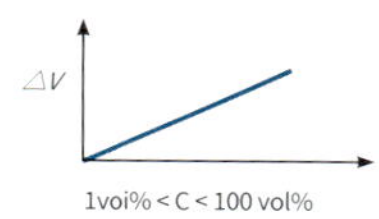	2.50V 65mA 185°C 온도보상 소자

표 8-3 DOE의 수소안전 센서 목표 사양

용도	스펙
측정범위	0.1%~10%
온도범위	-30~80°C
응답시간	< 1초
수명	10년
측정환경	대기압, 상대습도 10~80%

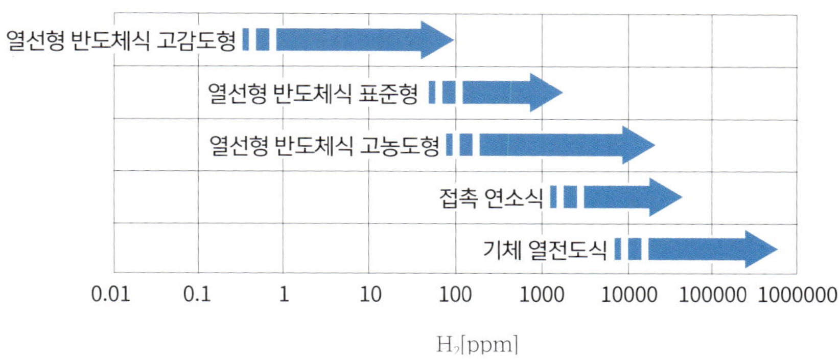

그림 8-17 센서의 종류별 검지 범위

(1) 반도체식 센서

반도체식 수소 센서는 세라믹 반도체 표면에 가스가 접촉했을 때 일어나는 전기전도의 변화를 이용하는 방식으로 화학적 반응을 이용한 소결형 방식과 수소 흡착으로 인한 Pt 및 Pd과 같은 촉매금속 박막의 물리적 상태 변화를 이용한 박막형방식이 있다. 소결형 반도체식 센서는 일반적으로 전이금속이나 주석과 같은 중금속 산화물인 SnO_2 나 ZnO, TiO_2 등의 재질로 만들어진다.

촉매에 의한 산화에 이어서 산화물 표면에 가스의 흡착 작용이 일어나면 산화금속의 전기 저항이 낮아지는 현상이 발생하게 되는데 이 변화를 측정하여 가스를 검지하는 방식의 반도체식 가스센서는 단순하고 기계적으로 견고하며 민감하다는 장점이 있지만 습도 변화에 의해 센서의 저항, 가스 감도, 가스에 노출되었을 때의 센서 반응속도, 공기에 노출되었을 때의 센서 회복속도가 크게 열화 되는 문제점이 있다.

이와 같은 습도 의존성은 센서의 오작동을 유발하고 안전성에 나쁜 영향을 주게 된다. 또다른 방식으로는 박막형 반도체식 수소센서가 있다. 수소는 취소특성을 갖고 있어 팔라듐(Pd), 지르코늄(Zr), 희토류 금속 등은 결정의 틈새에 다량의 수소 원자를 저장할 수 있다. 특히 팔라듐(Pd) 금속의 경우 수소원자를 흡착하게 되면 최고 600 배까지 부피가 증가하거나 색상이 변하거나 저항이 증가하는 특징을 갖고 있다. 박막형 반도체식 수소센서란 이러한 금속의 물리적 상태 변화를 이용해 수소 가스를 검출하는 방식을 말한다. 금속의 물리적 특징을 이용한 박막형 반도체식 수소센서는 제작 방법이 단순하여 제작 단가가 낮으며 반도체 공정을 이용하여 대량생산이 가능하고 빠른 응답속도와 고농도 수소가스 검출에 용이하다는 장점이 있다. 하지만, 반복 사용함에 따라서 들뜸현상(blistering)이나 푸석함(brittle) 현상이 생기는데 이는 수소 센

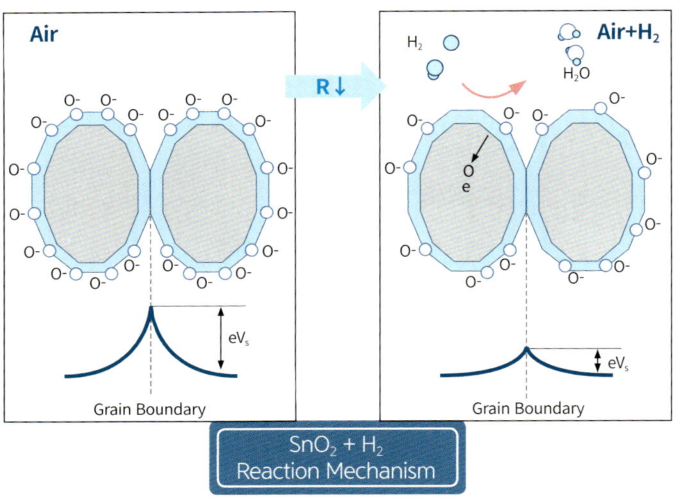

그림 8-18 SnO_2를 이용한 반도체식 가스센서의 작동원리

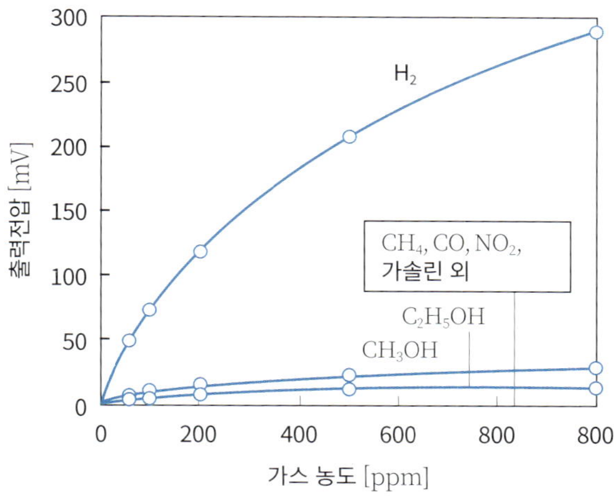

그림 8-19 열선형 반도체식 수소 센서의 가스별 출력특성

서의 수명과 신뢰성에 문제를 주는 것이고, 또한, 소자의 효과적인 작동을 위해서 동작온도를 100℃ 정도로 유지해야 한다는 단점이 있다.

(2) 접촉연소식 센서

접촉 연소식 가스센서는 세라믹형 센서의 한 종류로서 가연성 가스 검출에 사용되고 있는 가장 기본적인 가스센서 방식이다. 산화 반응에서 촉매 활성을 가진 물질을 표피층에 피복하고 알루미나 담채와 같은 내부 지지층을 백금과 같은 금속선 코일로 피복한 것으로 수소와 같은

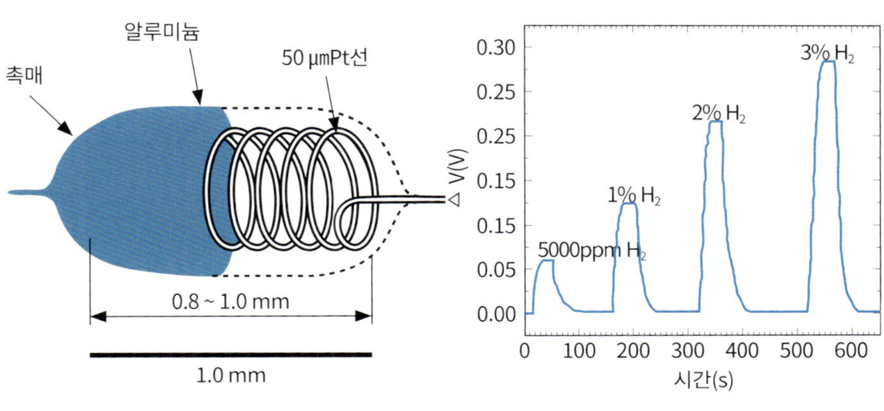

그림 8-20 접촉연소식 가스센서의 구조 및 반응그래프[9]

가연성 가스를 함유한 공기와 접촉하면 촉매상에서 가연성 가스와 산소가 반응하여 반응열이 발생하게 된다. 이 반응열에 의해 소자의 온도가 상승하고 이는 백금코일의 전기적 저항을 변화시키는데 이 변화를 측정하여 가스를 검지하는 것이 접촉 연소식 수소가스 센서이다. 접촉 연소식 가스센서는 가스 농도의 변화에 따라 센서의 출력이 선형적으로 변화하는 특징이 있고, 동작이 안정적이며 반복 측정에 대한 재연성이 좋다는 장점이 있지만, 가스 선택성과 촉매의 산화 능력 저하를 사전에 검지하기가 어렵고, 센서가 작다는 점 등 개량해야 할 부분도 남아 있다.[9]

(3) 광학식 센서

광학식 수소센서는 광섬유 말단에 수소기체에 민감한 백금족 금속 혹은 이 금속에 다층박막을 형성한 것으로 수소에 노출되면 색깔이 변하는 물질을 이용하여 그 변화를 광학적으로 검지하는 방식이다. 이러한 색깔의 변화는 전기화학적으로 양이온과 전자가 주입되면서 전이금속이 산화 또는 환원이 되면서 산화가에 따른 전자구조의 변화에 의한 것이다. 이렇게 가스에 의해 박막의 색깔이 변하는 현상을 가스채색(gasochromism)이라고 한다. 가스채색 물질로는 Pd, WO^3, NiO 등이 사용된다. 이 방식은 센서에 직접 전기가 흐를 필요가 없기 때문에 전기방전이나 전극에서의 스파크에 의한 수소 폭발의 위험을 줄일 수 있고, 가스 채색 물질로 사용된 금속과 센서 회로 사이에 빛이 통하기만 하면 되기 때문에 원격적인 수소검출이 가능하다. 또한 센서 물질과 센서 회로를 광섬유로 연결할 경우 센서부의 크기를 광섬유의 직경 정도인 수 mm이하로 소형화할 수 있다는 장점이 있다. 이러한 방식은 미국 에너지성 산하 연구소인 National Renewable Energy Laboratory(NREL)에서 처음 개발되었으며, 현재 수소센서 전문업체인 DCH Technology의 공동연구를 통해 개발되고

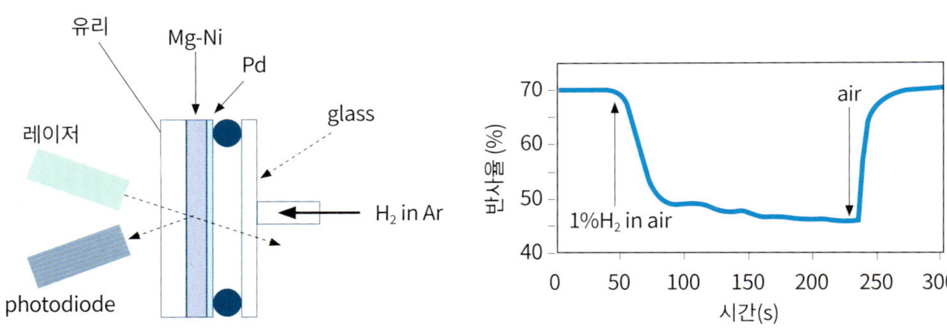

그림 8-21 광학식수소센서의 구조(좌) 및 반응데이터(우)[11]

있다.

양쪽전극에 전압을 가하여 전하(양이온 or 전자)를 주입하면, 추출색이 변하여 전기채색이 되는 원리를 이용한 센서이다(electo_chromism)[10]. 양이온과 전자가 주입되면 전 이금속이 산화 또는 환원되고 산화가에 따른 전자구조의 변화에 따라 색이 변한다.

- 음극채색(Cathodic coloration)
  - 양이온의 주입으로 채색되어 불투명 해지는 것
  - WO_3 (Pd/WO_3)
- 양극채색(Anodic coloration)
  - 양이온의 추출로 불투명 해지는 것(Cycling 특성이 좋음)
  - 투과도 변화량이 양극채색 보다 작기 때문에 저농도 수소검출에 한계
  - V_2O_5, RuO_2, Ni-WO_3
- 수소의 흡착 정도에 따라 광투과도가 변화됨
- WO_3 (산화텅스텐)
  - 대기중의 수분에 취약해 내구성에 문제가 있는 것으로 알려짐
  - 진공 증착(반도체공정설비)으로 제작
- RuO_2 (산화루테늄)
  - 전기도금법으로 제작
  - 수분에 의한 열화가 상대적으로 작음
  - 전기화학적 Super-capacitor로 응용될 수 있는 것으로 알려짐

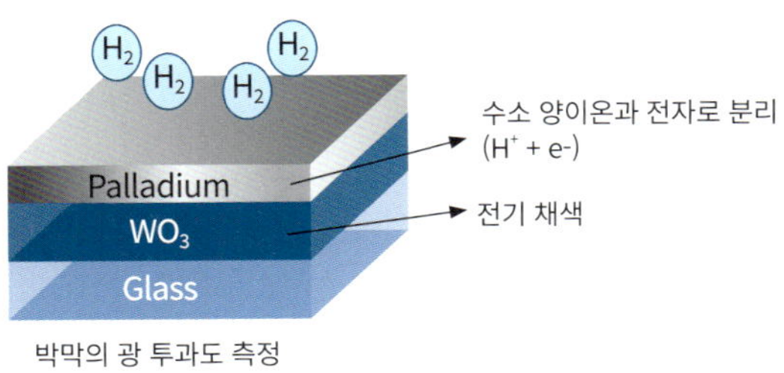

그림 8-22 전기채색의 원리 [10]

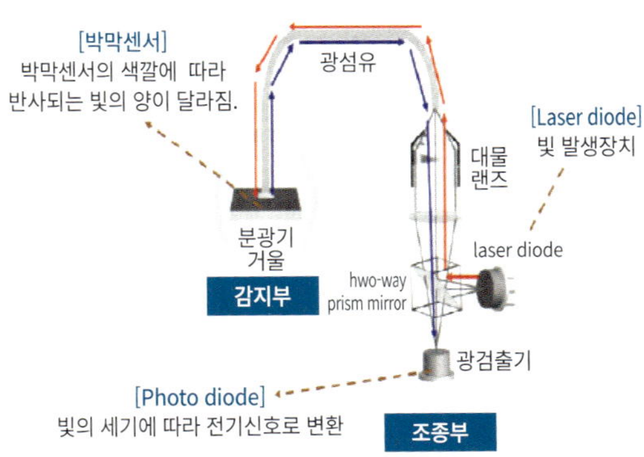

그림 8-23 광학식 수소센서의 원리

2) 기술개발동향

수소의 검지에 관한 연구는 수소에너지의 저장 및 이용 기술과 병행되어 선진국인 미국, 일본, 영국 등의 국가에 의해서 주도적으로 연구되고 있다. 미국의 경우에는 Department of Energy (DOE)의 지원 하에 NASA의 Lewis Research Center, Oak Ridge National Lab, National Renewable Laboratory(NREL), Sandia National Lab 등의 연구기관에서 광섬유형 수소센서, MEMS에 기초한 팔라듐 합금과 열판 결합형 수소센서, 수소를 연료로 사용하는 자동차의 연료 라인에 이용 가능한 Pd/Ag 합금 고체상 수소센서, MEMS에 기초한 접촉 연소식 수소센서, Pd 게이트 FET 수소센서 등의 연구가 수행되고 있다.

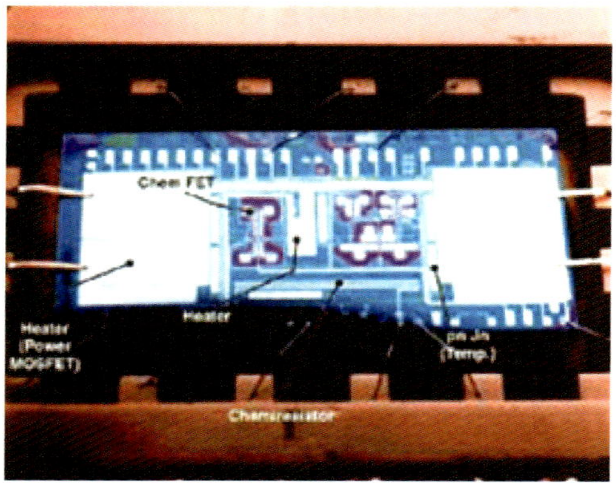

그림 8-24 Sandia National Lab.에서 개발한 MISFET 수소센서[12]

일본의 경우 신에너지 산업기술 종합개발 기구(NEDO)의 지원 하에 '수소 안전이용 등 기반 기술개발사업'을 실시하여 규슈대학교, 도쿄대학교, 오사카 공업시험소, New Cosmos사 등의 연구기관에서 반도체 및 고체 전해질형 수소센서 등의 연구와 액화수소의 누출, 확산, 폭발 현상의 시험분석 및 시뮬레이션에 대한 연구가 수행된바 있다.[13]

일본의 New Cosmos사에서는 반도체식 수소센서를 생산하고 있으며, 수소에 대한 선택도를 높이기 위해 가스와 접촉하는 외부에 선택적 분리막인 Molecular Sieve를 적용하여 주변 간섭가스를 차단하고, 수소만 통과하게 하는 수소센서를 개발하였다.

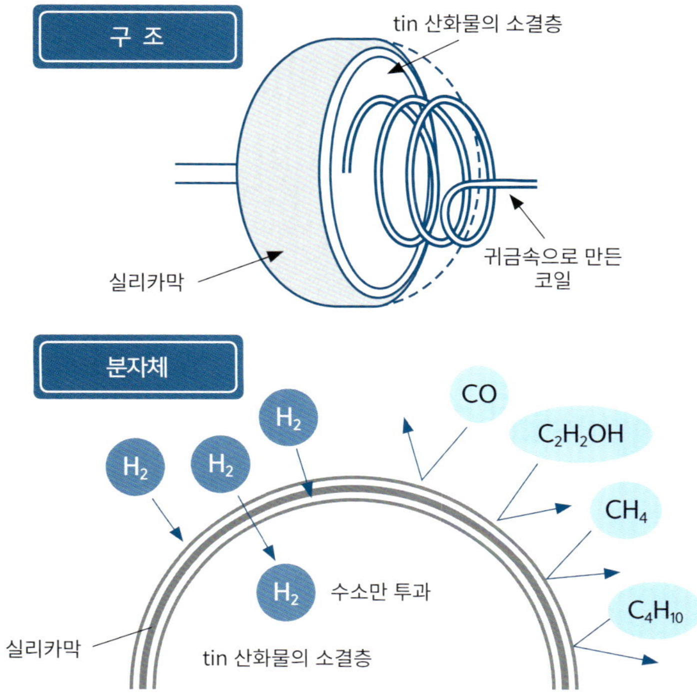

그림 8-25 일본 코스모사의 반도체식 수소검지센서[12]

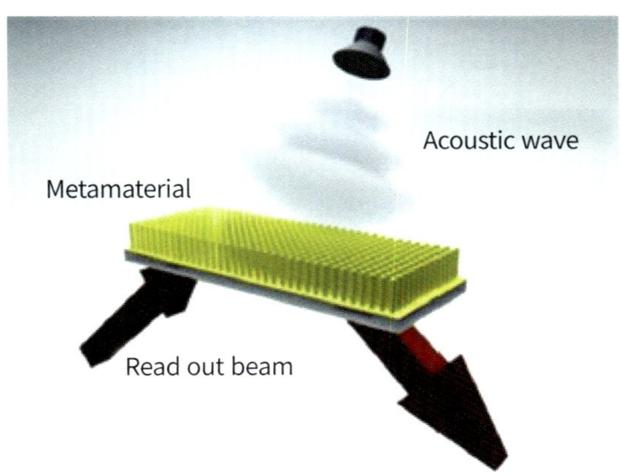

그림 8-26 메타물질을 이용한 Opto-Acoustic 수소센서[13]

3 수소화염검지기

도시가스나 LPG는 탄화수소가 연소하면서 가시광선을 발하기 때문에 화염을 육안으로 볼 수 있으나, 수소화염은 대부분 가시광선을 발하지 않으므로 야외에서는 수소 화염을 육안으로 식별하는 것은 매우 어렵다. 따라서, 국내 저장식 수소충전소 및 제조식 수소충전소에는 수소 검지 센서 이외에도 수소누출 가능성이 높은 충전기, 압축장치 및 압축가스설비에는 수소화염 검지기를 설치하도록 하고 있다.

다음 [그림 8-27]의 수소 발광스펙트럼은 99.99999%의 고순도 수소를 대기 중에서 연소시켜(15ℓ/min) 노즐 상부 8cm 위치에서 측정한 그래프이다. 화염에서 발하는 빛은 306nm와 309nm에서 강한 피크를 가진 280~320nm의 파장영역(자외선영역)에서 관찰된다.

이 발광은 수소의 연소에 의해 OH기가 A순위에서 X순위로 전이함에 따라 발생하는 것으로 [14], 이 자외선을 광학 밴드패스 필터(band-pass filter)로 선별하여 추출하면 수소화염의 검지가 가능하다. 수소의 연소에 의해 발생한 고온의 수증기는 화염주변의 공기와 만나 온도가 낮아질 때 복사열을 발생하므로 이 복사열을 검지할 수 있으면 수소화염 부근 온도분포의 열화상화도 가능하다.

수소화염 중심부에서 발하는 자외선이나 화염 외연에서의 근적외선, 화염 주변영역에서 분사되는 열선을 각각 화상으로 나타내면 육안으로는 보이지 않는 수소화염을 가시화할 수 있다.

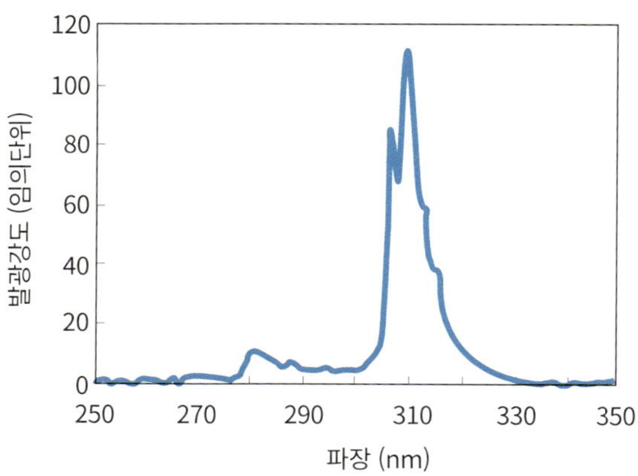

그림 8-27 수소화염 발광 스펙트럼

4 수소 유량계

국내 수소충전소는 2005년 한국에너지기술연구원을 필두로 2015년 10월 기준 전국에 14곳(환경부 통계 기준)이 운영 중에 있으며, 2020년까지 160개소 이상 건설하려는 계획을 수립하고 있다. 수소 충전소는 수소 제조 공급부분, 수소 압축 저장부분, 수송차량 충전부분으로 구분되며, 충전을 위한 SAE2799은 70MPa로 제정하여 2007년부터 개시하였으며, 기존의 케이블 통신방식에서 IR 무선을 이용한 통신기술로 차량 및 충전소 간의 실시간 통신으로 충전 프로토콜 SAE2601에 의한 충전 기술이 적용되고 있다. 유량계로 사용되는 유량방식은 초음파식, 터빈식, 코리올리식, 차압식 등이 주로 사용되며, 수소 충전용 유량계는 극히 제한적으로 사용되고 있는데, 초고압상태인 100MPa에서 사용할 수 있는 계량측정용 유량계는 유체와 비접촉하여 측정하는 방식이 안정적이며 이러한 조건을 만족하는 코리올리식 유량계가 가장 널리 사용되고 있다. 수소는 밀도가 작고 점성이 낮으므로 유량계에서 계측이 어려운 기체로 분류된다. 수소의 유량측정을 위한 유량계는 몇 가지 방식이 실용화되고 있다.

표 8-4 유량계의 비교

Clamp-on 초음파식	Wetted 초음파식	코리올리식	터빈식	차압식
파이프 외측설치	높은 정확도	직접 질량측정	펄스 측정	간접 질량측정
저렴한 가격	기체, 액체 사용	넓은 사용범위	유속분포 관리	고온고압 적용
액체에 사용	고압적용 곤란	기체, 액체 사용	고압적용 곤란	좁은 사용범위
낮은 정확도	낮은 운용단가	주기적 영점보정	이물질에 취약	기체, 액체 사용
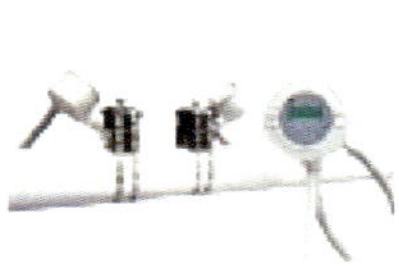	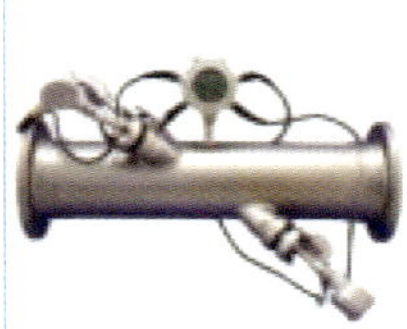	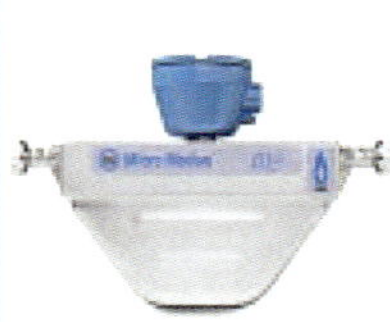		

1) 와류식 유량계

와류식 유량계는 유체의 진동현상을 이용한 유량계이다. 흐름내에 물체가 놓여 있을 때 물체 뒤에는 회전방향이 서로 반대인 한 쌍의 소용돌이가 생긴다. 물체 표면에서 떨어져 소용돌이가

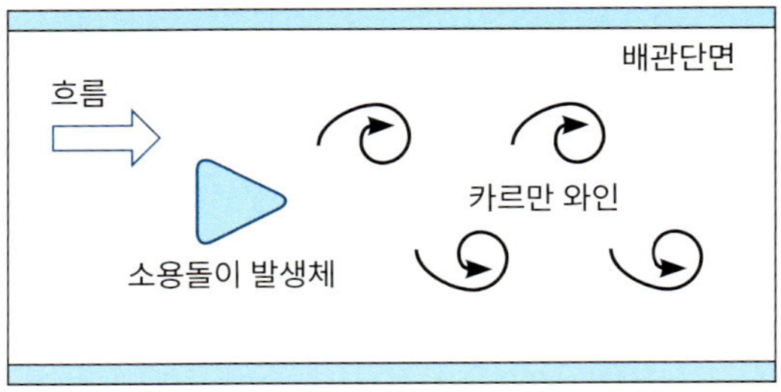

그림 8-28 일본 코스모사의 반도체식 수소검지센서[12]

생길 경우 흐름 속도가 빠르면 소용돌이는 물체로부터 떨어져 교대로 흘러가 물체의 하류에서는 한 쌍의 소용돌이가 교대로 규칙적으로 배열된다.

와류식 유량계는 소용돌이의 발생 주파수가 유속에 비례한다는 것을 이용한 것이다. 소용돌이의 발생으로 생긴 국소적인 유체속도와 압력변화를 열선, 서미스터, 압전소자 등의 센서로 검출하여 소용돌이 발생 주파수를 계측한다.

$$f = S\,t\,\frac{V}{d}$$

f : 소용돌이 발생주파수

V : 평균유속

d : 소용돌이 발생체의 폭

St : 스트로할 수 (Strouhal Number)

스트로할 수(Strouhal Number)는 광범위한 레이놀즈 수 범위에서 거의 일정하며, 이 레이놀즈 수 범위 내에서는 유체의 밀도나 점도 등의 물성에 거의 영향을 받지 않고 유속과 소용돌이 발생주파수 사이에 비례관계가 성립한다.

스트로할 수가 거의 일정하게 되는 범위는 소용돌이 발생체의 형상 및 그 크 기에 따라 다르지만 현재 실용화되어 있는 유량계에 있어서는 일반적으로 배관 내 레이놀즈 수 $2 \cdot 10^4$ 이상의 영역에서 사용되고 있다.

2) 초음파 유량계[8]

초음파 유량계는 흐름의 상류 측과 하류 측에 설치된 초음파 센서에서 초음파를 교대로 송수신하여 흐름방향과 흐름 역방향의 초음파의 전파시간 차가 초음파 경로상의 평균유속에 비례한다는 것을 이용한 유량계이다. 초음파 유량계의 성능은 초음파 전파시간 연산 처리속도, 정밀도, 분해성능을 얼마나 높일 수 있는가에 따라 결정된다.

코리올리 유량계는 직접 질량측정방식으로서 흐르는 유체의 벡터 변화에 따른 코리올리 힘을 입구측과 출구측의 위상차를 유량으로 변환한 것으로서 정확도가 ±0.5%로 높을 뿐 만아니라 다양한 유체에 적용할 수 있는 장점을 가지고 있어서, 해외 선진사들이 자체 개발하고 이를 고부가 가치기술로 상용화한 유량계이다.

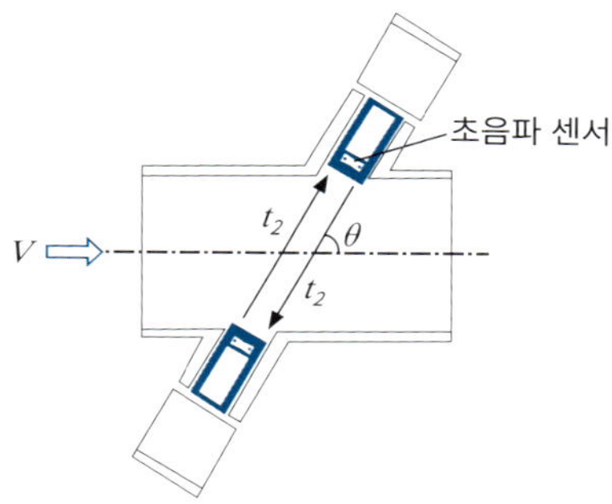

그림 8-29 초음파 유량계의 구조

3) 코리올리 유량계

소용돌이 유량계와 초음파 유량계가 체적유량을 계측하는 데 비해, 코리올리 유량계와 열식 유량계는 질량유량을 직접 계측하는 유량계이다. 체적유량, 온도, 압력에서 질량 유량을 구하는 것도 가능하나, 온도와 압력이 안정되지 않은 경우에는 질량 유량을 직접 측정하는 것이 정밀도와 비용, 유지보수 면에서 효율적이다.

코리올리 효과는 회전관성력과 뉴턴의 운동법칙을 적용한 것으로서, 유량이 멈추었을 때의 드라이브코일(drive coil)의 규칙적인 공진 주파수를 유량이 흐를 때의 유량 튜브에서의 비틀림 정도를 픽오프코일(pickoff coil)에서 sine wave를 검출하여 그 시간차를 측정하고 이를 유량으로 변환하는 원리이다.

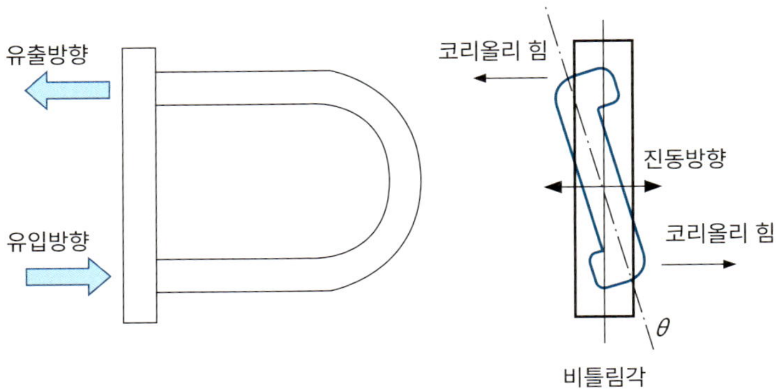

그림 8-30 코리올리 유량계의 원리

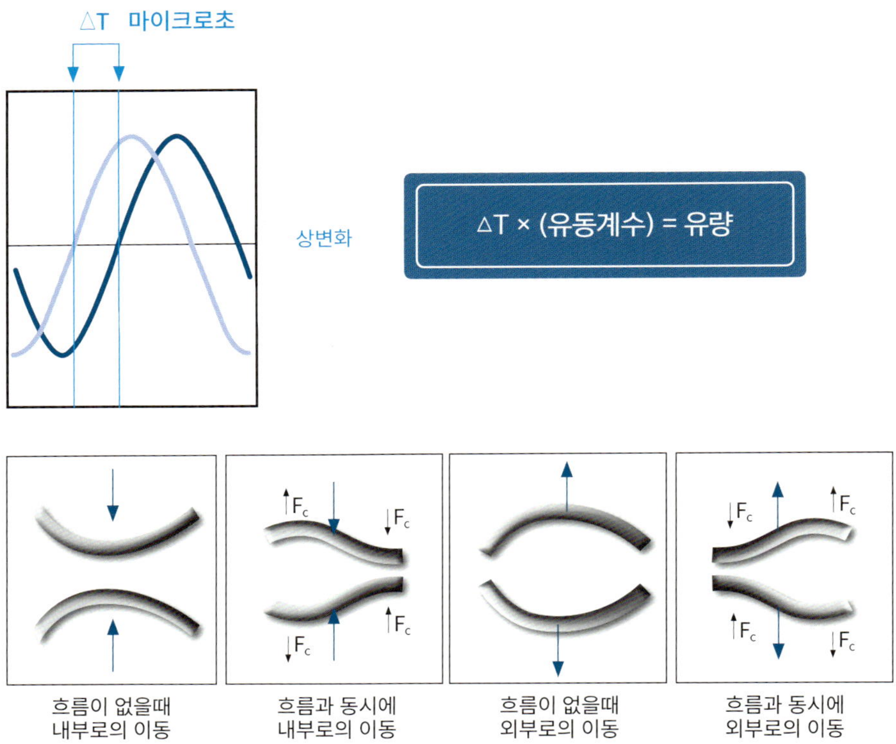

그림 8-31 두 개의 튜브에 작용하는 코리올리 힘($\overrightarrow{F_c}$)

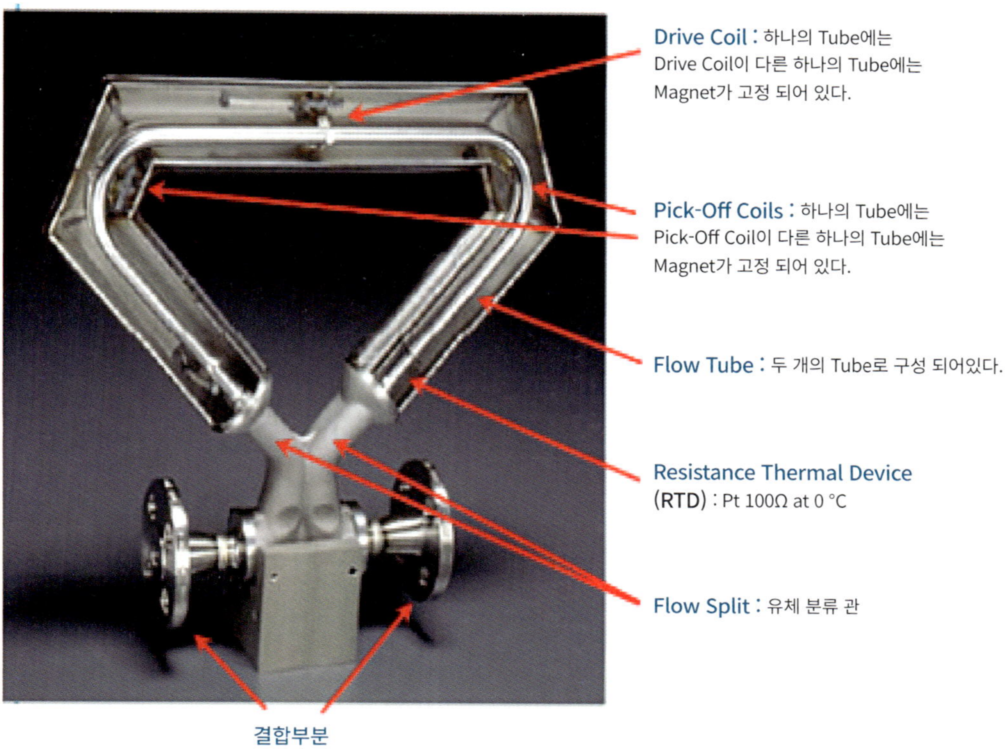

그림 8-32 코리올리 유량계의 내부 구조(EMERSON사)

4) 차압식 유량계

차압식 유량계는 Process 유량계 중 가장 많이 사용되고 있는 것으로, 유체가 흐르는 배관에 장애물이 있는 경우, 장애물 양단에 유체흐름에 따른 차압이 생기는 원리를 이용, 이를 측정하여 유량을 계산한다.

즉, 유체가 통과하는 관로의 일부에 문을 설치하고, 그 전후에 생긴 차압이 유량의 2승에 비례하는 것을 이용하여 유량을 측정하는 것이다. 오리피스, 노즐, 벤츄리관 등을 이용한다. 비교적 광범위한 온도, 압력에 있어서 액체, 기체, 증기의 유량 측정이 가능하다.

차압식은 일반적으로 다른 방식보다 저가이며, 고온고압에도 사용할 수 있는 특징이 있다. 결점은 오차정도가 0.5~2%정도이고, 유체의 변화가 오차의 원인이 되기 때문에 조리개 전후에 직관부분이 필요하다.

$$Q = \alpha \epsilon \frac{\pi}{4} d^2 \sqrt{\frac{2g \triangle P}{\rho}}$$

Q : 유량(m^3/s)
α : 유량계수
ε : 기체 팽창 보정계수
d : orifice 내경(m)
g : 중력가속도(m/s^2)
ρ : 밀도(kg/m^3)
△P : 압력변화(kg/m^2)

▪ 피토우튜브(pitot tube)

직각의 관이며 유체의 흐름에 대해 개구 부분이 직각으로 향하도록 부착하면 유량의 변화에 따라 관내의 압력이 변하므로 이를 측정하여 유량을 계측한다.

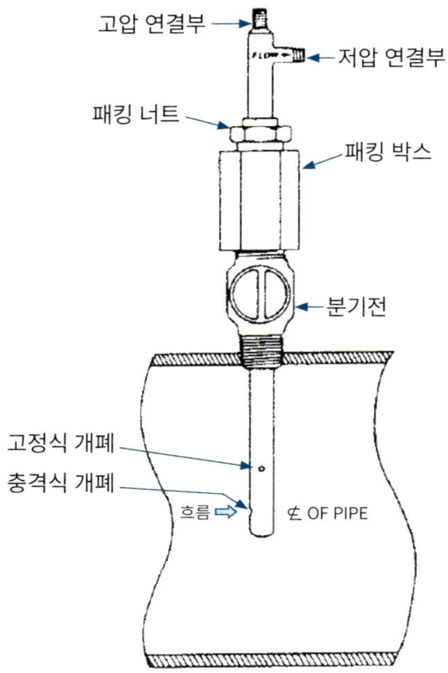

그림 8-33 두 개의 튜브에 작용하는 코리올리 힘($\overrightarrow{F_c}$)

▪ 오리피스(orifice)

유체의 흐름을 도중에서 오리피스라고 하는 장애물(원형의 판 중앙에 동심원의 구멍을 뚫은 것)로 조이면 흐름의 압력은 그 부분에서 떨어진다. 유량은 오리피스 상류측과 하류측의 압력차이의 평방근에 비례하므로 이를 이용하여 측정한다.

▪ 벤튜리튜브(venturi tube)

원리는 오리피스와 동일하지만 압력손실은 오리피스에 비해 작다.

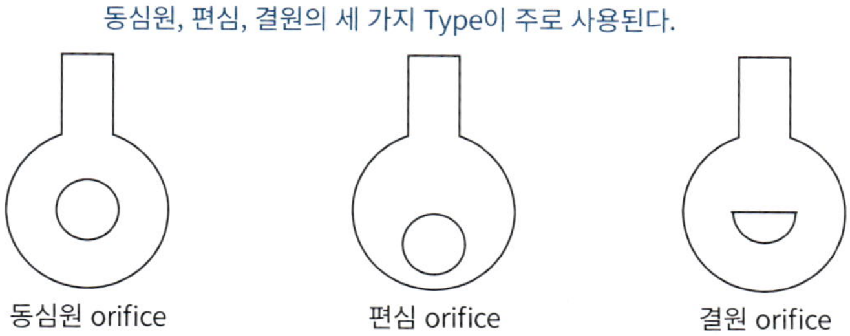

그림 8-34 오리피스의 type 종류

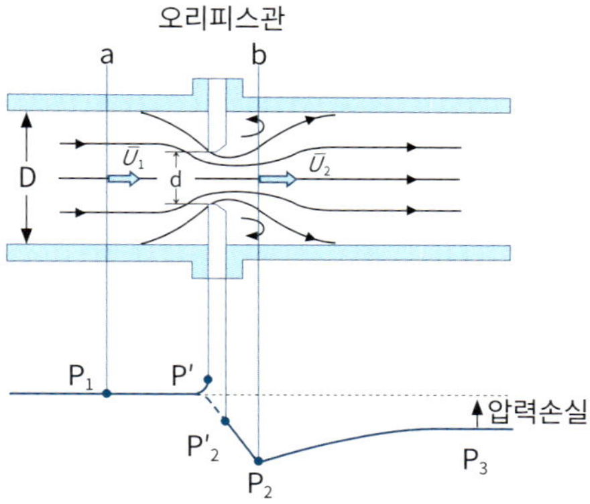

그림 8-35 오리피스 내 흐름에 따른 압력 변화

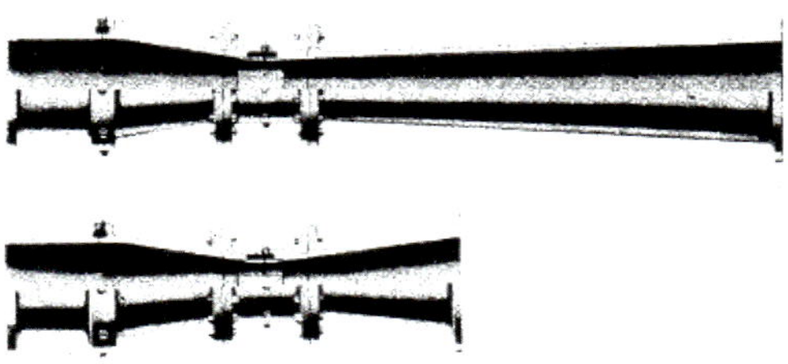

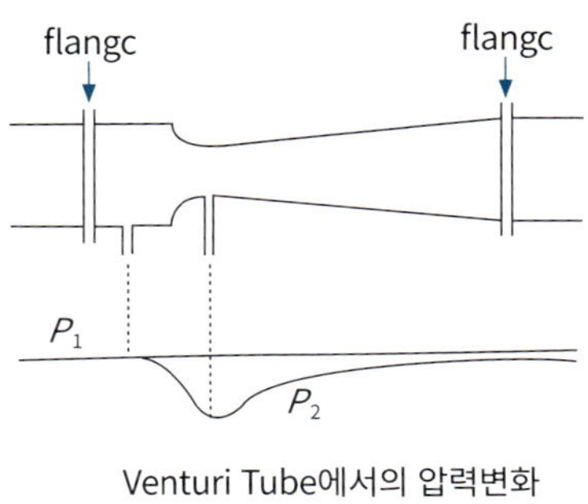

그림 8-36 벤튜리튜브의 형태 및 압력 변화

연습문제

Q1

수소취화(Hydrogen Embrittlement)가 무엇인지 서술하시오.

A1

금속 속에 흡수된 수소에 의해서 강재에 연성 또는 인성이 발생하는 현상이다. 즉 수소의 흡수에 의해 금속재료가 취화되는 현상이다. 이 현상은 산세척, 전기 도금 등의 경우에 생기는 경우가 많으며 인장응력이 있을 경우 균열에 이르는 경우가 많다. 또한, 산소를 포함한 구리가 수소 등의 환원분위기 속에서 고온 가열되었을 때 산화구리의 환원에 의해 생기는 공극으로 인하여 연성 또는 인성이 저하되는 현상이다.

Q2

수소취하는 내부가역수소취화, 수소환경 취화, 수소반응 취화의 3가지로 구분되는데 각각을 서술하시오.

A2

- 내부가역 수소취화 : 흡수된 수소에 의한 취화로 주로 백점이나 지연파괴 등의 현상으로 나타나며, 반대로 수소를 제거하면 취화가 회복되는 현상
- 수소환경 취화 : 수소가스 환경하에서 응력을 받으면 일어나는 특유한 현상으로 변형에 의해 가스상태로 흡수된 수소에 의한 취화
- 수소반응취화 : 수소 가스와 재료가 탈산, 탈탄, 수소화물 형성 등의 화학반응을 일으켜 금속조직에 기포, 수소화물 형성 등의 불가역적 손상을 받는 것에 의한 취화

Q3

수소취하에 영향을 주는 조건에는 무엇이 있는지 서술하시오.

A3

- 운전 조건 : 수소의 순도, 수소 분압, 온도, 응력과 변형, 노출 시간
- 설계와 표면조건
- 물질 : 미세구조, 화학조성, 열처리와 기계적 특성, 용접 등

Q4

수소침식에 대하여 서술하고, 수소침식을 예방하기 위한 방법을 서술하시오.

A4

고온·고압상태의 수소에 의한 침식을 말하며, 상온 부근에서 발생하는 수소취화와는 다르다. 철합금이 일어나는 수소침식은 고온·고압상태에서 수소가 철합금에 침입하여 Fe3+4[H] → 3Fe + CH4의 반응에 의해 강의 세멘타이트(cementite)를 환원해서 메탄을 발생하여 강을 현저하게 탈탄함과 동시에 발생한 메탄의 압력에 의해서 입계(grain boundary)가 분리하는데 따라서 일어난다.

수소침식을 예방하기 위한 방법은 아래와 같다.

- 화학 조성 변화 : Cr과 Mo 이외에 Ti, W와 같이 안정적인 금속 탄화물 형태에 있는 물질들은 부식에 좋은 효과를 갖는다.
- 열처리 : 650°C 또는 그 이상의 온도에서 응력 완화 처리가 필요하다.
- 응력레벨 : 수소침식의 위험은 기계적 응력의 정도가 증가할 때 나타난다. 수소부분압력은 홀로 고려되어서는 안 된다. 총 압력과 작동할 때의 응력 또는 열처리에 의해 완전히 제거되지 않는 잔류응력 또한 계산되어야 한다.

연습문제

Q5

수소감지 센서 중 '열선형 반도체식 센서'의 작동 원리와 특징을 서술하시오.

A5

- 작동원리 : 수소의 금속산화물 반도체표면상에서 산화반응에 의한 전도 전자의 증가, 소자표면의 『분자체』 효과에 의한 수소 선택성 발현
- 특징 : 고농도·고선택성, 온도·습도 의존성작음, 90%응답: ~20초

Q6

수소감지 센서 중 '접촉연소식 센서'의 작동 원리와 특징을 서술하시오.

A6

- 작동원리 : ·수소촉매(Pd, Pt/Al2O3)연소에 의한 소자온도상승
- 특징 : 수소촉매감도는 비교적 높으나, 선택성은 없다, 온도·습도 의존성은 작음, 90%응답:5~10초

Q7

수소감지 센서 중 '광학식 센서'의 작동 원리와 특징을 서술하시오.

A7

- 작동원리 : 광섬유 말단에 수소기체에 민감한 백금족 금속 혹은 이 금속에 다층박막을 형성한 것으로 수소에 노출되면 색깔이 변하는 물질을 이용하여 그 변화를 광학적으로 검지하는 방식
- 특징 : 센서에 직접 전기가 흐를 필요가 없기 때문에 전기방전이나 전극에서의 스파크에 의한 수소 폭발의 위험을 줄일 수 있고, 가스 채색 물질로 사용된 금속과 센서 회로 사이에 빛이 통하기만 하면 되기 때문에 원격적인 수소검출이 가능

Q8

수소침식에 대하여 서술하고, 수소침식을 예방하기 위한 방법을 서술하시오.

Clamp-on 초음파식	Wetted 초음파식	코리올리식	터빈식	차압식
파이프 외측설치	a	직접 질량측정	펄스 측정	b
저렴한 가격		넓은 사용범위	유속분포 관리	
액체에 사용		기체, 액체 사용	고압적용 곤란	
낮은 정확도		주기적 영점보정	이물질에 취약	

A8

a : 높은 정확도, 기체, 액체 사용, 고압적용 곤란, 낮은 운용단가

b : 간접 질량측정, 고온고압 적용, 좁은 사용범위, 기체, 액체 사용

연습문제

Q9

차압식 유량계의 원리를 설명하고 그 종류에는 무엇이 있는지 서술하시오.

A9

- 원리 : 차압식 유량계는 Process 유량계 중 가장 많이 사용되고 있는 것으로, 유체가 흐르는 배관에 장애물이 있는 경우, 장애물 양단에 유체흐름에 따른 차압이 생기는 원리를 이용, 이를 측정하여 유량을 계산한다.
- 종류 : 피토우튜브(pitot tube), 오리피스(orifice), 벤튜리튜브(venturi tube)

Chapter

09

수소에너지 정책 및 기준현황

1. 국내 수소에너지 정책

1) 수소제조 및 공급 현황
2) 수소차 보급 목표 및 정책
3) 수소충전소 보급 목표 및 정책
4) 연료전지 보급 목표 및 정책
5) 국내 수소 안전관리 기준

2. 국제 수소 정책 및 기준

1) 국제표준화 동향
2) 국제 수소에너지 정책
3) 해외 수소 안전관리 기준

1 국내 수소에너지 정책

현재의 수소시장 규모는 산업용 유통량만으로도 세계시장 208억$(자체소비량 230억$를 포함하면 총 438$, 국내는 적어도 6,000억 원 수준이며, 산업용 수소는 석유화학산업, 전자, 재료, 반도체 제조공업, 제철공업 및 우주항공 산업 등에서 꾸준한 수요증가를 보여왔다. 향후 선진국들의 온실가스 감축의무 이행에 따른 수소 연료전지 자동차 및 연료전지의 보급 등이 이루어진다면, 이에 따라 에너지용도의 수소사용량이 급증할 것이다. 현재는 수소원으로 화석연료에 의존하고 있으나, 수소 제조기술 분야의 원천기술 개발 및 화석연료의 공급 부족, 청정에너지 필요성 등으로 21세기 중반쯤에는 지속가능한 수소제조 기술의 경제성이 확보될 것으로 예측하고 있다. [1]

국내 수소산업의 경쟁력은 수소경제시대 초기에 필요한 수소 생산설비 및 수요부문의 핵심인 연료전지 부분의 경쟁력을 확보하고 있다. 수소를 원료로 사용하는 석유화학 산업과 제철산업이 발전해 있어 이미 대량의 수소를 생산·소비하고 있다.

수요산업은 발전용 연료전지 산업을 중심을 연료전지 산업의 전반적인 부문에 있어 글로벌 경쟁력을 구축하고 있다.

2015년 12월에 "제3차 환경친화적 자동차 개발 및 보급 계획(2016~2020)"을 통해 2020년까지 친환경차 시장 점유율 20% 달성, 온실가스 380만 톤 감축, 친환경차 수출 60만대를 통한 18조 원 규모의 수출시장을 창출한다는 목표를 발표하였다.

내구성, 안전성 향상을 통한 기술개발로 수소전기차 가격 40% 저감을 목표로 하여, 2020년 기준 차량 가격을 현재 대비 40% 저감(8,500만원→5,000만 원대)할 예정이다.

표 9-1 국내 연료전지 보급 관련 주요 정책

정책/제도	주요내용
신재생에너지 발전차액 지원제도(FIT)	▪ 2006년 10월 연료전지 신규대상 포함 (지원한계 50MW) ▪ 2012년 RPS 제도로 대체
신재생에너지 의무할당제(RPS), (500MW이상 발전사업자)	▪ 2012년부터 2020년까지 발전량 10%를 신재생에너지로 의무화 ▪ 2012년 2%에서 2020년 10% 점진적 확대
그린홈 100만호 보급 사업	▪ 2020년까지 신재생에너지 설치비용 지원(그린홈 100만호 보급) ▪ 연료전지 경우 최대 80% 정부 지원 (다른 에너지는 최대 50% 지원)
공공건물 신재생에너지 이용 의무화제도	▪ 의무비율 2011년 10%에서 2020년 30% 점진 확대
신재생에너지 기술개발 사업	▪ 에너지원 다양화, 에너지의 안정적인 공급을 위하여 R&D 투자

1) 수소제조 및 공급 현황

2016년 국내에서 생산되는 수소는 연간 164만톤 (2,428,770Nm^3/h) 정도로 주로 정유 및 석유화학업체에서 나프타 스팀 개질 및 프로판 탈수소방식에 의해 수소를 생산하고 있으며, 나프타의 접촉 개질, 나프타의 고온 열분해 및 소금물 전기분해 과정에서 수소를 부산물로 생산한다. 정유 산업의 수첨 탈황, 하이드로 크래킹 공정에 사용되며 화학 산업은 과산화수소의 제조 등과 같이 각종 제품의 원료 또는 부 원료로 사용하고, 천연가스를 이용하여 수소를 생산하는 경우, 용도에 따라 수증기 개질, 부분산화, 자열 개질, CO_2 개질 등이 이용될 될 수 있으며, 이들 중 수증기 개질기술이 가장 산업적으로 널리 이용되고 있다.

국내에 추정되는 수소의 생산량은 188만 톤으로 이 중 86.7%(163만 톤)는 석유화학산업에서 활용 중이며, 13.3%(25만 톤)가 외부로 유통되고 있고, 포스코, 현대제철에서 생산되는 부생수소는 38만 톤으로 이 중 2%인 0.8만 톤만 정제하여 사용 중이며, 제철소에서 생산되는 부생수소를 경제성 있는 수소로 정제 시 연간 수소차 185만대 운행 가능하다.

표 9-2 국내의 수소생산 능력 및 유통량[3]

	생산능력(톤)	유통량(톤)
울산 국가산업단지	816,000	96,000
여수 국가산업단지	554,000	97,000
대산 산업단지	180,000	31,000
기타	91,000	4,000
계	1,641,000	228,000

표 9-3 수소생산 방법에 따른 제조가격 비교[출처 : 미국 DOE]

수소생산 방법		원료	규모($10^6Nm^3/day$)	제조가격($/kg)
단기	메탄수증기 개질법	천연가스	0.27 ~ 25.4	0.65~1.35
중기	석탄가스화	석탄	2.80~6.78	1.18~1.39
	탄화수소 가스화(부분산화법)	잔사유	2.80	1.18
	바이오매스 가스화	바이오매스	0.72~2.26	1.04~1.57
	바이오매스 열분해	바이오매스	0.024~0.81	1.06~1.53
장기 ~2050년	전기분해(대규모, 일반)	물	0.1~6.75	2.47~3.44
	전기분해(태양광발전기)	물	0.195	5.02
	전기분해(풍력발전전기)	물	0.427	2.42

그림 9-1　국내 수소운송방법

2) 수소차 보급 목표 및 정책[4]

2022년 연 생산량 3.5만대 달성하고 2025년까지 상업적 양산 수준인 연 10만대(내수 6만대+수출 4만대)로 확대할 계획이이다. 수소차는 연 생산량 3.5만대 달성시 5천만원 수준으로 하락하고, 10만대 달성 시 내연기관차 수준까지 하락하는 것을 목표로 하여 수소차 가격 하락에 맞춰 구매보조금을 단계적으로 축소하며 내연기관차 수준의 경쟁력 확보시 보조금 완전 폐지하는 것을 계획하고 있다.

2022년까지 수소차 양산에 따른 부품 양산 기술을 개발하고, 핵심부품(스택, 수소탱크 등) 가격 저감 기술 확보할 계획이다.

'25년 年 생산량 10만대 달성 (상업적 양산 개시) ↓

*( ) : 내수

구 분		2018		2022		2040
수소차	전체	1.8천대 (0.9천대)	⇨	8.1만대 (6.7만대)	⇨	620만대 (290만대)
	승용차	1.8천대 (0.9천대)	⇨	7.9만대 (6.5만대)	⇨	590만대 (275만대)
	택시	⟶				12만대 (8만대)
	버스	2대 (전체)	⇨	2천대 (전체)	⇨	6만대 (4만대)
	트럭	⟶				12만대 (3만대)
수소충전소		14개소	⇨	310개소	⇨	1200개소

그림 9-2 수소차 및 수소충전소 보급목표(누적)

<미흡한 핵심부품 현재 상황>

- (막전극접합체) 국내 기술은 '15년에 확보, 아직 일본 대비 미흡하지만 기술 개발 중
- (기체확산층) 현재 해외부품 전량 수입, 국산화 추진 중
- (고압용기) '15년 부품국산화 성공, 핵심소재(카본복합소재) 수입 의존

도심형 수소충전소와 연계하여 서울에서 수소택시 시범사업을 추진하고, 2021년에는 주요 대도시에 수소택시를 보급한 후 2023년에는 전국으로 확대할 계획이다.

이를 추진하기 위한 시범사업으로 수소택시 10대를 실도로 환경에서 내구한계(20만km)까지 운행하여 핵심부품(핵심모듈인 연료전지 스택, 운전장치(공기공급, 수소공급, 열관리계), 수소저장장치, 전장장치 등 내구성능에 영향을 미치는 10여종 부품) 성능을 실증 및 분석·개선할 예정이다.

<국내외 사례>

- (프랑스) 파리에서 수소택시 100대(투싼75대, 미라이 25대) 운영중
  →2020년까지 600대 확대 예정
- (스웨덴) 택시업체 Taxi 020사(社)가 시범 운영중(스톡홀롬, 투싼)
- (울산) 2016~2018년간 10대 운영(3개 회사)

수소버스 보급 확대를 위한 시범사업을 2019년 7개 도시에 수소버스 35대 보급을 시작으로, 2022년까지 시내버스 2,000대를 수소버스로 대체할 예정이다.

수소버스 인프라 구축을 위하여 수도권 주요 교통축별로 충전·정비 인프라를 갖춘 수소복합 환승 센터를 구축(2021~)하고, 경유하는 신규·증차 노선에 수소버스를 적용하고, 고속도로 휴게소, CNG 충전소, 혁신도시 등에 수소충전소 구축할 것이다.

표 9-4 국내 운행 차량별 연비 비교[5]

구분	휘발유차	경유차	LPG차	HEV	수소전기차
연비(km/ℓ)	13	16	9.6	18	76.8km/kg
판매가격(원/ℓ)	1524.76	1316.29	884.73	1524.76	6000~8000
1km당 연료비(원/km)	117.3	82.3	92.2	94.7	78.1~104.2

3) 수소충전소 보급 목표 및 정책[4]

국내 수소충전소 보급(누적)을 2022년 310개소에서 2040년 1,200개소를 목표로 하고 있다. 초기 수소충전소 설치 확대를 위해 설치 보조금을 지원 하고, 시·도별 수소차 보급과 연계하여, 도심지·고속도로 휴게소 등 교통망 거점 및 버스 택시 차고지 등에 수소충전소를 구축할 예정이다.

- 수소충전소 지원현황 : (환경부) 1개소당 설치비용의 50%(15억원 한도)
  (국토부) 고속도로 1기당 7.5억원 지원

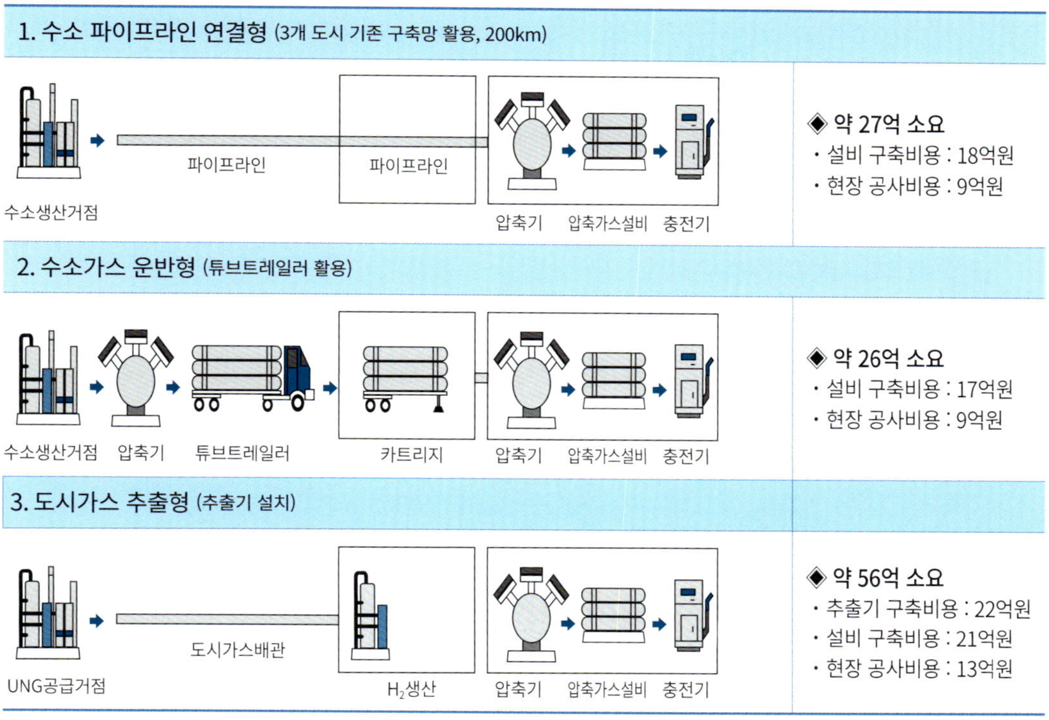

그림 9-3 수소충전소 유형별 설치비용

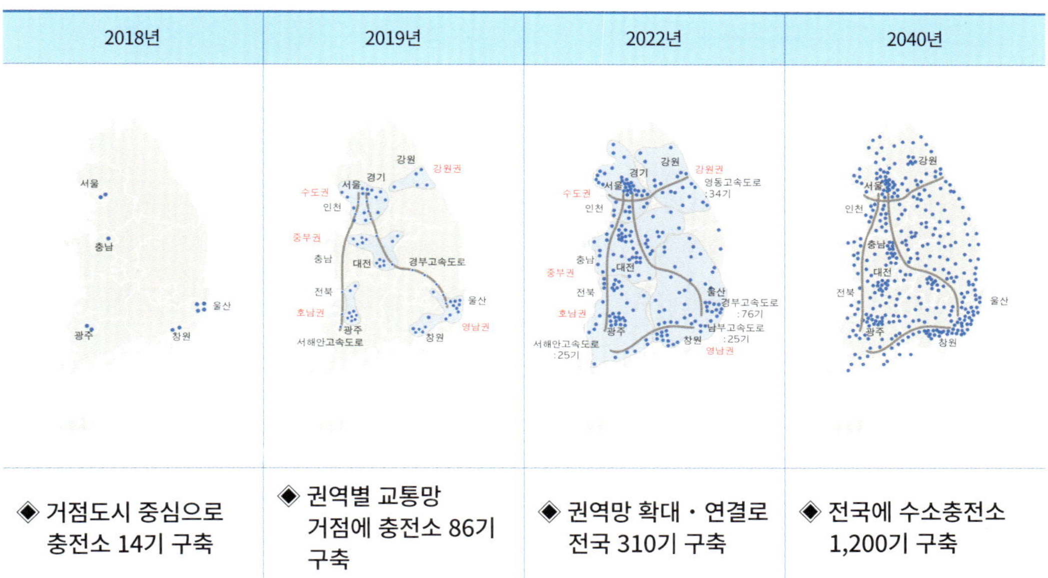

그림 9-4 수소충전소 구축 전략

표 9-5 국내외 수소차 및 충전인프라 구축 계획

구분	현재		2025년		2030년	
	수소차	충전소	수소차	충전소	수소차	충전소
미국(CA주)	1,200	33	3~6만	123	-	-
독일	400	40	65만	400	180만	1,000
영국		13	28만	300	160만	1,000
일본	1,200	90	200만	1,000	700만	3,000
한국	126	20	15만	210	63만	520

4) 연료전지 보급목표 및 정책[4]

’25년 중소형 가스터빈 Parity 달성

＊( ) : 내수

구 분	현재	2022	2040
발전용 연료전지	307.6MW	1.5GW (1GW)	15GW (8GW)
가정・건물용 연료전지	7MW	50MW	2.1GW

그림 9-5 발전용 및 가정·건물용 연료전지 보급목표(누적)

발전용 및 가정·건물용 연료전지는 [그림 9-5]와 같이 보급 목표를 다양한 지원을 통하여 추진하고 있다. 연료전지 설치 확대를 통해 설치비, 발전단가를 중소형 가스터빈 수준으로 대폭 절감하고, 연료전지 설치 확대와 연계하여 부품 국산화율 100% 달성을 통해 산업 생태계를 조성하며, 연료전지 전용 가스요금제 도입, 그린 수소 REC* 우대 등을 통해 투자 불확실성 제거 및 경제성 확보를 지원할 계획이다.

- 신재생에너지 공급인증서(Renewable Energy Certificate) : 신재생에너지설비를 통해 전기를 생산·공급하였음을 증명하는 인증서

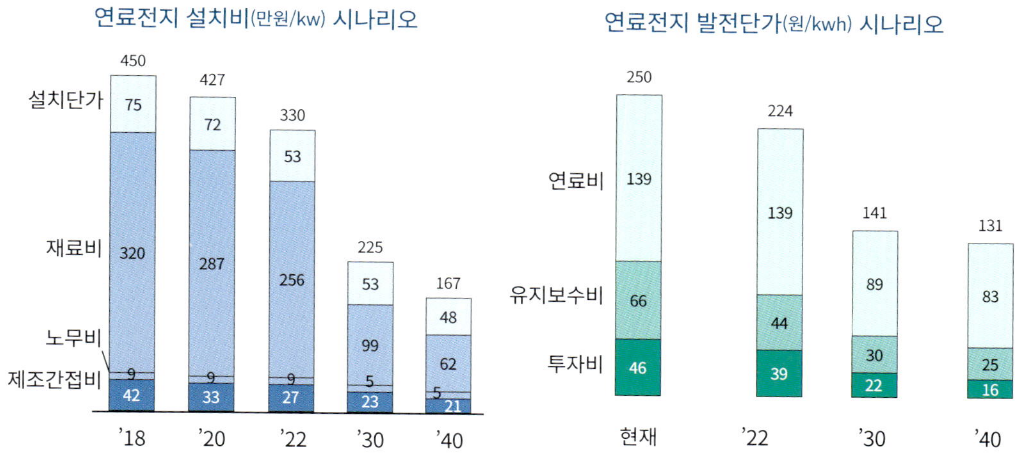

그림 9-6 연료전지 설치비·발전단가 절감 시나리오

연료전지의 경제성을 확보하기 위하여 연료전지 전용 LNG요금제를 신설하고, 일정기간 연료전지 REC를 유지하여 투자 불확실성을 제거하며, 중장기적으로는 '그린 수소'*를 활용한 경우 REC 우대할 계획이다.

▪ 재생에너지 생산 수소(P2G), 해외 수입 등 온실가스 미 배출 수소

<연료전지 전용 LNG요금제(안)>

- (배경) 현재 연료전지는 열병합용 가스요금 적용 중
- (내용) 전기요금제를 신설하고, 연료전지 가스요금을 인하
- (계획) 가스공사 「천연가스 공급규정」 (2019년 3월) → 요금신설 및 적용(2019년 5월)

5) 국내 수소 안전관리 기준[3]

국내에서 수소의 제조·저장·이송·사용에 대한 안전관리는 "고압가스안전관리법"에 따라 규제하고 있다. 수소충전소에 대한 안전기준은 "고압가스안전관리법 시행규칙"별표 5(고압가스 자동차 충전의 시설·기술·검사·기준)에 규정하며, 상세기준은 KGS코드 FP216(제조식 수소자동차 충전의 시설·기술·검사 기준)과 FP217(저장식 수소자동차 충전의 시설·기술·검사 기준)로 규정하고 있다.

▪ (안전관리) 고압* 수소는 「고압가스 안전관리법」으로 규제 중

* 상용의 온도 또는 35℃에서 압력(게이지 압력)이 1MPa 이상인 압축가스

▪ (고압가스 시설) 수소의 제조·저장·판매·운반·사용 등 고압수소를 이용하기 위해 행정관청 허가(신고) 및 완성·정기검사 등 필요

* 사업허가(제4조), 운반등록(제5조의4), 품질검사(제18조의3), 공급자의무(제10조), 완성검사(제16조), 사용신고(제20조) 안전교육(제23조), 보험가입(제25조) 등

▪ (고압가스 제품) 압력용기, 용기 등을 생산하기 위해서는 행정관청에 제조등록과 제품검사 등 필요

* 제조등록(제5조), 용기등 검사(제17조), 안전교육(제23조), 보험가입(제25조) 등

▪ (자동차 충전소) 고압가스자동차 충전소의 시설기준 등은 「고압가스 안전관리법 시행규칙」 별표 5 및 상세기준은 KGS 코드*로 규정

* KGS FP216(제조식 수소자동차 충전의 시설·기술·검사·기준), KGS FP217(저장식 수소자동차 충전의 시설·기술·검사·기준)

< 주요내용 >

▪ (시설기준) 보호시설까지 안전거리, 저장설비 기준, 가스설비 기준, 배관설비 기준, 사고예방설비기준, 피해저감설비기준, 부대설비기준, 표시기준 등
▪ (기술기준) 안전유지기준, 제조 및 충전기준, 점검기준, 수리 및 청소기준
▪ (검사기준) 시설기준 및 검사기준(정기검사 시 해당)에 따른 적합여부 확인

연료전지 안전기준은 KGS AB934(가스용 연료전지 검사기준)을 운영하며, 액화석유가스의 안전관리 및 사업법 시행규칙 별표 4 제13호 및 별표 7 제4호파목에 따른 가스소비량이 232.6kW 이하로, 도시가스 및 LPG 연료에만 한정하여 규제하고 있다.

그러나, 수송용, 대용량 연료전지 등은 아직 안전기준 부재로 안전사각 지대에 있다.

* 연료전지 설치기준 : KGS FU551, FU431, FU432, FU433

* 부품인증기준 : KGS A410(연료전지 전력변환장치 성능인증기준)

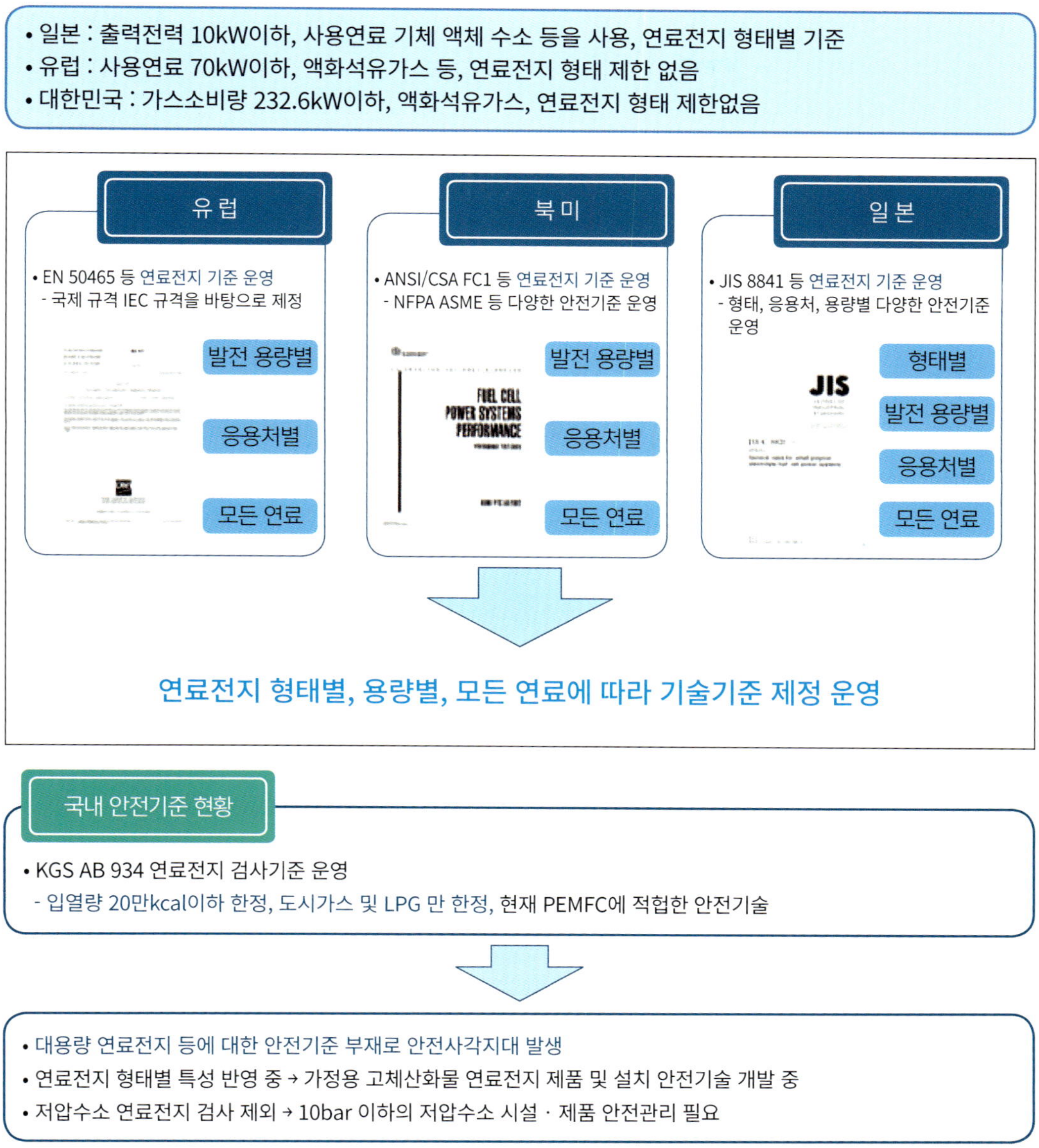

그림 9-7 국내외 연료전지 안전기준 적용범위 및 현황

- 초고압설비에 설치·사용하는 가스검지기 등의 안전기기와 밸브 등의 부품에 안전설비 인증제도를 도입하는 고압가스안전관리법 제18조의4 신설(2017. 10월, 시행은 2년 후)
- 수소 인프라 구축과 관련된 KS표준 규격

① KS B ISO/TR 15916 (수소시스템 안전을 위한 기본적 고려사항)
② KS D 0066 (수소저장합금 용어)
③ KS B ISO 14687 (수소연료 : 제품규격)
④ KS B ISO 16111 (휴대용가스 저장장치 가역성 금속수소화합물)

2 국외 수소 정책 및 기준

1) 국제표준화 동향[7]

수소기술에 관한 국제표준은 국제표준기구 ISO(International Organization for Standardization)의 기술위원인 TC197(1990년 설립)에서 작업하고 있다.

ISO/TC197 Hydrogen technologies은 캐나다, 미국, 일본, 독일, 네덜란드가 주도하여 정회원국(20), 준회원국(13)으로 총 33개의 참여국으로 구성되어 있다.

"수소의 생산, 저장, 수송, 측정 및 수소 사용을 위한 시스템과 부품에 대한 국제표준 개발"을 목표로 하며 주요활동은 수소기술이 시장에 쉽게 접근하는데 중점을 두고 수소기술 관련 분야에서 표준화 도입을 요구하는 모든 규격에 최우선 순위를 두고 있으며 또한 ISO의 다른 TC와의 연계는 물론 IEC TC 105, 국립수소협회(NHA), 유럽수소협회 등과도 연계활동을 하고 있다.

국제 수소기술 표준화는 용도에 따른 수소품질, 수소스테이션 등 수소의 이동식, 고정식 이용을 위한 분배(수송)와 저장 기초설비, 연료전지 등 수소의 최종 이용기술, 수소차량을 위한 설비와 기기, 수소의 특성과 수소함유 환경의 안전성, 재생 에너지원을 이용한 수소제조기술, 밸브 등 일반적 수소이용설비를 위한 전자식 포함 수소검출 기기와 안전관련 기기 등을 포함한다.

표 9-6 수소기술 분야 ISO 국제표준 발간현황(총 15종)[7]

No.	표준번호	표준명	최종발간일	주도국
1	ISO 13984	Liquid hydrogen — Land vehicle fuelling system interface	1999-03	캐나다
2	ISO 13985	Liquid hydrogen — Land vehicle fuel tanks	2006-11	캐나다
3	ISO 14687-1	Hydrogen fuel — Product specification — Part1: All applications except proton exchange membrane (PEM) fuel cell for road vehicles	1999-03	일본
4	ISO 14687-2	Hydrogen fuel — Product specification — Part2: Proton exchange membrane (PEM) fuel cell applications for road vehicles	2012-12	일본
5	ISO 14687-3	Hydrogen fuel — Product specification — Part3: Proton exchange membrane (PEM) fuel cell applications for stationary appliances	2014-02	일본
6	ISO TS 15869	Gaseous hydrogen and hydrogen blends — Land vehicle fuel tanks	2009-02	캐나다
7	ISO TR 15916	Basic considerations for the safety of hydrogen systems	2015-12	독일
8	ISO 16110-1	Hydrogen generators using fuel processing technologies — Part 1: Safety	2007-03	네덜란드
9	ISO 16110-2	Hydrogen generators using fuel processing technologies — Part 2: Test methods for performance	2010-02	네덜란드
10	ISO 16111	Transportable gas storage devices — Hydrogen absorbed in reversible metal hydride	2008-11	미국
11	ISO 17268	Gaseous hydrogen land vehicle refuelling connection devices	2012-12	캐나다
12	ISO 22734-1	Hydrogen generators using water electrolysis process — Part 1: Industrial and commercial applications	2008-07	캐나다
13	ISO 22734-2	Hydrogen generators using water electrolysis process — Part 2: Residential applications	2011-11	캐나다
14	ISO 26142	Hydrogen detection apparatus — Stationary applications	2010-06	일본
15	ISO 19880	Gaseous hydrogen — Fuelling stations — Part 1: General requirements	2017-07	일본

기술위원회집행부 (TC Executive) 산하에 4개의 기술 프로그램 관리자 (Technical Program Directors,TPD)가 있다. 각 TPD에 2-4개의 작업반과 1~3개의 연락책, Liaisons을 두고 있으며 각 작업반 활동의 책임자는 작업반 간사 (Convener)가 맡고 있으며, TC집행부 3인과 4명의 TPD가 TC의 '기술자문단 (Technical Advisory Board, TAB)'을 구성하고 있다. 향후 새로운 작업반도 4개의 TP 틀에 속하게 될 것이며, 특히 TC 197은 각 작업반의 활동과 관련이 있는 ISO의 다른 TC 혹은 IEC와 Liaison 활동을 하고 있으며, SAE Fuel Cell Committee와 같은 다른 표준화 기구와도 협력하고 있다.

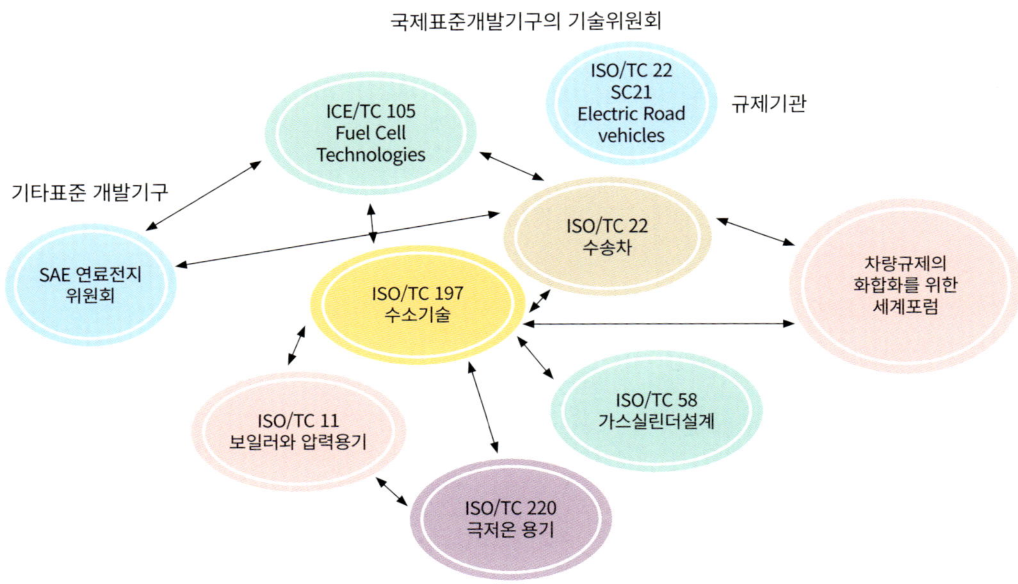

그림 9-8 ISO/TC 197의 국제 협력(International Cooperation in ISO/TC 197)[7]

2) 국제 수소에너지 정책[8]

일본, 미국, 유럽 등 주요선진국들을 중심으로 기술표준 및 규정을 국제 규격화하기 위한 국제기구 활동이 진행 중이다.

- (UN) global technical regulation No.13을 통해 수소 및 수소전기차량에 대한 종합적인 규정을 제시
- (ISO) 국제표준화 기구인 ISO(International Organization for Standardization)는 ISO/DTR 19880-1을 통해 수소 충전소의 일반 요구사항과 관련된 표준으로 지정
- (IPHE) 국제 수소·연료전지 경제 파트너십인 IPHE(International Partnership for Hydrogen and Fuel Cells in the Economy)는 수소·연료전지 분야의 연구개발 및 실증·이용 추진을 위한 국제협력을 목표로 2003년에 설립
- (SAE) 미국 자동차 제조사들의 주도로 1900년대 초에 조직된 SAE(Society of automotive Engineer)는 J2601 세부규정을 제정하여 수소충전소에 대한 국제 표준으로 인정받음

※ J2601은 35/70MPa 수소 충전소용 표준으로 수소시스템 저장한계와 관련하여 다양한 사용 환경에 대한 세부 규정을 명시

표 9-7 주요국의 수소 관련 정책 개요[8]

구분	일본	미국	유럽
대표 정책	▪ 4차 에너지 기본 계획 ▪ 2040년 수소·연료전지 전략 로드맵	▪ Hydrogen Posture Plan Department of Energy ▪ CaFCP (California Fuel Cell Partnership)	▪ 유럽 : FCH U ▪ 독일 : NIP ▪ 영국 : UK H_2 Mobility ▪ 프랑스 : H_2 Mobility France
배경	▪ 연료전지 기술 선도 ▪ 수소전기차 상용화 압박 → 수소 수요확대에 대응	▪ 셰일 혁명에 의한 천연가스 가격 하락 ▪ 천연가스 활용방안 모색 ▪ 석유화학산업부활	▪ 신재생에너지 산업이 성숙 단계에 진입 ▪ 신재생에너지의 잉여 전력 활용방안 모색
생산	▪ 부생수소 활용 ▪ 해외의 수소 대량 수입	▪ 천연가스 개질 방식 확산 ▪ 대규모 풍력단지 중심 생산 ▪ 부생 수소 활용	▪ 신재생에너지의 잉여전력을 활용한 수소 집중형 대량 생산
운송	▪ 튜브트레일러 활용 ▪ 수소 파이프라인 활용 (석유화학 단지 중심)	▪ 천연가스 활용 ▪ 튜브트레일러 활용	▪ 천연가스 그리드 활용 ▪ 수소 파이프라인 활용 (북유럽 일부지역)
저장	▪ 대용량 저장소 구축 ▪ 수소 탱크 활용(고압방식)	▪ CNG충전소 활용 ▪ 주유소 연계방식(수소탱크활용)	▪ 대용량 지하저장소 구축 ▪ 열병합 발전소와 연계 ▪ 복합형 클러스터 구축 (수소/CNG/전기/열)
정책 특징	▪ 수소전기차용 수소 충전소 확충 ▪ 가정용/발전용 등 수소 어플리케이션 확대	▪ 켈리포니아 주에서 미국전역으로 확산 ▪ 수소전기차용 수소 충전소 확충	▪ 신재생에너지 활용 ▪ 가스그리드 활용 ▪ 대용량 수소 저장소 구축 ▪ 수소전기차용 수소 충전소 확충

(1) 일본

일본은 수소차 상용화에 대비해 수소차 보급 확대를 위해 도쿄, 오사카, 나고야, 후쿠오카 등 4개 대도시를 중심으로 수소 충전소 100기를 건설하는 계획을 추진하고 있으며, 이러한 지속적인 투자를 통해 2025년까지 수소연료전지 자동차의 200만대 보급을 목표로 하고 있다. 또한 이를 위해 경우 올해 92개소가 설치돼 있는 수소충전소 역시 2020년까지 160개로 늘릴 방침이다.

또한 일본은 후쿠시마 제1원전에서 북쪽으로 10㎞가량 떨어진 나미에정과 미나미소마시에 이르는 해안 지역(약 49ha)에 세계 최대 수소공장을 내년에 완공할 예정이다. 태양광 발전으로 생산한 전력으로 물을 분해해 수소를 만들 이 수소공장은 연간 900t의 수소 제조할 것으로 전망되며, 이곳에서 제조한 수소를 도쿄로 운반해 2020년 도쿄올림픽 전력으로 활용할 계획이다.

일본은 2011년 후쿠시마 원전 사고 이후 원전폐기 목소리가 높아지면서 수소산업 육성에 적극 나서고 있다. 일본 후지경제에 따르면, 2015년 일본 수소연료 산업은 184억엔 수준에서 2030년에 2015년보다 32배 확대된 5,903억엔에 달할 전망이라고 밝혔다. 특히 올해 중으로 일본 코베시에서 세계 최초로 수소 발전을 통해 전기 등 공급을 개시할 예정이고 2040년경에는 수소 공급 시스템을 확립해 이산화탄소 배출이 없는 사회를 실현하는 것이 목표라고 밝혔다.

표 9-8 일본 Hydrogen Society 3단계 로드맵[9]

1단계(현재) 연료전지 설치 확대 (가정용, 자동차 보급)	2단계(~2020년 이후) 수소, 연료전지 발전/ 소공급체계 구축	3단계(~2040년 이후) CO_2 Free 수소공급망 구축
2009년 가정용연료전지 2014년 FCV의 시장 투입	개발·실증의 가속화 수소공급국과 전략적 협력관계 구축, 수요확대를 고려한 수소가격 실현 2020년 후반 해외로부터의 수소가격 개발·실증의 가속화 수소공급국과 전략적 협력관계 구축, 수요확대를 고려한 수소가격 실현 2020년 후반 해외로부터의 수소가격	수소공급체계의 구축 전망을 바탕으로 한 계획적 개발 및 실증 수소공급체계의 구축 전망을 바탕으로 한 계획적 개발 및 실증
2017년 업무산업용 연료전지의 시장투입		
2020년 하이브리드차 연료비와 동등이하의 수소가격 실험	2020년 후반 해외로부터의 수소가격 (플랜트인도가격) 30엔/Nm3	2040년 CCS 및 국내외 재생에너지 활용과 조합에 의한 CO_2 Free수소의 제조, 저장, 운송의 본격화 2040년 CCS 및 국내외 재생에너지 활용과 조합에 의한 CO_2 Free수소의 제조, 저장, 운송의 본격화
2025년 FCV의 규모 확보, 하이브리드차와 동등한 가격경쟁력 실현	2030년 해외의 미이용에너지 사용 수소의 제조, 저장, 수송의 본격화 발전사업용 수소발전 본격 투입	

(2) 미국

세계경제를 이끌고 있는 미국과 중국 역시 수소에너지 산업과 수소에너지 보급에 뛰어들고 있다. 미국은 2012년부터 수소버스 실증을 시작해 현재 약 21대의 버스를 대상으로 3개 실증 사업이 진행 중이다.

미국은 에너지부가 중심이 되어 수소 및 연료전지 관련 프로그램을 통합적으로 운영하며 연방 차원의 인프라 구축을 계획하고 있다. 2016년 11월 수소 및 연료전지 기술에 3,000만 달러를 투자했고 캘리포니아 등 미국 내 10개 주는 2025년까지 신차 판매의 16%를 무공해 자동차(ZEV)로 강제하고 있다. 2013년 미국 에너지부는 미국 전역에 수소연료전지차의 상용화와 보급확대를 위해서 도요타, 닛산, 벤츠 등과 파트너쉽을 맺고 HUSA를 결성하였다. 미국은 HUSA를 통하여 미국 전역에 걸친 수소연료전지차 보급 및 수소 충전인프라 구축을 진행할 계획을 갖고 있다.

표 9-9 미국 에너지부의 수소·연료전지 관련 예산[6]

부서/사무실	에너지/에너지 효율 및 재생 에너지	에너지/화석 에너지(코일)	에너지/핵에너지	에너지/과학	전체
FY04	144,881	4,879	6,201	0.0b	155,961
FY05	166,722	16,518	8,682	29,183	221,155
FY06	153,451	21,036	24,057	32,500	231,044
FY07	189,511	21,513	18,855	36,388	266,267
FY08	206,241	14,891	9,668	36,483	267,283
FY09	195,865	20,151	7,340	38,284	261,640
FY10	170,297	13,970	5,000	38,053	227,320
FY11	95,847	11,394	2,800	34,611	144,652
FY12	101,087	0	0	27,466	128,553
FY13	98,845	0	0	25,769	121,614
FY14	89,518	0	0	19,922	109,440
FY15	94,830	0	0	18,499	113,329
FY16	100,950	0	0	TBD	TBD
FY17 Request	105,500	0	0	TBD	TBD

(3) 독일

신재생에너지 강국들이 모여 있는 유럽에서도 수소에너지에 대한 관심이 뜨겁다. 독일의 경우 2008년 수소연료전지협회(NOW)를 출범하고 수소에너지 교통프로그램을 운용하는 등 수소경제를 준비 중이다. 특히 독일 정부는 2023년까지 수소스테이션을 대도시에 10개 이상, 대도시를 잇는 고속도로에는 최소 90km마다 1개의 수소스테이션을 건립해 총 400개소의 수소 충전 인프라를 만드는 것을 목표로 하고 있다.

독일은 '독일교통디지털인프라부(BMVI)'와 독일 경제기술부(BMWi)가 중심이 되어 수소·연료 전지 기술 혁신 프로그램(NIP)을 추진해왔고 NIP는 10년(2007~2016년) 간 총 14억 유로를 수소·연료전지 기술 개발에 투자했다. 독일은 풍부한 신재생에너지로 수소를 생산해 기존의 가스그리드를 통해 공급하는 P2G(Power to Gas)를 중심으로 한 수소 공급 가치 사슬을 형성해 나가고 있고 오는 2050년까지 재생 에너지 비율을 80% 가까이 높일 계획이다.

표 9-10 독일의 Power to Gas 관련 프로젝트 유형[10]

유형	내용	사례
가스그리드 수소 공급	▪ 풍력발전 등 잉여전력으로 수소를 제조 ▪ 기존 가스그리드에 공급, 혼합가스로 이용	Greenpeace Energy의 Wind-gas 프로젝트 등
가스그리드 메탄 가스 공급	▪ 풍력발전 등 잉여전력으로 수소를 제조 ▪ 병설 바이오매스 플랜트 등으로 부터의 CO_2를 첨가, 메탄화하여 기존 가스그리드에 공급	Audi의 e-gas 프로젝트 등
모빌리티 연료화	▪ 풍력발전을 이용하여 제조한 수소의 일부를 수소충전소에 공급	Clean Energy Partnership 등
수소저장	▪ 태양광 및 풍력발전에 의한 안정적 전력공급 체계 구축 ▪ 잉여전력으로 수소를 생산하고 전력 부족 시 연료전지 및 화력발전에 이용	Total, NENETRAG 등의 베를린 브란덴부르크 국제공항 프로젝트

(4) 영국

영국 역시 수소연료전지에 대한 연구와 확산에 관한 파트너십을 통해 2030년까지 160만대 보급 로드맵을 내놓으며 보급 활성화를 위한 노력하고 있다. 영국은 런던을 중심으로 수소충전소를 설치하고 있으며, 현재 12기의 수소충전소를 운영 중이다.

표 9-11 유럽 국가별 수소 정책 개요[10]

구분	내용
영국	· 배출가스 무배출 차량 이외의 모든 차량에 보유세를 부과(2017.04.) · 'UK H_2 Mobility'(2012)의 Phase 2진행 · 2020년 수소충전소 65개소 보급 예정
독일	· 2002년 CEP(Clean energy partnership) 결성 · 2016년까지 수소전기차 기술개발과 실증 사업화에 14억 유로 투자 · 2020년까지 총 400개소의 수소충전소 설치 예정
프랑스	· 재산업화 계획 중의 한 파트로 수소연료전지 선정 · Maxity Fuel Cell Plan을 통해 연료전지 트럭 실증사업 진행 · 2030년 수소충전소 600개소, 수소전기차 80만대 보급 예정

3) 해외 수소안전관리 기준

해외의 선진국들은 각 국의 환경에 맞는 수소충전소 안전기준을 운영하고 있다.

- (미국) NFPA 2(Hyderogen Technologies Code) 등
- (일본) 일반고압가스보안규칙의 압축수소 스테이션에 관한 기술상의 기준
- (유럽) ISO TS 19880-1(Gaseous Hydrogen-Fuelling) 등

(1) 미국

미국의 경우수소충전소 등의 허가는 행정관청에서 받고, 해당시설의 시설기준 검토 및 검사는 소방서에서 실시하고 있다. 이때 적용하는 시설기준으로는 NFPA 2에서는 GH_2 (Hydrogen in the gas phase)와 LH_2(Hydrogen in the liquid phase), Bulk와 Non-bulk, 실내저장과 실외저장, 이동충전 등 다양한 조건에 따라 기준을 구분하여 규정하고 있다.

- 수소충전소 설치 관련 기준은 각 주에서 규정한 Code를 따르도록 하고 있고, Code의 세부기준에서 NFPA 2를 인용토록 규정하고 있다.

* 예) 캘리포니아주에서 수소충전소 설치 시 4개 Code 적용

① Califonia Building Code, Part 2, Title 24

② Califonia Electrical Code Part 3, Title 24

③ Califonia Energy Code, Part 6, Title 24

④ Califonia Fire Code Part 9, Title 24

표 9-12 수소에너지분야 안전관리 기관 및 분야

분 류	관리당국	기준 관련기관	세부분야
자동차 분야	DOT/NHTS(내충돌성) EPA(배기가스)	SAE, CSA	자동차 안전성, 연료시스템, 용기, 개질기, 배기가스
충전 분야	주정부 및 지방정부 (지역 설정, 건축허가)	ASME, CSA, NFPA, UL, ICC, API	저장탱크, 배관, 디스펜서
저장 분야	DOT/PHMSA (도로수송, 배관안전)	ASME, CSA, NFPA, API	용기, 배관, 장비, 연료이송
주변기기 분야		SAE, ASTM, API, ASME, CSA	연료품질, 센서, 커넥터

(2) 일본

표 9-13 일본 수소충전소의 처리 규모별 신고 기준

구분	처리능력 100㎥ 이상	처리능력 100㎥ 미만
절차	허가	신고
제출시기	사전	제조 20일 전까지

수소충전소의 허가는 행정관청에서 실시하고, 시설기준의 검토 및 검사는 KHK에서 실시하도록 하고 있으며, 일반고압가스보안규칙에서 압축수소스테이션의 기술상의 기준(제7조의3), 이동식 압축수소스테이션에 관한 기술 기준(제8조)을 규정하고 있다.

- 압축수소 충전소*, 이동식 압축 수소 충전소*, 소규모 압축수소 충전소**, 소규모 이동식 압축 수소 충전소**, 등의 시설·기술기준 규정(* 처리능력이 30㎥ 이상, ** 처리능력이 30㎥ 미만)
- 소규모 압축수소 충전소 또는 소규모 이동식 압축이동식 충전소에 대해서는 고압가스 설비에서 부지 경계와의 거리, 디스펜서 본체 외면에서 도로 경계에 대한 거리 등에 대한 완화 기준 규정

[그림 9-14]는 일본의 일반 고압가스보안 규칙에 따른 이동식 압축 수소 충전소(예시)에 대한 내용이다.

표 9-14 일본의 일반 고압가스보안 규칙에 따른 이동식 압축 수소 충전소

이동식 충전소 유형	고압가스보안 규칙
	압력용기에 사전에 충전한 수소를 디스펜서를 이용하여 차량에 공급 * 처리능력 및 저장능력 없음
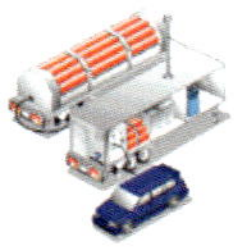	압축기, 압력용기, 디스펜서를 탑재하고 튜브트레일러등을 통하여 공급받은 수소를 차량에 공급
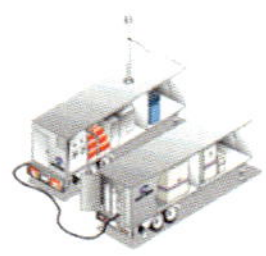	압축기, 압력용기, 디스펜서를 탑재하고 수소발생장치를 통하여 공급받은 수소를 차량에 공급 * 저장능력 없음

(3) 유럽

정부에서 인정한 민간검사기관의 안전성 평가를 통하여 안전을 확보하고 각 지역 검사원의 승인으로 인·허가를 시행하고 있고, 소충전소 설치기준은 ISO TS 19880-1(Gaseous Hydrogen-Fuelling) 로 규정하고 있다.

주요 내용으로는 안전권고사항(안전거리 등), 수소공급 안전, 수소충전소 설치 장비기준, 전기방폭기준*, 표시기준, 수소충전소 검사기준 등을 규정하고 있으며, 충전소내의 * 전기방폭의 경우 EU, 국제표준(ISO) 등의 기준을 적용하고, TUV, Lloyd 등 제3자 공인시험기관의 인증을 받도록 하고 있으며, 각 국가 및 지역별 검사원이 최종 승인하여 인 · 허가가 이루어지고 있다.

표 9-15 수소에너지분야 안전기준

구분	Transport/Distribute	Refueling/Transfer	Use(Transport)
관련 기준	<육상 수송> ▪ ISO TS 19880 ▪ 1 ▪ UN ECE ADR ▪ EIGA IGC Doc 06/02 ▪ Local regulation <배관 수송> ▪ ISO TS 19880 ▪ 1 ▪ EIGA IGC Doc 121/04 ▪ Local regulation (US; ASME B31.12)	<수소충전소> ▪ ISO TS 19880 ▪ 1 ▪ EIGA IGC Doc 15/06, 6/02 SAE J2600, J2601, J2799 HyApproval handbook(EU) ▪ Local regulations (EU: AFI)	<수소자동차> ▪ UN ECE GTR ▪ SAE J2578, J2579 J259 ▪ Local regulations

연습문제

Q1

아래의 표는 국내 연료전지 보급관련 주요 정책을 나타낸 표이다. 다음의 표를 완성하시오.

정책/제도	주요내용
a	▪ 2006년 10월 연료전지 신규대상 포함 (지원한계 50MW) ▪ 2012년 RPS 제도로 대체
신재생에너지 의무할당제(RPS), (500MW이상 발전사업자)	▪ 2012년부터 2020년까지 발전량 10%를 ___b___로 의무화 ▪ 2012년 2%에서 2020년 10% 점진적 확대
그린홈 100만호 보급 사업	▪ 2020년까지 신재생에너지 설치비용 지원(그린홈 100만호 보급) ▪ 연료전지 경우 최대 80% 정부 지원 (다른 에너지는 최대 50% 지원)
공공건물 신재생에너지 이용 의무화제도	▪ 의무비율 2011년 10%에서 2020년 30% 점진 확대
c	▪ 에너지원 다양화, 에너지의 안정적인 공급을 위하여 R&D 투자

A1

a : 신재생에너지 발전차액 지원제도(FIT),

b : 신재생에너지,

c: 신재생에너지 기술개발 사업

Q2

국내에서 수소의 제조·저장·이송·사용에 대한 안전관리를 규제하는 법은 무엇인가?

A2

고압가스안전관리법

Q3

수소 인프라 구축과 관련된 KS표준 규격에는 무엇이 있는지 서술하시오.

A3

① KS B ISO/TR 15916 (수소시스템 안전을 위한 기본적 고려사항)

② KS D 0066 (수소저장합금 용어)

③ KS B ISO 14687 (수소연료 : 제품규격)

④ KS B ISO 16111 (휴대용가스 저장장치 가역성 금속수소화합물)

연습문제

Q4

수소기술에 관한 국제표준기구는 무엇인가?

A4

ISO(International Organization for Standardization)

Q5

수소에너지에 대한 연구가 활발히 이루어지고 있는 일본의 Hydrogen Society 3단계 로드랩에 대해 서술하시오.

A5

1단계(현재) 연료전지 설치 확대 (가정용, 자동차 보급)	2단계(~2020년 이후) 수소, 연료전지 발전/ 소공급체계 구축	3단계(~2040년 이후) CO_2 Free 수소공급망 구축
2009년 가정용연료전지 2014년 FCV의 시장 투입	개발·실증의 가속화 수소공급국과 전략적 협력관계 구축, 수요확대를 고려한 수소가격 실현 2020년 후반 해외로부터의 수소가격 개발·실증의 가속화 수소공급국과 전략적 협력관계 구축, 수요확대를 고려한 수소가격 실현 2020년 후반 해외로부터의 수소가격	수소공급체계의 구축 전망을 바탕으로 한 계획적 개발 및 실증 수소공급체계의 구축 전망을 바탕으로 한 계획적 개발 및 실증
2017년 업무산업용 연료전지의 시장투입		
2020년 하이브리드차 연료비와 동등이하의 수소가격 실험	2020년 후반 해외로부터의 수소가격 (플랜트인도가격) 30엔/Nm3	2040년 CCS 및 국내외 재생에너지 활용과 조합에 의한 CO_2 Free수소의 제조, 저장, 운송의 본격화 2040년 CCS 및 국내외 재생에너지 활용과 조합에 의한 CO_2 Free수소의 제조, 저장, 운송의 본격화
2025년 FCV의 규모 확보, 하이브리드차와 동등한 가격경쟁력 실현	2030년 해외의 미이용에너지 사용 수소의 제조, 저장, 수송의 본격화 발전사업용 수소발전 본격 투입	

부록

참고문헌

찾아보기

참고문헌

Chapter 01 수소 에너지란

[1] Refkin, Jeremy, 2002, Hydrogen Economy, Wiley, 이진수, 2003, 수소혁명, 민음사

[2] 임희천, 2014, 전력분야 수소에너지 이용 및 향후전망, Special issues_1, pp31-40.

[3] 한국자동차산업연구소, 국내 수소. 연료전지 산업 육성 방향, 2014

[4] 조성국, 2017, 수소기술 국제표준화 동향 및 대응방안, 제96호, pp4-19.

[5] R&D정보센터, 2018, 수소에너지기술/시장전망과 폐기물에너지 산업실태분석, 지식산업정보원

[6] Hydrogenics

[7] Daniel A. Crowl, Josehp F. Louvar, 1994, Chemical Process Safety, Pearson Education, p2.

[8] Safety, Code and standards section, 2015, Multi-Year Research, Development, and Demonstration Plan, p3.7-1

[9] Roger Cracknell, Les Shirvill, 2002, H2NET meeting, Shell Global Solutions.

[10] U.S. Department of Energy,2001, Proceedings of the 2001 DOE Hydrogen Program Review, National Renewable Energy Laboratory.

[11] 高壓ガス保安協會, 2016, 水素 高壓가스ガス事故の統計と解析, 高壓가스ガス誌, p15.

[12] 한국가스안전공사, 2017, 일본의 수소충전 인프라 현황 및 정책동향, 가스안전지, p36.

[13] 한국가스안전공사, 2017, 가스사고연감.

Chapter 02 수소의 물성

[1] 수소에너지협회, 2007, 수소에너지개론, 도서출판어화.

[2] D.R.Lide, 2000, Handbook of Chemistry and Physics, 74th Ed, CRC Press.

[3] D.R.Lide, 2002, Handbook of Chemistry and Physics, 83rd Ed, CRC Press.

[4] McCarthy R. D., J. Hord, 1981, Selected Properties of Hydrogen, U.S. Government printing office.

[5] American Institute of Aeronautics and Astronautics, 2004, Guide to Safety of Hydrogen and Hydrogen Systems, American National Standard.

[6] 한국에너지연구원, 1992, 수소의 안전대책 및 물성에 관한 연구(Ⅱ), 한국에너지기술연구원.

[7] Coward, H. F. and G. W. Jones, 1952, Limits of Flammability of Gases and Vapors, Bureau of Mines Bulletin 503.

[8] Payman, W. and H. Titman, 1936, Limits of Inflammability of Hydrogen and Deuterium in Oxygen and Air, Nature 137, p190.

[9] Jones, G. W. and G. St. J. Perrott, 1927, Oxygen Required for the Propagation of Hydrogen, Shell Global Solutions. Carbon Monoxide, and Methane Flames, Ind. Eng. Chem.

[10] Coley, G. D. and J. E. Field, 1973, Role of Cavities in the Initiation and Growth of Explosions in Liquids, Proceedings of the Royal Society of London Series A.

[11] McHale, E.T., R.W.Geary, G.von Elbe, and C.Huggett, 1971, Flammability Limits of GH2-GO2-g Fluorocarbon Mixtures, Combustion and Flame.

[12] B. Lewis and G. von Elbe, 1965, Combustion, Flame and Explosion of Gases, 2nd ed, Academic Press.

Chapter 03 수소에너지 생산

[1] R&D정보센터, 2018, 수소에너지기술/시장전망과 폐기물에너지 산업실태분석, 지식산업정보원

[2] 김희철, 2017, 수소경제사회 준비를 위한 국내외 정책동향, 융합연구정책센터.

[3] 신재생에너지센터, 2016, 2016 신·재생에너지 백서, 산업통상자원부 한국에너지공단.

[4] 수소에너지협회, 2007, 수소에너지개론, 도서출판어화.

[5] 이승환, 2019.01.07., [기고] 수소생산의 필요한 개질기술 소개, 가스신문.

[6] 한국과학기술원, 2006, 수소 제조기술 개발 기획연구, 과학기술부.

[7] 남기석, 2011, 수소연료전지 HANDBOOK, BM성안당.

[8] 김종원 외, 2005, 수소에너지, 도서출판 아진.

[9] 손재익, 박대원, 2007, 수소에너지 제조기술, 도서출판 아진.

[10] 임팩트, 2018, 4차 산업혁명 핵심기술로 주목받는 이차전지, 연료전지 및 태양전지 시장실태와 기술개발동향, 임팩트.

Chapter 04 수소 활용 및 저장

[1] R&D정보센터, 2018, 수소에너지기술/시장전망과 폐기물에너지 산업실태분석, 지식산업정보원

[2] 구영모, 손영욱, 2015, 수소연료전지차의 시장 도래, 한국산업기술평가관리원, PD Issue report vol 15-7, pp90-103.

[3] 박진남, 2018, 수소충전소 기술 및 정책 현황, KIC News, Vol21, No.3, pp10-19.

[5] 남기석, 2011, 수소연료전지 HANDBOOK, BM성안당.

[6] 수소에너지협회, 2007, 수소에너지개론, 도서출판어화.

[7] 심중표, 이창래, 이홍기, 2012, 신재생에너지원인 수소연료전지의 원리와 응용, 대한전기학회, 제61권 제11호, pp15-22.

[8] 길상철, 2013, 고용량 수소저장합금의 개발 동향, 한국과학기술정보연구원, pp5-25.

[14] 윤기중, 2007, 수소연료전지자동차 안전성평가기술개발, 국토해양부 한국건설교통기술평가원.

[15] 조규정, 2017.11.03., 수소 바람타고 주목받는 '저장용기시장', 월간수소경제.

[16] 에너지공단, H2World, IBK투자증권

Chapter 05 수소누출 및 화재

[1] 김종원 외, 2005, 수소에너지, 도서출판 아진.

[2] Hirano T., 1986, Combustion Science – Combustion Phenomena and Their Control, Kaibundo publishing Co.

[3] Semenov N. N, 1959, Some Problems in Chemical Kinetics and Reactivity Vol.2, Princeton University Press.

[4] Frank-Kamenetskii D. A., 1969, Diffusion and Heat Transfer in Chemical Kinetics 2nd, Plenum Press.

[5] Hirano T. and Ishizuka S., 1996, Reactive Fluid Dynamics, Maruzen.

[6] Lewis B., von Elbe G.,1987, Combustion, Flames and Explosions of Gases 3rd, Academic Press.

[7] D Drysdale, 2011, An introduction to fire dynamics 3rd, John Wiley & Sons.

[8] Shirvill LC, Roberts P, Butler CJ, Roberts TA and Royle M, 2006, Characterisation of the hazards from jet releases of hydrogen, Proceedings of the International Conference on Hydrogen Safety.

[9] M Groethe, E Merilo, J Colton, S Chiba, Y Sato, H Iwabuchi, 2006, Large-scale hydrogen deflagrations and detonations, Proceedings of the International Conference on Hydrogen Safety.

[10] HYDROPOLE, SWISS HYDROGEN ASSOCIATION, 2019.

Chapter 06 수소 폭발 및 폭굉

[1] 문일 외, 2019, 화학물질안전개론 2nd, 청송미디어.

[2] Gardiner W. C. Jr., 1984, Combustion Chemistry, Springer-Verlag.

[3] Markstein, G. H., 1953, Instability phenomena in combustion wave, In Proceedings of the Fourth Symposium (International) on Combustion, pp44-59.

[4] Andrews G. E., Bradley D., Lwakabamba S. B., 1975, Turbulence and turbulent flame propagation – A critical appraisal, Combustion and Flame, pp285-270.

[5] Ballel, D. R., and Lebebvre, A. H., 1975, The structure and propagation of turbulent flames, Proceedings of the Royal Society of London, Series A: Mathematical and Physical Asciences, 344, pp217-234.

[6] J. DeRis, 1979, 17th Symposium (International) on Combustion, 1003, Combustion Institute.

[7] S C Lee, C L Tien, 1982, Progress in Energy and Combustion Science, p41.

[8] G M Faeth, S M Jeng, J Gore, 1985, in Heat Transfer in Fire and Combustion Systems, American Society of Mechanical Engineers.

[9] D Drysdale, 2011, An Introduction to Fire Dynamics 3rd, John Wiley & Sons.

[10] Shirvill LC, Roberts P, Butler CJ, Roberts TA, Royle M, 2006, Characterisation of the hazards from jet releases of hydrogen, Proceedings of the International Conference on Hydrogen Safety.

[11] M Groethe, E Merilo, J Colton, S Chiba, Y Sato, H Iwabuchi, 2006, Large-scale hydrogen deflagrations and detonations, Proceedings of the International Conference on Hydrogen Safety.

[12] HYDROPOLE, SWISS HYDROGEN ASSOCIATION, 2019.

[13] Zalosh, R. G., T. P. Short. 1987, Comparative Analysis of Hydrogen Fires and Explosion Incidents, Factory Mutual Research Corp.

[14] Swain, 2001, Fuel Leak simulation, DOE proceedings 2001, U.S. Department of Energy.

Chapter 07 수소활용 시스템 안전성 평가기술

[1] R&D정보센터, 2018, 수소에너지기술/시장전망과 폐기물에너지 산업실태분석, 지식산업정보원

[2] 수소에너지협회, 2007, 수소에너지개론, 도서출판어화

[3]김종원 외, 2005, 수소에너지, 도서출판 아진.

[4] Dunjó, J., Fthenakis, V., Vílchez, J.A., Arnaldos, J., 2009, Hazard and operability (HAZOP) analysis. A literature review. J. Hazard. Mater.

[5] Demichela, M., Camuncoli, G., 2014, Risk based decision making. Discussion on two methodological milestones. J. Loss Prev. Process Ind. vol 28, pp101-108.

[6] International Standard Organization (ISO)., 2011, Risk Management. In Risk Assessment Techniques; ISO 31010:2011 ISO: Geneva, Switzerland.

[7] Vesely, W.E., Goldberg, F.F., Roberts, N.H., Haasl, D.F. 1981, Fault Tree Handbook; NUREG-0492; Nuclear Regulatory Commission: Rockville.

[8] Segovia Andújar, R. Proyecto de Ejecución de Nueva estación de descarga de productos inflamables en el muelle norte del puerto de Valencia, 2006, In Autoridad Portuaria de Valencia; Ministerio de Fomento: Madrid.

[9] Terminales Portuarias SL (TEPSA), 2015, Declaración Ambiental y Responsabilidad Social Corporativa. Available online: www.tepsa.es

[10] Chang, J.I., Lin, C.C, 2006, A study of storage tank accidents. J. Loss Prev. Process Ind. vol 19, pp51-59.

[11] 이영순 외, 2006, 화학공정안전, 동화기술교역.

[12] Fotis Rigas, Paul Amyotte, 2013, Hydrogen Safety 2nd, Clifford Jones.

[13] Sergio Contini, 2016, Comparison of Classical and "Cause Consequence Diagrams" Recursive Operability Analysis: the T2 Laboratories Accident.

[14] 문일 외, 2019, 화학물질안전개론 2nd, 청송미디어.

[15] 임차순, 서재민, 엄성인, 백종배, 고재욱, 2001, 화학공장에서의 정량적 위험성 평가를 이용한 비상 대응 계획 시스템 개발, 한국산업안전학회지, 16(2).

[16] 고용노동부 한국산업안전보건공단, 2019, 물질안전보건자료(MSDS), 고용노동부 한국산업안전보건공단.

[17] 환경부 화학물질안전원 연구개발교육과, 2017, 2016 유해화학물질 비상대응 핸드북, 환경부 화학물질안전원.

Chapter 08 수소 재료의 특성 및 안전장치

[1] H. R. Gray, 1972, Testing for hydrogen environment embrittlement : Experimental variable, Hydrogen Embrittlement Testing, American Society for Testing and Materials, ASTM STP 543, ASTM, pp.133-151.

[2] American Petroleum Institute, 2004, Steels for hydrogen service at elecated temperatures and pressures in petroleum refineries and prtrochemical plants Sixth edition, API Recommended Practice 941.

[3] 금속계 재료연구개발 센터, 2005, 수소안전이용 등 기반기술개발-수소에 관한 공통기반기술개발-수소용 재료 기초물성 연구, 2004년도 NEDO 성과보고서.

[4] 2005, 수소에너지와 재료기술, CMC 출판. p204.

[5] Barthélémy H, 1989, Hydrogen gas embrittlement of some austenitic stainless steels, hydrogen and materials, In Proceedings of the Fourth International Conference on Hydrogen and Materials.

[6] Barthélémy H, Allidières L,, 2005, Gaseous hydrogen refueling stations: selection of materials for high pressure hydrogen fueling connectors, in Proceedings of the International Conference on Hydrogen Safety.

[7] ISO, 2017, ISO 11114-4, Transportable gas cylinders, Compatibility of cylinder and valve materials with gas contents, part 4: test methods for selecting metallic materials resistant to hydrogen embrittlement.

[8] 남기석, 2011, 수소연료전지 HANDBOOK, BM성안당.

[9] Sang-Do Han,, 2010, Revie w and new trends of hydrogen gas sensor technologies, J. of the Korean Sensors Society Vol. 19, No. 2, pp. 67-86.

[10] 가스안전지, 2009, 수소자동차용 수소센서의 연구개발 동향, 가스안전지.

[11] 가스안전지, 2015, 국내외 수소센서 신기술 개발현황, 가스안전지.

[12] 한상도, 이수권, 정현식 공저, 2004, 수소센서 기술의 동향, 수소에너지정보, 1호.

[13]. V. V. Yakovlev et al,, 2013, Ultrasensitive Non-Resonant Detection of Ultrasound with Plasmonic Metamaterials, Advanced Materials. 25, pp2351-2356.

[14]. C.O. Laux, T.G.Spence, C.H.Kruger, and R. N. Zare. ,2003, Optical diognostics of atmospheric pressure air plamas", Plasma sources Sci, Technol, 12, pp.125~138.

Chapter 09 수소에너지 정책 및 기준현황

[1] R&D정보센터, 2017, 연료전지·SOFC/ESS 기술동향과 신에너지산업 전략제품 실태분석, 지식산업정

보원, 지식산업정보원.

[2] 신재생에너지센터, 2016, 2016 신·재생에너지 백서, 산업통상자원부 한국에너지공단.

[3] 한국가스안전공사, 수소산업안전관리 정책 연구, 2017

[4] 산업통상자원부, 2019.01.17, 세계 최고수준의 수소경제 선도국가로 도약, 산업통상자원부.

[5] 수소융합얼라이언스추진단, 국회포럼 발표자료, 2017

[6] IRS Global, 2017, 국내외 수소·연료전지 시장전망과 핵심기술 개발 동향, IRS Global.

[7] 조성국, 2017, 수소기술 국제표준화 동향 및 대응방안, 국가기술표준원, 제96호, pp4-19.

[8] 이택홍 외, 2016, 충남 신재생에너지 산업화 발전계획과 수소경제사회 구현 전략 수립 연구용역, 호서대학교.

[9] European commission, 2018, Mission-oriented R&I Policies: In-depth case studies, Case study report Hydrogen Society (Japan), Joint Institute for Innovation Policy.

[10] 서동혁, 최동원, 2016, 신에너지 시대를 여는 수소산업의 성장가능성과 발전과제, 산업연구원(KIET).

[11] International Organization for Standardization, 2014, Strategic Business Plan of ISO TC 197, ISO.

[12] National Fire Protection Association, 2017, NEFA2 Hydrogen Technologies Code, National Fire Protection Association.

찾아보기

찾아보기

찾아보기

ㅊ

ㅋ

ㅌ

ㅍ